公元787年，唐封疆大吏马总集诸子精华，编著成《意林》一书6卷，流传至今
意林：始于公元787年，距今1200余年

一则故事　改变一生

意林青年励志馆

披荆斩棘，方能所向披靡

《意林》图书部 编

吉林摄影出版社

·长春·

青年励志馆系列

图书在版编目（CIP）数据

披荆斩棘，方能所向披靡 /《意林》图书部编. — 长春：吉林摄影出版社，2022.1
（意林青年励志馆）
ISBN 978-7-5498-4925-3

Ⅰ.①披… Ⅱ.①意… Ⅲ.①成功心理－青年读物 Ⅳ.①B848.4-49

中国版本图书馆CIP数据核字(2022)第002803号

披荆斩棘，方能所向披靡 PIJING-ZHANJI, FANG NENG SUOXIANG-PIMI

出 版 人	车 强
主 编	杜普洲
责任编辑	吴 晶
总 策 划	徐 晶
策划编辑	肖桂香
封面设计	资 源
封面供图	古 云
美术编辑	刘海燕
发行总监	王俊杰
开 本	889mm×1194mm 1/16
字 数	340千字
印 张	11
版 次	2022年1月第1版
印 次	2022年1月第1次印刷

出 版	吉林摄影出版社
发 行	吉林摄影出版社
地 址	长春市净月高新技术开发区福祉大路5788号
	邮 编：130118
电 话	总编办：0431-81629821
	发行科：0431-81629829
网 址	www.jlsycbs.net
经 销	全国各地新华书店
印 刷	天津泰宇印务有限公司
书 号	ISBN 978-7-5498-4925-3　　定价 36.00元

启 事

本书编选时参阅了部分报刊和著作，我们未能与部分作品的文字作者、漫画作者以及插画作者取得联系，在此深表歉意。请各位作者见到本书后及时与我们联系，以便按国家相关规定支付稿酬及赠送样书。

地址：北京市朝阳区南磨房路37号华腾北搪商务大厦1501室《意林》图书部（100022）
电话：010-51908630转8013

版权所有翻印必究

（如发现印装质量问题，请与承印厂联系退换）

目　录
CONTENTS

1 成熟没有标准，成长没有边界

反"拖堂"作战……………………………………梁凤仪 002
一棵稗子在担心什么……………………………罗振宇 003
自律监督师：工作更像陪伴……………吴采倩　谢婧雯 004
高考填志愿，我要我觉得………………………刘晶晶 006
一下子的成功都有副作用………………………黄小平 007
鸵鸟少女：做自己人生的旗手…………………程一卜 008
查　查……………………………………………陈启智 009
追车记……………………………………………梅艺璇 010
眼　见……………………………………………孙香我 011
有种失败叫"高谈阔论，一动不动"……………李松蔚 012
偷时间……………………………………………孙惠群 013
初入职场，灵活运用"学生气"…………………李　戈 014
高考之于我们，到底意味着什么………………沐　溪 016
从习得性无助到习得性乐观……………………王小吉 018
云从博物馆经过…………………………………胡　弦 019
少年给的空欢喜…………………………………花落夏 020
富者必用奇胜……………………………………骆玉明 021
近视，带我进入异想世界………………………刘　旭 022
当心优秀陷阱………………………………… 六神磊磊 023
我是"次品"………………………………………盛　慧 024
生命是不会有真正的黑暗的……………………蒋　勋 025
长大这件事………………………………………高　源 026

2 总有人懂你奇奇怪怪，陪你可可爱爱

标题	作者	页码
物理学家的修辞	甘正气	028
语言"通胀"	陶琦	029
想赢，但可以输	李松蔚	030
你的"时间商"有多高	杨德振	031
海盗为啥总遮住一只眼	纪中展	032
为什么麦当劳的可乐更好喝	芒特	033
《地球改变之年》：它的美丽，需要分享	毒Sir	034
用情绪接住情绪	脱不花	035
收好这5条"无痛减肥"技巧	狸狸狸	036
海鸥为什么这么喜欢偷薯条	陈只三	038
学建筑，先砌砖	顾胜红	039
一只章鱼教会我们的	Lens	040
"戏精"老师二三事	桂涵	042
"饼干国"，英国实至名归	纪双城	043
玻璃瓶中的可乐	岑嵘	044
从上往下长的树	赵盛基	045
当我们说流行语时，我们在想些什么	徐默凡	046
让别人看到你的努力	岑嵘	047
古代荔枝如何进宫	胡雪琪	048
喝咖啡而已，怎么还喝出鄙视链来了	郏祺嘉	050
恐惧的成因	[法]阿兰·巴迪欧	051
我们该给带鱼道个歉	公路商店	052
古书没页码有缘由	李开周	053
冰封2.4万年后的复活	东方亮	054
如何求出熊是什么颜色	程应峰	055
7年后，没有一个细胞知道你是谁	[英]马库斯·乔恩	056
别拿熊猫不当猛兽	花千芳	057
认床不是你矫情，是大脑想为你"守夜"	蝌蚪君	058

3 我们在未来的可能性，才是人生真正的弹性

"数学大神"韦东奕：回到热爱里去 …………………… 格 林 060
选择的悖论 …………………………………… [美]戴维·迈尔斯 061
把车停远一点儿 …………………………………… 草 予 062
一慌张你就输了 …………………………………… 张天骄 063
青春不是谁的独家舞台 …………………………… 程则尔 064
残酷和温暖 ………………………………………… 迟子建 065
我后悔曾那样欺骗你 ……………………………… 花落夏 066
远离达克效应 ……………………………………… 雷炳新 067
如果你去太空旅行 …………………… [美]阿里尔·瓦尔德曼 068
手表定律 …………………………………………… 庄晞简 069
我和我的牙齿 ……………………………………… 花 凉 070
当忙碌变成一种价值 ……………………………… 三 三 072
现代隐身术 ………………………………………… 蒋 曼 073
从空中一跃而下 …………………………… [菲律宾]迪尔德丽 074
消防员小张 ………………………………………… 华明玥 075
我是朋辈心理咨询师 ……………………………… 严小羽 076
蛇与仙鹤 …………………………………………… 古 龙 077
谁在制造"容貌焦虑" ………………………… 胡春艳 曲瑞超 078
你的力量感 ………………………………… [日]内藤谊人 079
采耳师傅是"90后" ………………………………… 明前茶 080
弹回的圆木 ………………………………………… 夏建清 081
灭掉灯，有时能看得更清楚 ………………… [日]河合隼雄 081
在非洲坐出租车的奇妙经历 ……………………… 光头师太 082
勇者败 ……………………………………… [巴西]保罗·科埃略 083
我们为什么对"平凡"深怀恐惧 …………………… 潜海龙 084
不要偏执地爱 ……………………………………… 小 安 085
如果想认识一个高不可攀的人 …………………… 林特特 086
给风一个缺口 ……………………………………… 倪西赟 087
鹦鹉的艺术生涯 …………………………………… 王小柔 088

4 不怕想太多，就怕想不透

篇目	作者	页码
为你内心的冲动而活	丛非从	090
温柔能值多少钱	cc	091
妈妈是我心中最了不起的人	王小吉	092
过路人和群狗	[俄罗斯]克雷洛夫	093
能用来攀比的事，终将变成小事	巫小诗	094
顾左右而言他	程泽	095
晚熟时代正在来临	简单心理	096
即使他不是英雄	桀宁	098
面对抑郁	柏邦妮	100
一只成名的海豹	[美]詹姆斯·瑟伯	101
经验主义的错误	高东升	102
我深爱"谢谢"这两个字	张晓风	103
不能打我之后，她学会了翻白眼	朱小天	104
青春若有张长痘的脸	李柏林	106
你为什么总是抓不到娃娃	宛易	108
笨鸡腿和聪明鸡腿	伊北	109
婚礼上的一张羊皮	王族	110
未来文字能力不重要了吗	罗振宇	111
为欲望套上枷锁	清风慕竹	112
默写6本数学书	杨颖	113
为什么明明是别人的选择，最后却变成你自己的了	菲尔普	114
为了治疗"想要想要病"	[日]松浦弥太郎	115
每一只鸟活着都是奇迹	傅菲	116

5 这世界很好,但你也不差

篇目	作者	页码
我不想再做"别人家的孩子"	潘 超	118
书读不下去怎么办	张佳玮	120
海德里克的眼泪	靳雪明	121
美食片看多了,可是会让你变胖的哟	天 线 邓潇斐	122
不学不开心	吴淡如	123
为什么聪明伶俐,却学习困难	豌 豆	124
努力不成为负担	曹 顿	125
爱里含着一把刀	尤 今	126
打开张之洞父子的"盲盒"	韩 峰	127
软心记	殳 俏	128
虚假同感偏差	张文成	129
我就是个普通人,这有什么好羞愧的	木 大	130
犹 豫	王鼎钧	131
如果有心灵鸡汤,那一定是胡辣汤	黄关垒	132
友情有它的微妙之所在	[葡萄牙]费尔南多·佩索阿	133
我们也许成不了太阳,但是可以始终向着光	北 沐	134
弥补定律	黄小平	135
袋装薯片的胜利	陆小雨	136
好朋友	邓 笛	137
细节是人内心世界的旁白	张 勇	138
完美无味	小 来	139
学神的大脑究竟有什么特别的	赵思家	140
鹿 殇	王 族	141
普通人的生活,原本就很艰辛	蒋 勋	142
煮一锅冬天	曹春雷	144

6 学习力，就是我们的超能力

篇目	作者	页码
顶尖高手都是利他主义者	兰陵王	146
守株待兔式捕猎	倪西赟	147
高雅摆谱	黄亚明	148
君子豹面	华 姿	149
愤怒，需要被看见	文 君	150
5%理论	李雪涛	151
古人的花样偷懒行为大赏	莫笑君	152
不要留意轻松的事情	[古希腊]苏格拉底	153
途经的那些善意	王宇昆	154
亲密接触的消失	颜真悦	155
胶带纸思维：聪明人正在用的"笨办法"	老 喻	156
怪人托尔金	李孟苏	157
再大的空间也会被塞满	孙道荣	158
"懒马效应"的不同版本	木 木	159
不靠谱的"裙摆指数"	岑 嵘	160
虎的祸患	陆春祥	161
名字里长出故事	GULU	162
植物猎人	莫小米	163
骆驼策略和兔子策略	罗振宇	164
羽毛留下的思念	[俄]维克托·阿斯塔菲耶夫	165
聪明的选择	晏建怀	166
苟变食卵	蒋光宇	167
藏在血管里的爱情密码	庄郁峰	168

1

成熟没有标准，成长没有边界

反"拖堂"作战

口 梁凤仪

中学四年级时，教我们物理的是一位校内出名的好好先生。他讲学其实相当有条理和动听，可当时我们是女校，整班女生都"怕"物理，上课时总是敷衍塞责，老师看在眼里，闷在心头，却始终忍气吞声，由着我们打瞌睡、传字条、瞻天望地游白云！

对于物理老师的忍让，大半同学非但不晓得领情，反而自以为是地变本加厉。

有一天，老师才走进课室，全班女孩开始唉声叹气。

更有甚者，坐在我背后的一位同学瑞芬，不知为何如此气愤，竟把物理课本重重掷在桌上，大喊一句："讨厌！"

老师瞪着眼向我们那行座位望过来，问："谁这样子发脾气？"没有人出声。

老师突然脸色变得沉重："我再问一句，谁在发脾气？

"请那位同学站起来，好让我向你解释。世界上没有尽如你意的生活与工作，不会每一堂的学科都是你心爱的，学习吸收与自己性近的学识与尽量容纳你不喜欢的学科，对你将来做人做事同样重要。"

男老师从未如此严肃地向班级女生训话。我们在错愕之余，把原先叽叽喳喳的小噪声收住了，课室内鸦雀无声。

仍然无人站出来。老师说："有勇气在老师面前发脾气，为什么没有勇气站起来承担责任？我现在不上课了，在教员室等那位同学进来向我解释，要是没有同学肯认错，我就陪着你们全班留堂。"

老师说完就走。他的这番举止令我们惶恐不安，不知如何是好。最初三分钟，全班同学你眼望我眼，个个都像是欲哭无泪。

终于一位同学站起来，厉声喝道："究竟是谁把书摔到书桌上，请站出来，别连累我们！"这么一句揭竿起义的话之后，全场立即交头接耳，三五成群，互相指摘，总之课堂乱成一片。

坐在我旁边的同学小琦撞我的手肘，拿嘴向后一抿，分明示意"元凶"就在背后。我拉开抽屉，拿了本闲书来看。小琦忍不住问我："怎么办？"

"看书吧！要不，你就做算术题，做完借我抄！"

"你怎么不想想办法？"小琦细声急道。

我摇摇头，说："没办法。"

"这样子下去，我们什么时候才下课？"同学们开始担忧、扰攘。

"听见了没有？"小琦又拿手肘撞我。"听见了，所以劝你别花时间，快做功课，在课室抑或家里做功课，不也一样！"

"我们分明知道是瑞芬的行为，一人做事一人……"这次轮到我摔下书，对小琦咬牙切齿地骂道，"你要怨黄瑞芬，你尽管告诉老师。要告密就自己出头，才是大丈夫行为！"

小琦被我训得垂头不语，良久才说："为什么瑞芬要连累我们？她应当站出来！"

我低声地说："瑞芬成绩差，上学期品行又是丙等，这次还闹这种事，学期末要升级就渺茫了。我们乖乖做功课，跟老师磨下去，他总要放人的！"

可是我的估计错了，那天全班留到晚上八点还没下课。一大班女孩心烦气闷兼饥肠辘辘，竟还有些同学急得哭起来！

很多时候一件小事，无端弄成僵局，只是源于当初一念之差。追源究始，就是做错事的学生一时畏缩，不敢直陈过失。我肯定如果事发时瑞芬鼓起勇气，站起来说声对不起，必定能化干戈为玉帛。如今僵持时间越长，站出来所引发的尴尬越重，瑞芬更不知如何是好。当然，老师从不发脾气，突然忍不住发怒一次，要他得不到解释和道歉，自动鸣金收兵，面子上无论如何过不去。

人际关系的矛盾与冲击，往往就是由于这星星之火，终至燎原，甚为可惜！

我决定采取行动打破闷局。我很实际地分析情势，瑞芬和老师两个人无论如何都不会让步，出卖瑞芬自然不义，就算有人把她供出来，瑞芬来个不认账，"三司会审"更耗时间。我想倒不如由我去顶罪，一则我坐在瑞芬前面，最易令老师相信；二则我功课好，闹到校长室去也未必会被逐出校门，最大的损失也不过是无缘品行优异奖而已。一想清楚眼前形势，我立即霍然而起，跑到教员室去了断公案！

我对物理老师说："是我干的，对不起！"老师跟班主任交换眼色，点点头，说："你跟我们来！"

于是师生三人走回课室。班主任对全班同学说："梁凤仪说刚才是她的错，在我放你们回家前，再多问一句，有哪个同学认为不是梁凤仪的错，给你最后一个机会站起来，否则，除了她，你们都可以放学了！"

课室静到连根针掉在地上也听得见，于是瑞芬站了起来……班主任跟物理老师安慰地相视而笑："都下课吧！很晚了！"

自此以后，我明白了做人原来不单要给人家"让路"，还要适时给人家"开路"，那么自然到处都是坦途。

一棵稗子在担心什么 □罗振宇

我偶然看到余秀华的一句诗，"告诉你一棵稗子提心吊胆的春天"。什么意思？

稗子是一种野草，它在小的时候，和稻子长得几乎一模一样。所以，它可以混在稻田里面，混吃混喝混养料。但是，当稻子长大了，开始结穗的时候，稗子就暴露了，它不会结穗。

所以，为什么说"一棵稗子提心吊胆的春天"呢？因为整个春天，稗子都在成功地伪装。如果它有灵魂的话，它过得一点儿也不爽，它知道自己终将暴露。

我不止一次地听一些很有成就的人说，我老觉得自己有今天，就跟一场梦一样，我觉得自己不配啊。的确，几乎所有心智正常的成功人士，都多多少少会有这种困扰。每天过的日子都是：一棵稗子提心吊胆的春天。

不过，好在人和稗子不一样，一个人伪装着、焦虑着，没准还真就结出了穗，成了真正的稻子。

自律监督师：工作更像陪伴

□ 吴采倩 谢婧雯

"居然有监督师这个职业，大千世界，无奇不有。"

最近，"自律监督师"在网络上引发讨论，主角是今年21岁的朱河存，来自河南信阳，于6年前开办一家网店，每天的工作就是监督别人完成计划，打败"拖延症"。

朱河存每天要设置15个闹钟，不停地用微信或电话提醒顾客："该起床啦""午饭图发一下""今天计划完成，早点休息哦"等。

6年时间里，朱河存带着团队成员监督了近两万人，帮助他们完成计划。顾客大多是18岁到30岁的学生和独居的上班族，他们的监督需求主要是减肥、戒烟、学习和早睡早起等。

而在朱河存看来，自己的工作"与其说是监督，不如说是陪伴"。他们在陪伴那些努力生活的人走向目的地，每当顾客发来喜讯，他都"很有成就感"。

6年监督近2万人完成计划

"明日复明日，明日何其多；既然这么多，不妨再拖拖。"这是网上流行的一个段子，也是"拖延症患者"的真实写照。而朱河存的工作则是监督顾客打败"拖延症"，完成自己的计划，他自称"拖延症终结者"。

2015年，还在上学的朱河存在网上开了个店铺，但是不知道该卖些什么。偶然间，他在一个微博粉丝群看到有人买"监督"服务，便想试试。交了保证金，店铺开始试营业，他爸爸觉得这种生意不大靠谱，调侃他："你的保证金能赚回来吗？"

半个月后，朱河存接到了第一单生意，监督一名顾客三天"只喝水不吃饭"，他成功帮助对方完成计划。事后顾客给他发了个红包，虽然只有三四元，但朱河存很高兴，帮助人的成就感让他决定把店铺经营下去，一开便是6年。

如今，朱河存的团队已有100多名兼职"监督师"，已经监督近2万人完成计划，获得1.7万顾客好评。

店铺服务分为"单项监督"和"多项监督"，"单项监督"只有一种服务，每天6元；"多项监督"可以监督吃饭、学习、早睡等，每天11元。曾有顾客评价："我是在这里，买那些被浪费的时间。"

作为店长和客服，朱河存除了自己要监督客户，还要派单给其他兼职监督师。他每天从早上7点忙到次日凌晨两三点，有些顾客是留学生，还需要跨时差进行监督。

每当有顾客在网店下单，朱河存便会留下其联系方式，并记下相应的需求和计划。随后打开手机、平板和电脑，开始监督顾客完成当天任务："起床啦""亲，今天的午饭记得拍给我""今天计划完成，早点休息哦"。

除了提醒之外，朱河存还会要求顾客提供完成计划的凭证，例如单词打卡图、午餐图和运动的视频等。如果对方没有按计划完成任

务，也会有相应的"惩罚"，如跑步、罚站或增加学习时长等。

如果顾客长时间未回复进展，他还会进行"电话轰炸"。但也有极度拖延的顾客连电话都不接，朱河存无奈地说："我们的监督只起辅助作用，需要对方配合才有更好的效果。"

"与其说是监督，不如说是陪伴"

从业6年，朱河存遇到过各种各样的顾客。有留守儿童家长让他监督孩子学习，有减肥的顾客让他喊自己"死胖子"，有高三学生购买了一年监督服务并考上清华大学……"我们的客户主要是18岁到30岁的学生和独居的上班族"，朱河存介绍，这些人更需要自觉完成每天的任务。但家人的监督通常会被忽视，软件监督又太机械，所以选择购买人工监督服务，他们的需求主要是减肥、戒烟、学习和早睡早起等。

这么多顾客里，令朱河存印象深刻的是一名患抑郁症的大学生。这位女生在大二的时候找到朱河存，希望他能监督自己每天"正常"地生活，包括按时吃饭、吃药、学习和睡觉等。她很有才华，因病休学在家写剧本。

朱河存回忆，这位女生持续购买了4年的监督服务。在他的监督和陪伴下，女生的抑郁症慢慢好转，一年后便回归正常生活，并重返校园。

服务结束后，女生还一直与朱河存保持联系，遇到生活中的大事也会问他意见。有段时间，朱河存因为太忙无法继续监督她，她说："你要是忙的话就先别管我，我会自己续费的，等你不忙了再来管我。"

还有一名来自上海的高中生，一次性买了几个月的监督服务。高二的她并不太想学习，想着随便考一所上海的大学就行，在监督过程中暂停过好几次。但在朱河存的鼓励下，她最后坚持了下来。在高三努力学习，最后拿到了清华大学的录取通知书。

"与其说是监督，不如说是陪伴。"在朱河存看来，越来越多人独自生活，难免会感到孤单，而他的工作只是在等待那些孤单的人到达目的地。每当收到顾客考试上岸、减肥成功等喜讯，他都会很有成就感。

"拖延症患者难的不是坚持，是开始"

在电商平台上，越来越多提供"监督服务"的店铺涌现。服务的单价从10元到1000元，具有单项服务、套餐模式、私人定制等，大多用户评价自己不够自律，需要很强的外力管控，因此购买服务。

朱河存说，他曾经也是一个"拖延症患者"，经常将今日的事推到明日，能晚睡绝不早睡，这些坏习惯影响了他的学业、生活和身体。

"拖延症患者难的不是坚持，是开始。"成为自律监督师后，朱河存慢慢改掉了以往的坏毛病，开启了自律的生活，也变得更加自律和有耐心。他觉得，自己在帮助顾客的同时开始了新的生活。

这份工作也有另一些影响。朱河存每天需要长时间盯着手机或电脑，离开手机20分钟以上的活动都不能参加。为此，他已经有4年没去游泳了，因为游泳无法及时回复手机信息。

有一次，朱河存约一个女生去看电影。女生在看电影，他却一直在看手机。"电影演完了，我不知道演的是什么内容，还在看手机。"后来，那个女生便没有再联系过他。

但每当看到顾客考试上岸或者达到目标报喜时，朱河存又会十分有成就感，觉得自己的工作或许真的能帮助别人做出改变。随之而来的，还有媒体的报道，越来越多人知道他们的店铺，并会到网上给他们加油鼓劲。

学会今日事今日毕，是朱河存从业后的最大感悟，他不希望客户被拖延症拖垮人生。

诗剧

夜，
夜的寂静，
如同海底的洪流，
将我围拢。
我躺在海蓝色水波无声的深处，
听见我的心，
时而闪烁明亮，
时而暗淡无光，
如同一座灯塔。
——[加拿大]埃贝尔《夜》

高考填志愿，我要我觉得

□ 刘晶晶

时隔多年，我还记得高考成绩公布的那个下午。班主任在出成绩半小时内打来电话："你再说一遍，你考了多少！"我语气平静地回答："601。"相较我的"平静"，电话那头不肯接受现实的班主任反倒更像是高考生本人。我找了个借口迅速挂断电话，害怕再多说一句就要哭出来。

这个分数于我而言算超级失常发挥。我不敢相信地一次次看成绩条，看了三遍才肯接受现实。习惯遇到问题先自我处理的我，没有哭，没有抓狂，只是默默地说了句：好像，我去不成想去的大学了。

由于从小憧憬当律师，高一我便坚定了学法学的念头，把目标定为北方政法名校，梦想着在未来穿着帅气的制服，给人们带去正义和公理。然而高考失利，一切瞬间成空。当时的我并没有想到，由于灰心而随便选择的志愿，会导致久久未能弥补的遗憾——就像有人要用一生来治愈童年伤痛一样，我要用很多年来治愈选错志愿这个痛。

出成绩那天，偌大的客厅里没有一个人讲话，我看着爸妈的脸，一边掉泪一边苦笑着想："是吧，你们也觉得我的人生完蛋了吧，你们也觉得我这段路失败了吧。"

一直沉浸在悲痛中的我，没有心情查看适合这个分数的学校和专业，只是一直躲在房间里哭。直到不得不填报志愿时，爸妈否决了我原本想学的法律专业，理由是女生不宜学容易产生纠纷的专业，况且不是政法类名校，"干得好是何以琛，干不好是张益达"，甚至不惜搬出家里德高望重的伯伯来劝我。没有高考分数作为底气，我放弃了自己的想法，问："我能选什么？"

他们给了两个选择：师范和金融。教师这一职业是他们眼里百分之二百的"铁饭碗"，被认为是最适合女生的工作，没有之一；而金融，现在想来，是因为2015年金融大热。

我不想当老师，所以果断选择了金融；因为"考砸了"这个事实，我觉得自己已不配拥有追梦的资格，也不配选择省外的学校。我的高考志愿，便在自我否定与全家的意见中，草草确定下来。

我安慰自己，学校虽然不是名牌，好在找工作还占据一定优势。但我忘了，占据优势的前提，是无数个限制语——省内的、金融类的、毕业后金融仍然大热，也没想到今后如果读研、留学，这所院校会有诸多限制。

而"随便选"造成的影响，绝不是在4年后才起作用。它从我入学第一天起，就在时时提醒我——你不够优秀，你并不喜欢这个专业，你的大学注定废了。

种种不如意导致我一度消沉。看到舍友们拿奖学金、参加活动，我刷着微博吸着麻辣烫无动于衷，放弃专业课学习，旁听着其他系的课和老师侃天侃地，却连自己专业的老师名字都没记住。

直到一次悸动，某天熬夜到凌晨3点躲在被窝刷微博，我看到一个话题："如果时光倒流，你想回到什么时候？"

我仔细思考了这个问题，不想回到无忧无虑的幼儿园时期，也不想回到和旧时恋人初相识之时，只想回到2015年那个夏天，坚定地握住当时自己的手，告诉她："高考失利不意味着你很差，你可以去外地，选择很不错的学校，也可以大

一下子的成功都有副作用

□ 黄小平

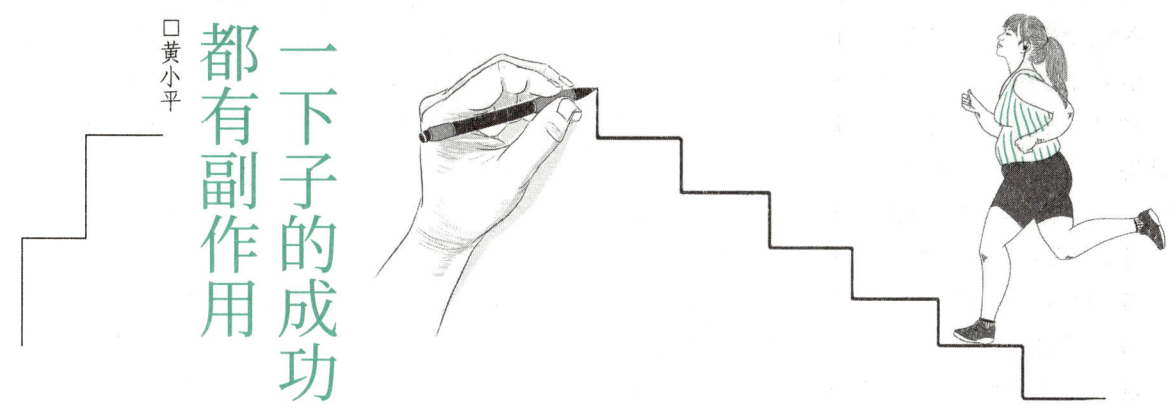

减肥成功的人，体重一定是慢慢减下来的。一下子减肥成功的人，要么是减了体重，也减了体质，失去了健康；要么是一下子成功了，很快就是一下子失败，体重随时反弹。

成功，不是来自一下子。一下子的成功，都有副作用。

记得我在一次大病后，身体极为虚弱，便去看中医。给我看病的是一位老中医，我要老中医多开补药，以便尽快把身体补强壮。而老中医说，不要快，而要慢，特别是身体虚弱时，不能快补，只能慢补。

多服补药，不是能更快地让身体康复吗？我问老中医。老中医说，补药服入身体后，不会自动消化，而要靠身体去吸收、去消化，要消化，就要消耗体能，补药服得越多，消耗的体能就越大，对于一个身体虚弱的人来说，这将对身体造成极大的损耗和损伤，使本来虚弱的身体变得更为虚弱。

老中医的话，让我有所启悟。补药是好东西，但再好的东西，在吸纳它、使用它时，也要有节制、有分寸。如果一遇到好东西，就贪婪地去侵吞、去掠夺、去强占，恨不得一下子全部据为己有，那么，好东西带给我们的，将不是好处，而是坏处和灾难。

一下子就治好病的药，可能副作用大，病看似一下子治好了，或许埋下了祸根。一下子就来的狂风暴雨，往往来得快，去得也快。一下子的心血来潮，一下子的热情万丈，都是不能持久的，都不足以成就一件事。慢工出细活，一下子出不了细活，出不了精品，只能出次品和赝品。

再好的东西，再好的成功，也不能贪图一蹴而就，一蹴而就得来的东西，一蹴而就获取的成功，往往都有副作用。

胆挑战长辈的意见，选择喜欢的专业。不要'随便选'，请为自己的人生负责，拜托了。"

我第一次认识到，我才20岁，是人生刚刚开始的年纪，为什么要因为一个暂时的结果与一次选择而自我放弃？我明明依旧可以做出改变。

于是，我拼命想抓住考研这个可以再次改变命运的机会，把目标定在了想去的大学和专业，目标高到所有人都劝我冷静，但这一次，我没有退让，坚定地回复："我要选择我想要的。"虽然后来以一分之差惜败，但我没有气馁，如今正在一边工作，一边为出国读研做准备，想弥补当年的遗憾。

时光不会倒流，但它会向前走。我拥有不了改变过去的能力，但我拥有改变现在和未来的努力。

有人说，应该学会和自己和解，学会释怀，但你不得不承认，不是所有的事情都能释怀。艺术品存在缺憾美，是因为弥补不了，而我人生的艺术品，还在烧制中，所以我相信，缺口会有机会弥补。

而我，会在成功的那一天，拍拍自己的肩膀，说一声："辛苦了，我知道你做得到。"

青年励志馆 披荆斩棘，方能所向披靡

鸵鸟少女：做自己人生的旗手

□ 程一卜

初二这年林小渔就长到了一米七五，比班里最高的男生还要高半头。本该鹤立鸡群的她，因为走在人群里总是缩着肩膀和脖子，看上去更像是一只鸵鸟。她并不想长这么高，更不想感受同学异样的目光。

林小渔平时习惯了缩着肩膀垂着脑袋，有时候上课一整节课都不抬一次头。这天下课后班主任走过来问她要不要参加学校运动会开幕式的旗手选拔，林小渔满脸惊慌和抗拒。班主任说："你先去体验一下，觉得不行的话再退出也可以。身高是你的优势，你应该好好利用它才对。"

活动课，林小渔到了操场才发现只有她一个女生参加选拔，从这一刻开始她就打了退堂鼓。开始训练后，训练老师站在她面前大声说："你缩着脖子干什么？"林小渔被吓得身体开始颤抖，很快老师又走到她身后用手指戳着她的脊背说："能不能挺直？"林小渔紧张得赶紧把肩膀和后背挺直。

练习方阵便步走的时候，训练老师几乎时时刻刻都在喊她。"你是鸵鸟吗？脑袋往前探什么探？""目光不要闪躲，你就想着你是这个方阵里做得最好的。""林小渔，把步子迈开，把胸膛挺起来！"

训练刚结束，训练老师走到她面前说："林小渔，你今天表现不错，进步挺大的，没你班主任说的那么脆弱嘛。"林小渔忽然被夸，刚刚想要流出的眼泪一下子收了回去。

"希望明天我还能在训练场上见到你。"

林小渔心里那个"明天就跟班主任说不参加了"的想法被训练老师的这个希望一下子打消了。

以前为了不长高，林小渔一直刻意控制着自己的食量，第二天早上她却主动吃了两个鸡蛋。下午刚到训练场训练老师就看着她说："林小渔，我还以为你今天不来了呢。"

林小渔下意识地想低下头，但忽然想到了什么，马上挺起胸膛用略带闪躲的目光看着训练老师说："只要不被淘汰，我就不会退出。"

训练老师看着满脸不认输的她说："我很期待在开幕式上看到你的身影。还有，今天不要犯昨天犯过的错误。"

训练真的很辛苦，男生回到教室一直在吐槽和抱怨，林小渔却一声不吭。慢慢地，大家发现她回到教室的时候不再缩着脖子，肩膀也挺得直直的。大家都发现，林小渔变了。

一个半月的训练后，林小渔因为表现优秀成为方阵领队。训练老师为她发制服和白手套的时候，看着她说："林小渔，你知道以前虽然也有女生成为旗手，但从来没有女生成为方阵领队吗？"

运动会开幕式那天，林小渔站在旗手方阵的最前面，她双手戴着纯白的手套，手握鲜红的旗帜，姿势挺拔，目光坚定。全班同学站在观众席上为她欢呼呐喊，从这一刻起林小渔不再是鸵鸟少女。

运动会结束后，林小渔很明显又长高了，但她再也没有缩起过脖子，从那以后一直把脊背挺得直直的。林小渔想，她要成为自己人生的旗手，以后不管发生什么，她都要一直挺起胸膛，目视前方。

1979年，启功先生曾为复刊后的《陕西广播电视报》题写报名。由于"播"字右边部分最上面少了一撇，引得民众纷纷给报社打电话、写信问责，一时闹得沸沸扬扬。报社领导迫于压力撤下题字，换上印刷体。这是一起让人哭笑不得的事件，因为事实是"播"字没写错。

少写一撇的"播"字，不仅不是错字，还是古代书法的主流写法。稍有书法常识的人都知道，正规的楷体、隶书体、行体，书写"播"字时大多缺少上面一撇。就像书法中的"德"字，从古至今，书写时都少一横一样。

无独有偶，四十二年后的2021年，人民文学出版社推出新年礼盒《五福迎春》，其中收录了启功先生书写的"福"字，结果闹了个更大的笑话——启功先生写过的"祸"字被当成"福"字误收了。新年送祸，岂不晦气！据人民文学出版社解释，该字源于秦永龙、倪文东主编的《启功书法字汇》。看来编纂者也没有搞清楚"祸"字的草书写法，才导致以讹传讹。

仅从以上两件事，便可知当今国人对书法的了解和认知缺失到了何等程度。再来看看启功先生是如何对待这类事情的。

20世纪90年代，启功先生有次去南方参加书法活动。周围人见先生随身总带一本词典，好生奇怪。一位同行者问："您老学富五车，水平这么高，怎么出门还带词典？"启老的回答很简洁："遇上不认识的字，查查！"众所周知，启功先生是著名的国学大师、古代文学和古文字学专家、书画家和诗人，著作等身，却如此低调、求实、谨慎，毫不避讳地携词典出行，这是虚怀若谷的表现。

大约1997年，我去启功先生家。见先生刚写完一幅书法作品，内容是张旭的《桃花溪》。先生问我："最后一句'清溪'的

查查

□陈启智

'清'，有没有写成青草的'青'的？"我回答："应该没有，反正我没见过。"先生一时笔误，当时就发现错了，大约觉得若有"青"字的版本，这幅字就不作废了。于是去了里屋，在书柜前查看了几本诗集。出屋后也不言语，就要撕这幅字。我忙说："把'青'字补上三点水，不就行了吗？"先生回答说："那这个字就偏了，和整幅字不协调了。"说完，他还是把这幅字撕了。对己、对他人、对社会负责，就是启功先生一贯的作风。他认为，在真理面前，没有面子问题。

常查字典或词典，表面上看是习惯问题，其实体现的是认真、负责和求实的态度。倘若当年《陕西广播电视报》的领导对民众反映的问题查一查书法字典，就能获得正确的认知，再于报纸上向民众解释，就不会贻笑大方；假如2021年"人文社"有关人员深知自己不懂书法，就应慎之再慎。遇到面目生疏之字，查上一两种书法字典，就能发现问题。即便不去图书馆，通过网络也能查到出处和正误。无论以何种方式，只要查了，就不至于闹出天大的笑话。

诚然，提高文化素养，加强对书法的认知和提高书写能力，都需要漫长的过程。但遇到不懂的或似懂非懂的问题，皆不能"想当然"，而要像启功先生那样老老实实虚心地向书本请教，查看专业书，才能避免失误。

多查查，是使各行各业学习、研究、工作能顺利进行的正确态度和重要保证。

追车记

□ 梅艺璇

在所有的出行方式中，我最不喜欢的就是坐公交车。这可能和我上中学时追车、挤车的经历有关。

当时学校离我家有7站路，我自行车骑得不好，所以从初一开始，我爸妈就给我办了公交卡，每天4趟，坐公交车在家和学校之间往返。在这4趟车程中，数晚上回家那趟公交车赶得最辛苦也最"惊心动魄"。

初一下学期，我们开始上晚自习。下自习的时间和公交车的最后两趟车时间相近，这意味着，下课铃打响后，如果不能以最快速度冲到公交车站，我就有可能错过倒数第二趟公交车，然后又会因为人多而错过末班车。课本里讲的"一寸光阴一寸金，寸金难买寸光阴"的道理我曾理解得并不深刻，但赶这两趟公交车的经历，让我深深体会到"光阴一去不复返，上学容易回家难"的道理。

为了能每天成功追上公交车，我通常会在下课铃打响前的3分钟就开始做准备，然后踩着下课铃声以最快的速度下楼跑向公交车站。运气好的时候，我可以赶上人最少的倒数第二班车，抢一个靠窗的位置优哉游哉地坐回家。但是，这种惬意的时光少之又少。大部分时候，我都要和少则十几人，多则几十人的"追车族"，像沙丁鱼一样一起去挤最后一班车。

这不光拼体力，也有智慧和运气的成分在里面。时间久了，我也总结出一些规律，因为末班车司机就那么几位，只要眼神够好认了出来，就能在预测停车位置时抢占上风。

其中有这么几位司机，留给我的印象很深。

光头司机，脾气不好，每次车过了红绿灯后开始慢慢靠站时，学生们便三五成群地冲过去，贴着还在行进的车身跑（危险行为，请勿模仿）。光头司机担心出事，常常在离公交车站十几米的位置就来一个急刹车。这种情况，总是便宜了那些"急先锋"，而老实在站内等车的人，跑过去时黄花菜都凉了。

因此，我总结出了追车的第一个经验：紧盯着那几位"急先锋"。当眼神好的认出光头司机后开始狂奔时，跟在"急先锋"后面跑就行，能很早挤进车厢。

三七开司机，中规中矩，"佛系"驾车。他每次都会稳稳地把车停在站内，然后前后门大开，任由我们野蛮地扒着车门冲锋。他从不维持秩序，每次都是在我们发现确实挤不上去自行放弃后，才右手一抬，关门发车。所以遇上三七开司机，挤车绝对是一场公平的体力竞赛。

还有一位司机，他的样子记不大清了，只记得他脸上有颗大痦子。我对大痦子司机印象深，除了他脸上的痦子外，还因为他比较有文化。

当时我们有周考，每周四晚上，车上此起彼伏都是背单词和课文的声音，有时还会莫名其妙地出现全车人集体背诵同一首诗或同一段课文的神奇时刻。大痦子司机第一次被我们发现跟着我们一起背诗，是"荡胸生层云，决眦入归鸟。会当凌绝顶，一览众山小"这几句。

他声音不大，但从口型看得出来，他加入了我们。背诗对我们来说是负担，但对他而言似乎是享受更多一些。背完正好赶上红绿灯，他扭头问当时就站在投币箱栏杆处的我："决啥人归鸟？那个字我念书的时候读的是zì。"

"就是zì。"

"我听你读的是cì。"

他说完我脸红了，因为我上学早，拼音没学好，不仅前后鼻音不分，"zì""cì"也咬字不清。这也是我当了很久的语文课代表，但国旗下的演讲一次也没轮到的原因。

有文化的大痦子司机，开车时喜欢把车开过车站。车停稳后不开车门，等我们在外面开始自觉地排起小长队后，才会先开后门，让下车的人下完，然后打开前门，让我们依次上车。所以，以我的实力，我还是最喜欢大痦子司机这种风格的，毕竟这样有秩序地上车最为体面和轻松。

我的追车生涯止步于初三那年，学校经不住家长们三番五次地写建议书，最终找了3辆公交车做校车。好处是我不用再玩命地追车、挤车，坏处是每次我都要坐在车上等十几分钟，直到那些放学后迟迟不走的学霸上车后，才能发车回家。

初中的3年，是我与公交车联系最为紧密的3年，之后的时间里，我很少再坐公交车出行。缓慢、拥挤，猝不及防的刹车和混着各种气味的空气，让我对公交车始终敬而远之。更何况，在追车的那3年时间里，我被别人粗糙的尼龙书包擦破过脸，被心急的司机用门夹过手，被各种重量的人踩过脚，还在前胸贴后背的拥挤中，顶着一张油光满面的脸，被窗外我喜欢的男生"嫌弃"又同情地注视过。

尽管不堪回首的经历不胜枚举，当偶尔坐在畅通无阻、快速飞驰的地铁中时，还是会想起，当时和同学讨论要不要去前一站坐车时的纠结，边喊着"车来了"，边向前一路狂奔的人群，以及不认识却熟悉的司机们。

当年一同追车的伙伴们如今散落在世界各地，脾气火暴的司机现在也该是双鬓斑白赋闲在家。学校迁址、城市改建，从我家到学校的那条路如今已经变了模样。如果当年的我能预料到如今的我在回忆过去时，会有这般复杂的心绪，会不会在追车时，少几分抱怨，多几分珍惜；会不会在一路狂奔冲向公交车时，抓住更多值得回味的细节与感受。🌱

眼　见　□孙香我

那天我站在阳台上向外眺望。家住一楼，其实就是二楼，一楼是车库。阳台前面是小区的一条大路，路前面是宽宽的绿化带，再前面就是漕河，一条从宋朝流过来的千年老河。此时是春天，从阳台看出去，绿化带的种种花木，漕河两岸的柳树，看着真是舒服。我正向外面看着，一位女士从西边走过来，经过阳台前时扭头看了我一眼。过了差不多一小时，这位女士又从东边走过来，又扭头看了一下，见我还站在阳台上看着外面。

如果她讲给别人听或者是写文章，她应该会说：我亲眼所见，一小时了，这个男人一直呆呆地站在阳台上向外望着。

其实不是。她从西向东走过去之后，我就回到屋里看书了。看了个把小时，眼睛吃不消，我就又来到阳台上向外看看绿色，以缓解眼睛的疲劳。就在这时她恰好又从东边走过来，看到我。

平日我们看人看事，所谓的眼见为实，会不会有时也是如此？🌱

有种失败叫"高谈阔论，一动不动"

□李松蔚

"我知道现在应该复习，但就是不想开始，怎么办？"罗雷跷着二郎腿，坐在咨询室的沙发上，他看着我的眼神写满真诚——真诚得过于轻松，"我这人太懒了。"我点了点头："你说得很坦然。"

"懒吗？嗨，我一直就是这副德行！"罗雷抽出一张纸巾，用力擤了一把鼻涕，"您想听我从什么时候开始讲起？大学？高中？不对，从小学开始就有苗头了。"

我看着这个二十多岁的研究生，他面临一场考试，却迟迟没有复习。但我怎么都看不出他在为这场考试而着急。按理说，他找我做心理咨询，说明压力已经非常大了。但他坐在来访者的位置上，一点都不紧张，甚至有点神采飞扬。好像他在描述另外一个人的不幸，一个叫"罗雷"的不可救药的懒鬼。那个人没办法复习，那个人有可能挂科，而这些不幸与正在说话的这个人无关。这个人不急着采取任何行动，他只要发出观察和评论就好，他的评论像是在说：罗雷这人怎么办？他太懒了，我也爱莫能助。

他把自己变成了一位旁观者、评论家。

我想起一个笑话。有人排队时插队，旁边的人阻拦他："你为什么不排队？"插队的人一脸无辜："当然是因为我没有素质。"明明是在谈自己的事，用的却是第三方视角。排不排队明明自己可以选择，却搞得像在评论别人的事一样。而现实生活中真有类似的荒诞事件：你怎么不学习？因为我懒。可是你打算什么时间学习，学多少，明明都是你的选择。怎么就变成旁观者了呢？

我把这种感受反馈给罗雷。他的反应是："您说得对！我这个人就这样，喜欢没完没了地给自己贴标签，这种情况该怎么办？"得，他一边说，一边在当评论家。

我知道，不能再这样讨论下去了。越讨论，值得讨论的话题就越多。而这些讨论本身就在迎合他"自我评论"的习惯，逃避眼前的难题。这几年很流行用心理学理论进行自我分析。但不要忘了，所有分析停留在口头，都是纸上谈兵。

比起这些言语和逻辑的游戏，还有更值得关注的事。

我问罗雷："你会挂科吗？"他的二郎腿一晃一晃的，突然停了一下："什么意思？"

"你下个月的考试，按现在的进度复习下去，会挂科吗？"

"如果现在就开始复习，应该不至于。"他说，"问题在于……"我打断他："所以不会挂科的。"

他还想说什么，我没有给他机会。我猜他想说的是："问题在于我很懒，怎么都没法开始……"然后要我陪他讲道理，想办法。但道理讲得再透彻，行动的责任还是只能落在他身上。而我们很可能因为沉迷于分析进展，越发失去行动的迫切性。

"反正你能应付考试，不如聊点别的。"我说。罗雷有点震惊，他大概没有想到，我竟然把应付考试的责任全放在他身上。他立刻改口："如果我一直不开始复习呢？我还是有可能挂科的。"

又来。这次我没有进入他的圈套。就算挂科，那也是他自己的事。我说:"那我们可以聊聊挂科以后怎么办:会影响你将来毕业吗?有没有补考的机会?"

罗雷的脸涨红了:"这些我可以问教务处,我来做心理咨询,主要是想……"

我知道,他主要是想评论,想对自己的个性缺陷评头论足,再寻找改变的方法。他认定这些思考很重要。思考出一个结论,他就会变成一个更好的人。但这是对心理咨询的误用。只是"谈"不会有任何改变。无论什么流派的心理咨询师,想带来有意义的结果,只能通过行动。而行动永远来自现实:现实的困境、现实的目标、现实的打算、做了哪些、遇到什么困难、获得了哪些经验、达成或没有达成的结果……很多人不太愿意触碰这些具象的话题。也许是觉得不如自我思考来得高深。但也可能反过来,现实话题太沉重,而思考更轻松。评论家们只是想:现实不重要,这是因为"我"有问题。似乎重要的是,找个人谈一谈"我"的这些问题。

不要跟他们谈"我"。不如请他们回到现在。

回到现实,朋友。现实就是你在高谈阔论的同时,坐在咨询室里一动不动。你以为自己正在通过头脑的运转解决问题。但坐在这里本身,就是在维持问题。

后来罗雷顺利通过了考试。再次找我做咨询的时候,已经是毕业前夕,他说自己的毕业论文写得很糟。我问他,现在正在写吗?他只是叹气,说就是很糟。我问写了还是没写,他说,很糟,写不写有什么区别?我说你一直在说糟不糟,我只想知道,你只是想象它很糟?还是有了初稿,你拿在手里看,确实看到它很糟?

罗雷扭捏半天,说,只写了个开头。他自己也笑了,因为知道我会怎么对付他。我说:"这样吧,你把初稿写出来给我看,让我看看究竟有多糟。什么时候写完,什么时候我们再评论。"

糟不糟是第二位,写没写才是第一位的。它决定了问题是否是现实中的问题。现实中的问题,有触感、有细节、有温度,而且必须有行动。也就会有机缘巧合,有绝处逢生。而想象中的问题什么都没有。你原地不动,侃侃而谈,越谈越迷失在抽象的海洋里:万一真的很糟怎么办?不会吧?但我怎么知道不会?毕竟我是这么糟的一个人,你快帮我想想啊,怎么才能不那么糟?……打住!开始写吧!

罗雷一直没来找我,一直到毕业前。他说他后来勉强凑出了一篇论文,确实很糟。他想让我看看有多糟,但没时间,因为要准备答辩。他也没空当评论家了:"嗨,毕业要忙的事可太多了!"

偷时间　□孙惠群

詹姆斯·凯尔曼是布克奖得主,作为英语小说界的诺贝尔奖,能获得该奖项是对一位作家莫大的肯定。他接受记者采访时说,早上5点半到7点,他都在书桌前,每天都是如此。"我之所以养成这个习惯,是因为感受到来自外部那些必要事务的压力。20世纪60年代中后期,当还是一个年轻的小伙子时我就开始写作了。我不放过任何能找到的工作,大多数工作都是从早上8点开始,然后无休止地继续下去。等我回到家的时候,已经身心俱疲,不能再做任何事了。"由此,他发现了一条最重要的艺术原则:疲惫的身体中活着一颗疲惫的心。于是,他决定在每天早上出门前两小时起床。如此坚持几十年,硕果累累。他说:"我在偷时间,把最好的时间留给最重要的事情。"

初入职场，灵活运用"学生气"

□李 戈

"学生气"是很多人步入职场的"第一道坎"。其实，它并不是一个完全意义上的贬义词。与其说是"学生气"，倒不如说是一种"学生思维"，这种思维也有很多闪光之处，灵活运用，可以成为职场发展的加分项！

你有"学生气"吗

什么是学生气呢？换句话说就是不太成熟。职场中有哪些似曾相识的"学生气"场景？

1.以为学历就是能力

学历是很多刚毕业的学生迈入职场的一把钥匙。他们以大门背后的一切都可以用所学的专业知识来应对，但职场是综合性空间，还需要有相处沟通、办事效率等外加条件。

2.总站在自我情绪C位

校园生活中，同学们选择做任何事情都以自我情绪为主导。但职场中，总是站在自我情绪C位，往往会影响自身工作能力的发挥。并且，我们有时需要为了团队目标与队友打配合，所以更需要控制自己情绪的波动。

3.不分场合的天真直率

刚入职场的新人，往往会觉得同事就是换了场所的同学，尤其与自己关系比较好的同事更是无话不说。但言多必失，或在公司环境下依旧与亲朋"煲电话粥"，或沟通爱用浮夸表情包，都会令领导和同事觉得你不成熟，欠缺基本的职场沟通礼仪。

4.怯懦回避领导

刚刚步入职场，也许我们的思维还停留在布置作业、完成作业的惯性下。大部分人都习惯了老师和家长拿着鞭子督促、手把手教学的成长方式，不会有主动沟通的想法和主动推进的欲望。只有主动甩开拐杖，才是真正成长的开始。

5.自尊心大过一切

面对批评，趋利避害，是人的本能，无可厚非。但如果长期以这样的方式对待工作，必然会放慢成长的脚步。职场比拼的不是片刻尊严的高低，领导也并非有意压谁一头，正确看待自己的错误，你才能获得进步。

灵活运用"学生气"闪光点

"学生气"有时很难轻易改掉，这时不妨灵活运用。用一种"好学生"的思维开展工作，会有很多闪光之处。

1. 把学历变成学习力

不管做什么事情都要求做到最好，这是一种典型的"学生气"思维。如果把这种严格要求自己的态度放在工作中，会有很大的好处。

作为新人必须清楚，在事业起步阶段，就算能力出众，在一些老员工面前，也可能会被他们丰富的经验打败。所以，唯有依靠不断踏实地学习，付出更多的努力，才有可能获得超越他人的机会，让领导和同事觉得你的学历和能力是一种正向匹配。

2. 培养职场"钝感力"

面对领导的批评、同事的质疑、客户的要求，我们或多或少会有挫败感。这时，你需要自我调节，发挥学生时代厚脸皮的"钝感力"，迟钝一点，让自己变粗糙一点，才能承受各种压力。

懂得虚心听取他人的意见，如果自己做得不足，就去改进，力争做到能力范围内的最优。那时，领导和同事也会记住你的高光时刻，正所谓："你默默努力的结果，最坏不过是大器晚成。"

3. 用"一题多解"破除情绪C位

当一个项目交由你来负责，就不要等别人把这道大题分解成若干道小题。无论上网搜索，还是请教同事，都要事先了解此类项目怎么制定方案、有哪些开展方法，你可以尝试制定几种方案，然后拿着这些方案去找领导讨论。在做了大量前期工作后，让领导做选择题，会让领导觉得你考虑问题周全，方案被采纳的概率也会提高。

4. 系统的配合性解题思维

很多人觉得，在学校学习的知识，到了工作场合用不上。实际上，这种观点过于片面。学校培养的是思维模式。当接到某个大型项目或者任务时，你需要先制作一个细化任务表，再一项一项地按照时间节点完成。遇到超纲的题目，你要学会暂停"好学生"思维，放下自己的"清高"，向经验丰富的同事取经，团队作战，保证任务圆满完成。

5. 没有心机，让人更易接近

随着年龄的增长，我们慢慢明白了一个道理，那就是成年人的世界里，嘴上说的和心里想的是两回事，这也让很多职场人在工作一天之后，觉得身心俱疲。

但是这点，对于"学生气"十足的人，未必是件坏事，要避免自己口无遮拦和不合时宜的直率天真，同时不影响你与领导、同事坦诚相待。有心机会带来一定好处，但也可能失去一些机会。如果处处都耍心机，那你失去的将是整个朋友圈甚至社交圈。

6. 学会职场"破冰"

在新生入学阶段，老师们都会组织大家参加集体活动，互相介绍，熟悉彼此；在工作中也是一样，无论遇到领导还是同事，礼貌性地打声招呼，其实跟在学校遇到老师和同学一样。同事之间保持一份感情的温度，工作开展起来更加方便。

当然，在与领导和同事的相处中，也要掌握一定的"分寸感"，尊重他人隐私，留给他人空间，才能让彼此的工作更清晰顺利。

另外，职场的成熟也可以通过穿着来体现，着装避免邋遢、随意，职业化的穿着会让他人在第一印象上对你形成好感，使你们有进一步接触的可能。

7. 树立"班干"式沟通思维

你在他人心中形成的印象，一方面是通过穿着，另一方面是通过言谈。在职场中，沟通尤为重要。我们要树立"班干"式沟通思维，主动沟通，及时反映情况。面临一项工作，你能制定明确的方案，在推进过程中做到及时汇报，听取上级领导的意见，传递下一步的工作方向，形成沟通闭环，最终获得良好结果，这是一种成熟而有效的沟通。

进入社会意味着成熟和成长，这种成熟和成长在某种意义上是与校园状态完全诀别，甚至反向而驰。但实际上，我们身上那种挥之不去的"学生气"也有很多值得看重的地方，没有绝对的好与坏，只要恰当运用，都会学有所成。在职场中，任何高手都是智力因素和非智力因素的"双剑合璧"。把握好"度"，你一定会成为职场新达人。

高考之于我们，到底意味着什么

□ 沐溪

一

表妹考上了研究生，打电话给我报喜，语气里是难掩的激动。她说："姐姐，你不是想去海边城市吗？我要在这样的城市待三年呢，你可以来找我玩。"

我一边开心地满口应下，一边在心里琢磨着那个对海边城市的向往是什么时候诞生的。

之所以有这样一个想法，是因为那年我心心念念要考的大学就在那样的城市里。我心目中它一定是临海而立，风满时能鼓动一袖春光，而我，一定可以在海水拍击岸边的时候，打捞起不灭的梦想。

年少的时候，谈梦想是完全不庸俗的事情，并且特喜欢为梦想建造一个依托。就像，我其实是想去那所大学，却觉得因为有海的衬托，它似乎多了神秘感，从而让我的梦想更加熠熠生辉。作为一个在北方长大、从来没见过海的人，那座沿海城市的大学，成了我心中通往未来的秘密通道。

可惜的是，我到底没能够穿过这条秘密通道，甚至连在门口徘徊的资格都没有。

那年高考，我的成绩差到羞于向人提起。

我在家里鼓着勇气跟爸妈讨价还价，虽然羞愧的我好像并不具备这样的资格。但还是梗着脖子，好像脾气硬一点，就能掩饰内心的脆弱。

我一会儿说我要去读技校，一会儿说我要去打工。爸妈却反反复复只有一句话，你必须去复读。我说我不去，转身就躲在房间里哭。

我并不是真的不想复读。只是不知道如何面对那样难堪的分数，那和我一贯的成绩不符。我甚至想我可能是不适合高考的，否则为什么明明每次月考的成绩都不错，却在面对高考试卷的时候溃不成军呢？我更害怕，一旦复读的结果也不好，我有没有勇气面对爸妈，面对我自己。

最后决定去复读，是因为爸爸。他不再强制性要求我去复读，也从不对我说我们是为你好这样的话。他只是抱着学校发的那本报考指南。那么厚的一本书，我都懒得翻。可爸爸每天都在翻看，从早到晚，认认真真研究每一个专业，询问从事教育行业的亲戚。

他说，哪一类学校都好，只要可以收到录取通知书。但你不可以不读书，你才18岁，你不知道未来还有多长。如果停在这里，你有可能就会一直停在这里了。你现在可能还不明白这样的选择对未来的那个你，是多么不负责任。

爸爸垂着头，坐在那里，翻着册子。有时候招手问我："你来看看，这个学校怎么样，你不是喜欢英语吗？英语专业好不好？"

我突然就觉得绷不住了。我低着头，瓮声瓮气地说："爸爸，我去复读。"

还有半句话，卡在嗓子眼里没说出来——对不起，谢谢你。

对不起，不能成为你们的骄傲，还让你们操碎了心。谢谢你，包容我的肆无忌惮和不懂事。

二

8月份去复读，夏天还正当道，热得理直气壮。能容纳一百人的复读班，黑压压的全是人。桌子上的习题集，像是长了一双双深不可测的眼睛。

我自己选择了最后一排靠近角落的位置，旁边是空的。好像那样才不会被打扰。就那样带着惶恐，重复着我的一日又一日。

一个月后，我有了个同桌。她来的那天，背着一个巨大的书包，架着大眼镜，周身写满严肃。我想跟她打招呼的心立马有点受惊，不动声色地把我的书往里面挪了下，以便于给她腾出足够用的空间。

谁知她竟然发现了，挠了挠头，说："不用，不用，我可以放在桌子底下。"她指了指我们桌子下面的踏板，露出开怀的笑。

就是那个笑容，让我觉得这姑娘是心甘情愿来复读的。这样的人一般是因为上一次高考成绩很不错，但没能进入自己心仪的学校，故而打算二战。所以，我试探着问了她的成绩，以为会得到一个让我惊讶的数字。可这次，她有点儿不好意思地笑了下："其实，我中途退学了，因为没考上好大学，就出去打工了。后来想读书，干脆又回来了。"

她没有再说下去。

可接下来她所有的勤奋都在诉说着对重返校园的感恩。因为有一年没读书，落下的课程比较多，她每天都要花费比我们更多的时间。晚上不舍得睡觉，早上早早起床。有了那样一个勤奋的同桌做参照，我也更加用心起来。

那一年，留给我的印象，是成沓的试卷和同桌那双每天睡6小时还能神采奕奕的眼睛。

第二次高考结束后，我问同桌："你到底是怎么做到那么有精气神的？"她说："因为我试过，在工厂工作的时候，每天连续站十几小时。那时候，我问自己，是不是这就成我以后的人生了？所有人都说高考不是唯一的出路，我也这么觉得。可后来我才意识到高考不是唯一的出路的意思是，在高考之外，你已经修好了更好的路。可惜，我并没有。就那么慌慌张张地一脚踏出去，才发现外面的世界，根本没给我双脚落地的机会。"

那是我第二次领略到她的严肃。

我们两个站在空荡荡的操场上，谁都没有再说话。

我想起爸爸对我说过的话，只是想要让你有更多的选择。大概就是这样的意思。

那一年，我和同桌，终于收到了迟到的大学录取通知书。虽然依旧不是我向往的沿海大学，也不是她刻在书桌右侧的"北京，北京"，但重要的是，我们懂得了为自我做选择的意思。不是孤注一掷，丝毫不忌惮未来，而是心有所盼，能为所盼真真正正去勇敢。

三

读大学的时候，我特意去了我向往的那所学校。在校门口拍了张照片。周围是来来往往的学生，脸上带着熟知周边事物的风轻云淡。

而我，像个局外人，充满好奇。绕着校园走了一圈又一圈，恨不得记下每一栋建筑物的名字。同行的朋友问，你喜欢这个学校啊？

我点点头，又摇摇头。确切地说，不只是喜欢那么简单，一如当年的那个我，向往的不仅是一所大学和一片海，还有更多更多的未知。而如今的我，已经有了足够的勇敢去探索每一个未知，剩下的只有释怀。

我们对一种东西生出渴望，往往是因为遥不可及。

我们对一个选择生出胆怯，往往是因为害怕承担结果。

可当勇敢一点踏出去的时候，你会突然发现，渴望完全可以化为有动力的愿望。而选择，也不过是人生众多选择中的一项，你需要的只是直面它。

后来，当遇到一些读者向我诉说不知该如何面对，如何选择的时候，我都会把当年我爸爸对我说的话告诉他们，千万不要让你的选择成为你停在这里的枷锁。你明明可以成为一把钥匙，为自己开锁，何不往前继续呢？

不管高考，还是人生。

最差不过一路告别一路失望，可失望过后也会有希望，告别之后也会有新生。谁又不是勇敢着面对一切未知呢？

所以，亲爱的，你要走，不要停。

从习得性无助到习得性乐观

□王小吉

高考前，小亮为了考本地学校还是外地学校的事和父母争执不休。路过学校的停车场时，小亮的内心忽然升起无名的愤怒，于是对着一辆不知车主的汽车轮胎狠狠地踢了几脚。刚好被班主任张老师看到了。原来，被小亮当作解压神器的，正是班主任张老师的座驾。更加巧合的是，车开出去没多久，张老师就发现车胎泄气了。

当天晚上，小亮被爸妈狠狠地教训了一通，理由是扎张老师的车

胎。尽管小亮反复解释，但父母坚持认为他做错事不肯承认，罪加一等。小亮说，那一刻他恨父母，更恨张老师。

他想报复张老师。

"小吉老师，如果你遇到同样的事，会怎么做？"

被小亮这么一问，我忽然想起来，类似的事情在我身上也发生过。在上小学六年级的时候，有一天放学我路过教师车棚，发现好多老师的自行车被风吹倒了。我停下来，一辆一辆搬起来。当搬到最后一辆时，一个我不认识的老师走了过来。

她很不客气地说："小姑娘真是够淘气的，放学不回家，居然把老师的车都推倒了。"我当时完全傻了，争辩道："那不是我推倒的。"她却自顾自地说："如果不是你推的，你为什么要扶？"一边说一边骑上车扬长而去。

"那你后来真的没做什么吗？你居然没有很生气？"小亮有点不理解。我记得当下那一刻确实难以理解那个老师，但回家后就把这件事放下了。

"那你觉得我该做什么？我要不要在微信上和班主任谈谈？问问他为什么要造谣中伤我？"

我劝他冷静下来，准备考试的事。有任何疑问等高考结束再去解决。小亮最终听从了我的建议。他说，虽然张老师说他扎车胎让他很伤心，但平心而论，张老师一直对他还是不错的，或许这只是一场误会。

小亮的事让我不禁想到女孩小芒的经历。小芒上高一时被同桌造谣早恋，因为过于气愤想不通，钻牛角尖而患上了精神病。虽然小芒中考成绩是全校第一，但由于被诊断出精神病，最终无奈辍学。

提出过"习得性无助"的塞利格曼在《活出最乐观的自己》一书中讲到，一个人对经历事件的解释风格直接决定了幸福指数。有乐观解释风格的人往往会遇到更多幸运的事，而持悲观解释风格的人却会遇到更多不幸的事。

拿到录取通知书的小亮向我报喜。之后，又聊到了他的班主任张老师。前几天他听班长说起，那天张老师在等待汽车补胎时，偶遇他妈妈的事。张老师告诉小亮妈妈，在停车场取车时看到小亮，感觉小亮情绪不太好，希望父母可以多多关心一下。

小亮妈妈当时问张老师车子怎么了，张老师说车胎不知何时被扎了。小亮妈妈误以为张老师在暗示，是小亮跑到停车场扎了张老师的车胎。班长说，张老师当时感觉很不安，担心因为没有表述清楚，引起小亮妈妈误会。事后还发了条微信给小亮妈妈，却没有收到回复。

后来小亮让父母查看了手机微信，才明白他们果真错怪了小亮。小亮说，他非常感谢我阻止他对张老师做傻事。

小亮说，经历过这个乌龙事件，他感觉自己终于成长了。他也更加坚信，只有放心地去爱和相信这个世界，才可以感受到更多的幸福。尽管还会遇到很多挑战，但只要内心变强大了，相信自己是优秀的，一切就都会变得不同。

成熟没有标准，成长没有边界

云从博物馆经过

□ 胡弦

在博物馆上空，云很快就散了。云不喜欢在某个地方待得太久。云下的回忆也有云的属性。被想起的东西，总是试图从记忆里挣脱，它们一转眼就不见了，仿佛属于另外的时刻和故事。

另一些云留在了博物馆里。在罍、铜鼎上，云纹飘浮。坚硬、荒凉的线条，依附着青铜里低矮的苍穹。有什么会听命于这幽暗的空间，石斧的家园，舞俑那吹走面容的悲风？在它的墙上，有某种喊叫渗了出来；在它的玻璃橱里，有在某个仪式中出现过的人，仪式已失传，其他人走失，他的手抬起来，抚摸着虚空——那是仪式中最后沉默的部分。

有某种感应，但缺少与之对应的实体。

陶器的颈部，送来的肯定不仅是弯曲和弧度，有什么顺着那弧度在流动？瓷器上的花朵，像没被动过的爱情。所有的灯都亮了，光，践踏着幸存者的心灵。从前，赞美不曾毁掉它们；今后，痛苦也不会。

瓷片也碎了，分散开来。美留下过行踪，但已失去了它的中心。没有谁再能把美和它的边疆拢在一

起。残缺的美，仍然令人惊心。但用来赞美的词语，里面的波浪已被人取走了，只剩下干燥的回声。

大部分事物早已下落不明，要找到它们，得用尽猜测，以及乌鸦的翅膀。

云再次从博物馆上空经过，有时雨水顺着屋檐滴落。在雨声中，仕女们的腰围发生了变化，而蛇拒绝进化，情愿变成一段树枝。马车、铜壶、玉片、编钟……当时间的握力收紧，它们心中的阴影跑掉

了，热闹也跑掉了，一些隐秘的规则却隐约可见：木刻里的天气，绢页上的习俗，流亡的鸟与磨坊的月亮订下的契约。

无人的时候，小兽们会从屏风上下来走一走。在夜间，暴君也会偶尔发出鼾声。用于叙述这一切的词语，在黑暗中摸索，走岔了路径。

喧嚣的集市无声，香炉上的群星，倾心于其体内弯曲的晶体。宣纸上一根柔韧的曲线，将从前和现在串联在一起。云锦如梦，梦中的神仙在飞行。他们过于冗长的生活因我的抚摸而有所改变——在探究的手渐渐变成的无知的怜惜里。

一切如此遥远，也没有警示。同一种命运光顾过不同的事物，无法识别的符号里，隐藏着某种越过了界限的权力。青铜镜用锈，锁住了所有出现过的脸。而那要在将来重回人世的人，已提前把一生放了进去。

但带来疼痛的，是博物馆墙根下的荆棘，以及荆棘中正在腐烂的浆果。

某个下午，博物馆的墙上有只乌鸦，它望着远方。另一个下午，那儿是另一只乌鸦——两只乌鸦大体相似。博物馆与绿荫和寂寞为伴。在它的院子里，你想起空缺是多么沉重。而对空缺的处理，藏着一座博物馆的愿望和意义，如同乌鸦的幻影。

大厅空旷，你在此伫立。你

少年给的空欢喜

□ 花落夏

连着观察孙家南五天之后，我确定，他喜欢我！

最开始是因为他莫名其妙地送了我一袋大白兔奶糖，什么都没说就跑出了我的视线。在那之后，我总觉得他在有意无意地盯着我看，尤其是在上英语课的时候，每次用余光无意瞟到他冲着我的面孔时，我心里都会多几分自信与喜悦。

这应该算是我上了初中以后的第一个爱慕者。

化学课下课以后，后座和她同桌刚巧在谈论孙家南，说他昨天的体育课800米跑了第一名，好多女生给他送水。我顿时想起了孙家南送我的那袋奶糖，顿时感觉心里甜甜的。下一秒，我已经扬扬得意地挺直了腰板，在周围几个人的诧异中哼起了歌。

能被一个万众宠爱的优秀的人喜欢，我突然感觉到了自己的美好与不同。

学校举行篮球比赛那天，看台上有很多人在为孙家南加油，除去我们班的学生，还有其他班级冲着孙家南的美貌慕名而来的女生。不知道是不是因为喝彩声比较高，那场比赛孙家南打得很好，投的两个三分球都中了。观众席顿时响起了掌声阵阵，大片人站起来高喊着他的名字。只有我，只有我努力地按捺着内心的喜悦，故作高傲地坐在一边，不鼓掌，也不高呼他的名字。

或许是因为知道有人在关注自己，我一改从前大大咧咧的模样，每次做什么事情都要做作地装作淑女的样子——小口喝水，小声喊别人的名字，每天扎头发的头绳也开始变换着样式。

孙家南有没有观察到我的这些改变我不知道，倒是我妈开始欣慰地看着我说："姑娘长大了，开始爱美了。"同桌也说我变得不一样了。每逢听到这些评论，不知为何，我都会很心虚，好像那不是真正的我。

平安夜班级很多女生都收到了男生送的平安果。我坐在座位上心不在焉地做着数学练习册，目光不由自主地向孙家南的座位瞟去。傍晚的风伴着校园的夜色从窗外吹进来，我闻着今天特意换的、我用了半袋子洗衣粉洗出来的校服上的浓浓的薰衣草味。

下课铃响，孙家南拿着一个平安果向我走来的时候，我满脑子想的都是："风再大点儿，再大点儿，让他也闻到我校服上的香味。"这么想着，孙家南已经拿着包了很多层的平安果站到了我面前。我假装低着头看书，书上的字却一个都落不进我的眼底，倒是孙家南那双帆布鞋，白得耀眼。

"英语课代表，这个是给你的平安果。"孙家南把手里的平安果递给我，一如往常地微笑着喊我"英语课代表"。我终于抬起了头，伸手去接他递过来的平安果时还假装不经意地偏了偏头，想让他看到我新换的粉红色头绳。

本以为送完平安果孙家南就会转身回座位，可他没有，而是依旧站在我面前，一副话还没说完的样子。我一下子就紧张起来——该不会他要在全班同学面前跟我表白了吧？

就在我大脑迅速转动的这几秒钟里，孙家南已经开口了："你知道，我英语一直学得不好，英语老

富者必用奇胜

□骆玉明

《史记·货殖列传》记载了中国古代第一份"富豪榜"。

"太史公富豪榜"上最早出现的两位，都是了不得的名人。一是范蠡，越王勾践的主要谋臣，灭吴之后，因为还有许多智谋未能用尽，于是乘扁舟浮游江湖，改名换姓，经商聚财，至千金辄散去，世号陶朱公。后人又编故事把大美女西施配给他做伴，那可是风流逍遥，人生到此无憾矣！

再有一位是子贡，孔夫子的高足。子贡先生有一个特点，谓"亿（臆）则屡中"，就是推测商品的行情变化非常准确，难怪是要发大财的。推想他炒起股票来，该是一把好手吧。

范蠡、子贡都是春秋时期人，以经商致富。但其成功不只是因为他们有智谋、善于捕捉商机。子贡周游列国，诸侯皆与之分庭抗礼，岂非对财富表达敬意——子贡为他们买进卖出，双方其实还有一层生意合伙人的关系。

从战国到汉代的富豪，单纯从事商品贸易的也有，如魏国的白圭，他曾为魏惠王的相国，后来转向农业产品特别是粮食的买卖。但更多的富豪具有产业基础。如战国时猗顿起于盐业，郭纵起于冶铁，皆"与王者埒富"。秦始皇时有乌氏倮，是从事畜牧业的，马牛之类多到不能细数，以一条条山谷为计量单位。又有巴地寡妇清，世代开采丹穴，财富之多，无人算得明白。

汉代以冶铁致富的最多，列入富豪榜的有卓氏、程郑、孔氏、曹邴氏四家，卓氏家族有位卓文君女士，因为跟文豪司马相如私奔而名垂史册。还有一位无盐氏是放高利贷的，算是民间金融家吧。吴楚七国之叛，他冒险借款给从军的贵族，获利十倍之多，于是成为关中巨富。

太史公在文章最后说的话也极有意思：要发财，光靠精打细算、辛勤劳作是不够的，"富者必用奇胜"。他举了一些常人不太注意的生财之道，我最感兴趣的是做"胃脯"，据古注，这是拿滚水把羊胃烫熟，再用花椒、姜粉腌渍，然后晒干，说是味美易售，有人借此而发财。

青年励志馆 披荆斩棘，方能所向披靡

近视，带我进入异想世界

□ 刘 旭

正式戴上眼镜那年，我上小学六年级，当时班级里的近视率还不算高，所以鼻梁上架副眼镜，看上去多少有些特别。我很享受那种与众不同的感觉，一度天真地以为戴眼镜是件很酷的事。

因为父亲是近视眼，最初还没近视的我时常会借机拿起他的眼镜，模仿电视里的成功人士说话，或者推着眼镜托，学名侦探柯南。在那时浅薄的认知里，我觉得眼镜在某种程度上是斯文、有文化的代名词。所以在刚戴上眼镜的那段时间里，我新鲜劲儿十足。

但这股劲儿没持续多久，因为随之而来的，还有种种生活上的不便：在球场上打球，折返跑时眼镜会上下起伏，清楚和模糊频繁交替，想稳定将球投进，成了难事；吃热面条的时候，热气一升腾，眼前就被遮蔽了……当那些因眼镜而引起的不愉快横亘在生活中时，曾经预设的美好也就黯然失色。但不可逆的现实摆在面前，想和这个朝夕相处的伴侣变得和睦些，就需要换个角度去审视它的用途和意义，于是我开始了一场不切实际的幻想。

最开始的幻想是低阶版本。我会比对眼镜内外的世界，摘下来时，眼前尽是模糊，戴上后，则能回归到正常的状态。那个时刻，感觉眼镜片就是相机上的取景器，在失焦和对焦轮换中，眼前的图景会有云泥之别。在这个进程中，其实心理也会产生微妙的变化，当周围不清晰时，安全感急速下降，它会带来轻微的恐惧感，让人没办法集中精神去观瞧眼前的事物。而等失序状态结束，悬浮的心慢慢踏实下来，周遭的一切就都能被平静对待。

这种感受很有趣。就像在不同的人生境遇里切换，它好像在告诉我：如果连面前路都没办法看清，身边的风景再绮丽也无法产生一丝一毫的美感。

后来，我又琢磨着找点创造性强的方法，来丰富自己的异想世界。很偶然的机会，我在某个夜晚登上了一处天台，那天正赶上刮大风，松动的眼镜腿很不争气，直接就被风从耳朵上掀了下来。在弯腰捡拾它的工夫，我突然瞅见了远处的灯光，不禁感叹：这就是与创造和灵感不期而遇啊！

那些原本聚拢的灯光全部被打散，成为各式各样的光斑：路灯发黄，行进的车前灯呈现白色，制动的车尾灯泛起红色，再加上周围店铺招牌的霓虹灯，感觉眼前就是一幅写实的未来主义画作。如果放在清晰的视野里，分布不够均匀的它们可能会显得凌乱，但放在这个特殊的场景里，它们晕散、重叠、反复，然后发生位移，拼组成一个个规则之外的图形。

再盯着看上一会儿，还会不自觉地将天空和陆地倒转。那些光斑由地面上到穹顶，颠倒过后，令人联想到绽放的烟花。它们接二连三地自下而上，到了最高处，再由中心向四周扩散，最终形成一幅璀璨夺目的画面。这个时候的眼镜，就变成了画框，框外是自创的艺术，而框内则是客观的现实。现实给予了每个人扎根的土壤，让我们必须规矩地在固定的域内成长；而自己探寻出来的艺术，则没有边际，可

"学霸"容易陷入一种陷阱,叫"优秀陷阱"。因为他们都是一直领先、一直获胜的孩子,比武总是赢,参加竞赛总是赢,而奖状和大红花总是由他们拿——一旦习惯了赢,就会厌恶输、厌恶失败。

他们可能容易形成一种心态:老爱待在舒适区,宁愿去挑战难题、超纲题,也不想去触碰短板和弥补弱项,从而回避自己的缺点。这就是"优秀陷阱"——"学霸"当久了,不肯当小学生。

当心优秀陷阱

□ 六神磊磊

除此之外,还有一个陷阱"学霸"要特别提防,叫"聪明陷阱"。"学霸"往往都聪明,善于举一反三,学什么都快。老师演示一遍,其他学生只能模仿出百分之四五十,聪明学生却能理解百分之八九十,很快就能出成绩。

可这也会导致"学霸"容易出现另一个问题:往往转益多师,偏爱模仿,想快速出成绩,从而忽略了自我沉淀,不能形成自己的风格,最终是起步早、成才晚。聪明是一个人巨大的优势,但如果太依赖,就会成为桎梏。

《神雕侠侣》中的杨过小时候就是这样的,特别聪明,不管什么武功看几遍就会了,和同龄的郭芙等人比是典型的"学霸"。杨过学的武功五花八门:全真剑法、打狗棒法、玉箫剑法……令人眼花缭乱,却

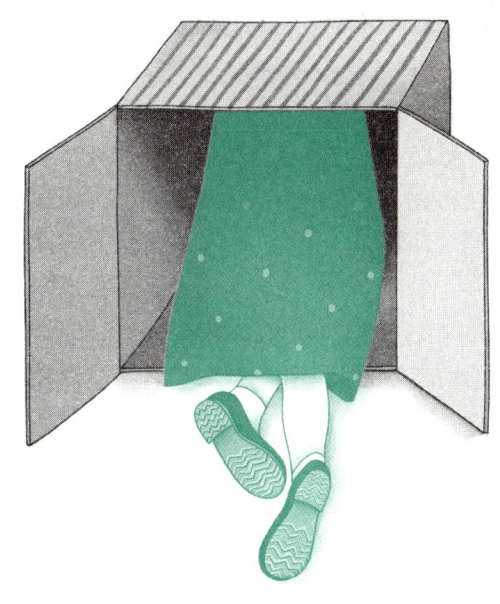

没能沉淀出自己的风格,一直都是小"学霸",没成大器。直到后来,在遇到剑魔独孤求败遗留的玄铁重剑的那一刻,杨过才若有所悟,咬咬牙抛弃了过去的套路,转到了玄铁重剑朴实无华的路子上,最后成为"神雕大侠"。

以翻转、扩张和尽情想象,那是一处绝佳的实现放空和逃遁的自留地。

实际上,很多艺术家的杰作都是在类似情况下创造出来的。莫奈因为眼疾而自带朦胧感,82岁时给友人写信,他坦言,正是这层眼前的模糊,让他画出了那些作品,《吉维尼花园的日本古桥》就是其中的代表之一。绘出自画像《受伤的眼睛》的蒙克、英国的康斯太勃尔、美国当代画家弥尔顿,都有类似的经历。在他们眼中,世界被模糊、被揉碎,而美感,就是这样迸发的。

对很多近视的人来说,冬天是最叫人烦恼的季节。从外面进屋,眼镜保准会起雾,有几次我犯懒,也不擦也不摘,就等着它慢慢变回原貌。眼前罩着雾气的我脑子灵光一闪,发现那个过程也有迷人之处。

细心的人,都会察觉雾气一般是从中间慢慢向外缘减少的。也就是说,在恢复正常之前,我们可以看到多种不同形状的世界。最开始眼前可能是圆的,渐渐变成正方形、长方形、不规则的梯形,最后回到既有的样子。在不同的状态下,我们的视阈的确是相异的,而我们所能见到的世界的大小也各不相同。

前几天,无意中看见一个话题,叫"近视如何影响了你的性格和生活"。我想我会这样回答:正是眼镜让我通晓了很多人生哲理,把这些道理归拢到一起,最后就汇成一句话,其实我们可以有很多种看世界的方式。

我从一只布包里翻出了户口本。那时，哥哥已经教我认识几个字，只是具体的意思还是一知半解。我看到了哥哥的名字，旁边写着"长子"，我想这应该是哥哥个子比我长的缘故吧。我看到了我的名字，可旁边写的是"次子"两个字。我不高兴了，开始只是感伤，又渐渐地觉得可怜，最后竟然绝望起来。我突然想想"次子"的意思，应该就是一个"次品"的儿子。

一个人觉得自己是"次品"，就会立刻自卑起来。我不敢问大人，我为什么是"次品"，我这个"次品"到底次在哪里。有好几次，我想问哥哥，可话到了嘴边，还是说不出口。相反，我越来越觉得自己是个"次品"，我觉得父母看我的眼神，确实是不一样的，他们对我，要比对哥哥凶得多。

我的话越来越少，舌头好像少了一截，嘴像生了锈的铁夹，有时候，整整一天，不肯说一句话。我越来越害怕见陌生人，有人来家里做客，我总是躲在房间不肯出来。我害怕与人对视，好像目光一接触，他们就会发现我的秘密——我是个"次品"。当然，我最害怕的还是长大，因为长大以后，谜底就会揭晓，我会毫无悬念地成为一个"次品"，一个不折不扣的"怪物"。

下午漫长，时间仿佛停滞了，路上一个人也没有。窗户变成了一个空镜头，看得久了，就会生出睡意，脑袋里好像煮起了糨糊。

我迷上了画画，我喜欢画各种各样的怪物，他们有的是两个脑袋，有的是八条腿……我乐此不疲，因为，他们是我的同类，在这些怪物中间，总有一个是我未来的样子。

夏日的午后，雨总是不可缺少的，方才还是烈日当空。转瞬之间，天色就变了，突然阴沉下来，仿佛黑夜已至。紧接着，雷声轰鸣，狂风大作，乌云像麻将一样被搓来搓去。

雨下起来了。开始的时候，落在地上，会惊起一阵轻烟，没多一会儿，它就像箭一样射下来，在地上射出一个又一个坑，大地好像嘟着嘴，一脸不高兴，再后来，雨越下越大，发了疯似的，天空和大地模糊一片，仿佛连到了一起。房子渐渐凉下来，树木全都有了神采，昏沉沉的人们终于呼吸到了来自远方的清新空气。

我家在村子的最西面，离下一个村子有一里多地，中间需要穿过一片广阔的田野，田野空旷，连一间房子都没有。那些从镇上淋着雨一路奔跑的人，到

我是"次品"

□ 盛 慧

了这里，叹了一口气，停住了脚步。因为，走进暴雨的旷野，和跳进河里几乎无区别。我家的走廊，顺理成章地成了躲雨者的天堂。

我记得，那天有两个穿着的确良衬衣的女人在躲雨，她们的衣服湿透了，紧贴在身上，像从水里捞起的两条鱼一样。

我听到其中一个女人看了一下天空，叹着气说："天要掉下来了。"她说得很认真，让我恐惧不已。我觉得，天掉下来，比地震还要可怕。天如果真的掉下来，房子就会倒掉，如果房子倒了，我就会被压成肉饼。

门反锁着，我无路可逃。那一刻，我变得伤感至极，等到父母回来，一切都晚了，这里会成为一片废墟，而我就埋在废墟底下，他们会抱着我痛哭，我却再也听不到。我在房子里转了几圈，寻找最后的避难所。我躲进了衣橱里，这是母亲的嫁妆，里面漆黑一片，我仿佛回到了母亲的子宫。

夏天的雨总是来得快，去得也快。雨是什么时候停的，我全然不知。天并没有掉下来，空气湿润，风清凉如同薄荷，我睡着了，像一只小猫蜷缩在柔软的衣服堆里。

傍晚时分，劳碌了一天的父母，拖着疲乏的身体回到家，发现我居然不见了。他们惊慌失措，在村子里一遍又一遍呼唤我的乳名。

安静了一下午的村子，此时变得喧哗起来，大家将小方桌搬到场院上，开始享用甜蜜的晚餐。在灰棉絮般的光线中，我的乳名，就像一片羽毛，在村庄上空飘浮。

父母的呼唤声越来越焦急，问遍整个村子，竟没有一个人见过我的身影。他们跑到了河边，对着河面呼唤，河面上空荡荡的，只有碎金般的光芒在闪烁，他们沿着河边往西跑，边跑边喊，嘶哑的声音，在风中渐渐消散，飘进漆黑的小树林……听到他们的呼唤，我突然有一种流泪的冲动。第一次觉得，我这个"次品"在他们心中还是很重要的。但我一动也没动，我躺在黑暗中，像躺在母亲的子宫里，尽情享受着他们的呼唤，如此焦急，又如此动听，这让我无比幸福，这是我体验到的最初的幸福。

生命是不会有真正的黑暗的

□蒋　勋

我何其幸运，可以听到美的声音，那些鸟雀的啁啾，那些蛙鸣，那些昆虫欣悦的叫声，那些涨潮与退潮时回荡的水流静静的声音。

我何其幸运，可以看到美的事物，看到一朵野姜花在湿润的空气中慢慢绽放，看到天空中行走散步的云一绺一绺舒卷的缓慢悠闲，看到你眼瞳中充满美德渴望时的亮光。

我何其幸运，可以嗅到一整个季节新开的桂花悠长沁人心脾的芬芳，可以嗅到整片广阔草原飞腾起来的泥土和草的活泼的气息，可以走进结满柠檬的园子，闭上眼睛，嗅闻果实熟透的欢欣热烈的气味。

我何其幸运，可以触摸一片树叶如此细密的纹理，可以触摸一片退潮后的沙滩，可以抚摸心爱的人如春天新草一般的头发。

我何其幸运，可以品味生命的各种滋味，在一口浓酒里，回忆生命的苦涩，辛酸，甘甜，也在一杯淡淡的春茶里，知道生命可以如此清如水，没有牵连纠缠。

生命是不会有真正的黑暗的。

青年励志馆 披荆斩棘，方能所向披靡

长大这件事

□ 高 源

我常常忘记自己的年龄。有一次去打针，护士随口问我多大了，我一愣，在心里算了半天才告诉她，搞得好像我在编谎话。其实那一刻我差点脱口而出说自己十六岁——这种下意识的回答最能反映内心。

我一直在学习和成长，对世界的认识不断更新和加深，但是不知为何，有些感觉并不会随着生理年龄而改变。我的生理和心理状态当然与青春期有天壤之别，但若问我几岁，我下意识的回答永远是那个年纪。仿佛卡住了，我卡在了十六岁，体内或者心里的某部分再也长不大了。

我常常会想长大以后要成为什么样的人，然后才意识到我已经长大很久很久了。我知道自己不是一个合格的大人，继而开始怀疑到底有没有好好地做过孩子。就像休息好才能工作好，玩好才能学好，打好地基才能建高楼，真正做过孩子，才会有成为大人的可能。

我曾为长大而拼尽全力，每日挣扎，结果却不容乐观。为什么要长大？在这个崇尚年轻的时代，长不大是令人羡慕的。人生被描述为一个走下坡路的过程，长大和衰老就是那可怕而悲哀的谷底。很多大人对我说，珍惜吧，你正处于生命中最美好的阶段。我无言以对。正处于最艰难、最困惑、最无助阶段的我，本来就已经身心俱疲，听他们这么说，只会更加觉得生活难捱，未来无所期待。

长大的困难在于，首先要有长大的意愿，其次要足够勇敢和强大，以便承受成长过程中的种种艰辛，特别是在有缺口的情况下。毕竟，成长从来都不是容易的，更别提快乐，因为会发现现实世界与曾经以为的并不一样，要经历一次次的撕裂与重建、毁灭与重生。正如美国作家卡佛所言："长大成人，化为碎片。"

"长大"究竟意味着什么？这是一个模糊的概念。

小时候我特别向往大人的世界。我盼着快快长大，因为那意味着广阔而新奇的世界，更重要的是，那代表着独立和自由——自己赚钱，想买什么就买什么，想去哪儿玩就去哪儿玩，不再受大人的管控。以我目前的经验来看，长大确实带来了这方面的快乐。有了收入之后，我终于可以自由痛快地买喜欢的东西而不必遭受大人的训斥，比如疯狂买书，比如在文具店大肆"扫荡"，试图弥补小时候的夙愿。从某种程度上说，独立自由是长大最好的地方，也恰恰是最坏

的地方。要养活自己，要自主选择并承担责任，这意味着巨大的压力和沉重的负荷。小时候没有自由，让大人替自己做决定其实是很轻松的，省去了独立思考的劳累。长大后有了自主权，做重大决定时瞻前顾后患得患失，要鼓起足够的勇气去接受结果；为了维持生计，承担起家庭责任，还常常要忍气吞声做自己不那么喜欢的事，个性和情怀难免遭受打击和磨损，享受生活渐渐成为一种奢侈……

能否发自内心地想要长大，取决于长大究竟能带来什么。

我试图这样劝服自己：长大或许意味着对现实妥协，放弃浪漫的梦想，逐渐变得沉重而麻木。但是，长大也意味着学会独立思考、变得更有力量，意味着接受贯穿我们生命始终的裂缝，意味着因"实然"和"应然"的差异而失望的同时，依旧保留一点点童心和理想主义。

长大意味着接受这个世界，也意味着有机会去创造更好的世界。

2

总有人懂你奇奇怪怪，陪你可可爱爱

物理学家的修辞

□甘正气

说起物理学家，人们马上会想起牛顿和爱因斯坦，他们的理论深奥，不适合引入闲谈以炫渊博，但他们的修辞是非常精妙的。

牛顿以严肃著称，甚至有点儿冷漠，他少有的感性之语是："在宇宙的奥秘面前，我只是一个海边拾贝的儿童。""如果说我能看得远一些，那是因为我站在巨人的肩膀上。"这表现了他非同一般的谦虚，可也有传记作者说，后一句话其实是牛顿在讽刺他的对手个子不高，例如和他争夺微积分首创权的莱布尼茨。

类似的，爱因斯坦也用一个比喻来表明虚怀若谷。当别人赞赏他的伟大成就时，他觉得自己的贡献很微小，他说："一条毛虫绕着树枝爬行，它没有注意到自己爬过的路线其实是弯曲的，而我很幸运地注意到了。"

黄庭坚通过贬低自己来抬高苏轼，他用国家作比："我诗如曹郐，浅陋不成邦。公如大国楚，吞五湖三江。"爱因斯坦则直言自己只比爬虫强一点点，读到他的话仿佛看到一条毛茸茸、圆滚滚的毛虫在缓缓蠕动，他的表达似乎比诗人黄庭坚更加形象，因为楚国、曹国、郐国的大小强弱之别还是比较抽象的。

牛顿和爱因斯坦比起经常说"我唯一知道的是我一无所知"的苏格拉底，已跻身谦虚的更高境界。

爱因斯坦是一个"空间爱好者"，他觉得"时间"是人们一种根深蒂固的错觉，他喜欢用空间的变化来解释运动，他有几个精彩的比方。

他用空间的变化来解释运动的发生原因："在蹦床上搁几个皮球，再往蹦床中间轻轻放上一个铅球，蹦床凹陷下去，这时皮球就会朝着铅球的方向滑过去。"

为了让人们想象出空间对运动轨迹的影响，他举了一个例子，他说，如果把一张纸折叠很多次，再展开，形成一张波峰与波谷接连出现的百褶纸，这时在上面放一只蚂蚁，逗引它从纸上爬过去，那么，对蚂蚁的爬行路线起主要作用的，不是动能、重力之类，而是它所处的空间形状。

他用吹气球来描绘宇宙的膨胀，他说，在气球上画两个点，随着气球越吹越大，这两个点会相距越来越远，同样，随着宇宙的膨胀，天体之间的距离也会增大。

这些例子都是通俗易懂的，为人们搭建了理解的桥梁，给人以启迪。

爱因斯坦在悼念居里夫人时说："一流人物对于时代和历史进程的意义，在其道德品质方面，也许比单纯的才智成就方面还要大。"爱因斯坦这位一流人物，在文学表达方面，也是有其贡献的，他教我们怎样用简单生动的语言解释深刻的思想。

语言"通胀"

□陶 琦

网上有一个看似有趣、实则很严肃的讨论话题——"我经历语言的'通货膨胀'现象",向网友征集当今用语越来越夸张、描述经常大幅超出事实的例子。

比如,今人把沉溺于网购时兴奋刺激、事后又懊悔不迭的经历,叫作"剁手";把奇巧怪诞的想象叫作"开脑洞";把竭尽所能叫作"使出洪荒之力";面对美食诱惑会说"馋哭了";实用效果不错的东西被称为"神器"……现代人正在鼓励并放大语言的虚浮不实程度,就像20世纪初的表现主义流派,对忠实于自然再现的绘画艺术不满,改用夸张、变形的手法和色彩呈现主题。观众必须收敛着去解读欣赏,才能还原画作里传递的感情与思想。

尼尔·波兹曼在《娱乐至死》中写道,每当新旧媒介交替,新的载体会对信息内容产生巨大影响。当今语言不断"贬值"便如实反映了信息介入的微妙变化——相比传统媒体,互联网开创了一个以速度和消费为重点的时代。信息严重过剩,关注度成了最有价值的资源,发布者只有通过夸张的语言描述才能吸引更多的读者,该现象日趋常态化,形成了语言上的"内卷"。

加州大学心理学教授阿尔伯特·麦拉宾研究信息传播,发现人们面对面交流时,通过语言有效传递的信息仅为7%,另有38%由语气和音量的高低传递,55%靠面部表情传递。通过网络交流时人们无法面对面,只能用文字沟通,产生理解错位是常有的事情。这也在一定程度上加深了语言"通胀"的现象。

如网上有中学教师培训教程,教导老师平时和学生用社交软件交流,如果表示知道了,不能简单回答"嗯"和"哦",以免学生因看不到老师的面部表情,误以为被敷衍;老师必须用"嗯嗯嗯""哦哦哦"加强语气,表示自己很上心、很重视,才能和学生拉近距离,打成一片。

不过,这种虚火亢奋的表达方式,并没有提高信息传递的效率,反而消解了许多事物的严肃性,给人一种不负责任的放纵感。例如,"炸裂""燃"这些极度夸张的形容词,除了用来吸引人的注意力,本身并没有任何含义,对表达毫无增色作用。这些都是语言泡沫化消耗词义效力的例子。语言的功能是让大众共享事实,而不是本末倒置,让信息内容成为语言的背景。

人们一旦习惯了语言表达中的"通胀"现象,那么当某个词语的新鲜感一过,就会立即失去意义,并需要诞生更令人亢奋、更情绪化的新词。如此循环往复,最终将导致文化的枯萎。即使站在观众的角度,人也需要给自己的情绪留下一定的空间,总是处于强烈的感官刺激下对自己毫无益处。只有当每个人都认识到这个问题的严重性,才是改变现状的开始。

想赢，但可以输

□ 李松蔚

最近流行"躺平"学，有博主介绍说我一直不遗余力呼吁"躺平"。实际上，我从来没有呼吁过躺平，我呼吁的只是"可以"。

"可以"的意思是：什么都可以。可以做事，也可以不做，不做的时候不必苛责自己，但如果实在忍不住苛责几句，也可以。

有人质疑："什么都可以"这种说法不会太消极吗？难道青年人不应该有更积极的心态吗？

有个观点在我看来是老生常谈了，但在大众层面还是不够普及——积极不应该只是心态，而是行动。

姑且用一个俗套的词吧，奋斗。向着成功奋斗，这才积极。

但是对暂时没有成功的人，站在现在这个时间点，奋斗一定能成功吗？不一定。对大多数人来说，这种不确定才是生命中最漫长的修行，我们需要在这样一种状态下，保持行动的动力。

在这种状态下，别逼自己。逼自己没有用。除了激发情绪性的痛楚，造成一系列生理损耗之外，它很难对现实处境带来真正的改善，而反作用倒是不少。

做不到的事，强求自己非做到不可，长此以往，人会陷入焦虑、担忧、自我否定，继而损伤创造力，损失健康，原本能做好的事反而做不好。

那怎么办？办法永远是一句话：做好现在能做的事。就是行动，做正确的事。正确的行动是幸福人生的不二之选。

不逼自己做事，不等于不做事。最低限度，一个人要活下去就要做点事，要维持基础的生存。

这近乎本性，不需要任何逼迫。大多数人会在此基础上做更多，比如，因为无聊，为了打发时间也要找点事做，有时候还会出于兴趣、出于意义感做事。

这些都不是逼出来的。

把躺平挂在嘴边的人，很少真的躺平。有人担心躺平了会一蹶不振。想多了，纯粹的躺平是很难的。几十年什么都不做，那要付出多大毅力才可以。多数时候只是失望之下的愤激之语："不做了，什么都不做了！"

因为看不到成功的希望。这时候只要让他们知道：你"可以"。

我们从过去的教育中习得了一种偏见，我们以为想要成功的人绝不能允许失败，想一想都不许。如果一个孩子问："我考不好怎么办？"父母恨不得掩上他的嘴巴："傻孩子，你都没考，怎么能想这么丧气的事！"不丧气，成功就有指望，一丧气你就完了。这想法暗含着一种假设：心念的强度至关重要，只有执着地想赢，才有可能赢。

这种假设是有问题的。问题不在于想赢，而是"只能"赢。

这两个字不啻一个诅咒，一句无声的威胁："不许输！"但万一呢，万一输了会怎样？不行，不能想，反正不许输！但是谁可以做到说不想就不想？越不敢想，越想，越可怕。

即便是对成功最孜孜以求的人，也无法避免午夜梦醒时的担心：万一这次失败了怎么办？对这种担心最简单的回应就是：是有这种可能，我接受，然后继续做应该做的事，这就够了。我接受输的可能，我也在为赢而努力。我争取赢，并不代表我输不起。

想赢，可以输，两件事不矛盾。

"可以"，想想你听到这两个字时的感觉。你什么都不会失去，只是多出一些许可。这不会消磨你的志气，更不是劝你躺平。你和之前一样，该怎么奋斗还怎么奋斗。

多做点事。带着"可以输"的心态也可以做事，跟"必须赢"的做法不太一样，这是全部的建议，不妨试试看。

总有人懂你奇奇怪怪，陪你可可爱爱

你的"时间商"有多高

□ 杨德振

众所周知，一个人有智商、情商之说，你知道一个人还有"时间商"之说吗？

具体来说，"时间商"指的是一个人对时间价值有清晰的认识，对时间的把握和运用恰到好处，某段时间应该用来做什么、应该用多少时间来做事……这些都是"时间思维力"，这种运用时间的思维就是"时间商"。

不妨静下心来，思量一番，你注重"时间商"吗？你的"时间商"有多高？

"时间商"高的人最大的特点就是在有限的时间里减少对低价值信息和低回报事情投入精力、物力、财力，而把有限的时间用在高价值、高回报的机会上。

每个人每天拥有的时间是同等的，一天24小时，谁也不多一分，谁也不少一秒，可是对"时间商"高的人来说，这种"同等"就可能被打破。

当你在一些鸡毛蒜皮的低价值事情上反复折腾，耗费心智和精力，"时间商"高的人早已放下或忽略这些，他们是时间管理大师，总能把时间安排得合理与妥当，把时间用在高效与高价值的事情上。

由于不注重"时间商"的培养，一些人在人生遭遇逆境时，总认为是自己的智商或情商太低，而忽视了"时间商"的影响。时间是非常宝贵的，我一直觉得时间成本是人生除"生命成本"外最大的成本，善用和掌控时间的能力不强，许多高价值的机会成本可能因此丧失，事业损失难以避免。

事业是这样，生活也是这样。一个人若"时间商"高，他处理各种事情会得心应手，分得清轻重缓急，左右逢源，而不是手忙脚乱，狼狈不堪。

培养"时间商"，就要学会合理安排时间，在合适的时间做合适的事情，用尽可能少的时间取得尽可能大的效果，在低价值的事情上做好断舍离。

不少"时间商"高的人，有相同的经验，每天按轻重缓急把要做的事情记下来、安排好，让一切变得井井有条，做事也从容许多，大家不妨试一下。

一个人要通过向别人学习、向生活学习来提高自己的智商、情商，当然更少不了通过努力提升自己的"时间商"。衡量一个人"时间商"的高低，就看他在处理一些事情上是否目光远大、豁达有格局，是否合理安排、讲究效率、节省时间，是否把时间用在正道上、"刀刃"上，让时间"生产"时间，从而为智商、情商拓宽路径，增加效益，为人生增光添彩，并由此活出格局与境界来。

人生就是由分分秒秒累积而成的，希望你做个"时间商"高的人，因为"时间思维力"一定程度上决定着我们的幸福指数。

诗剧

沙和海，
朝下看的眼睛。
目光追随着蚂蚁，
思想同它在沙滩上游戏。
海边的黑麦磨着自己的小刀。
蚂蚁爬着，悄悄远离了大海。
袒露的日子，涛声也重了。
——[瑞典]马丁松
《在边界》

海盗为啥总遮住一只眼

□纪中展

在电影或动画片里,海盗常用黑布罩住一只眼睛,比如经典动画电影《小飞侠》里的虎克船长:头戴海盗帽,手持单筒望远镜,留着大胡子,有一只铁钩手,一只眼睛被罩住,面目狰狞。

那么,为啥海盗总遮住一只眼睛?

历史上,众说纷纭,对这个谜题的探索展现了人们对海上冒险世界的好奇。

有人说,这些海盗碰巧在战斗中都伤到一只眼睛;有人说,只戴一边是为了装饰,能体现海盗的人物特性;也有人说,是为了让海盗看起来更加凶狠……这些都不是正确答案。要回答这个问题,需要剖析眼睛的构造。

人类的眼睛呈球状,又叫眼球。眼睛中央有个黑色圆圈,学名叫"瞳孔",是光线进入眼睛的"通道"。瞳孔的大小会随着周围环境的亮度随时变化,当环境黑暗,瞳孔会放大;当环境明亮,瞳孔会缩小。

因此,如果一个人在黑暗或者较为灰暗的环境中待上一段时间,瞳孔会放大,以获取更多的光线。当突然进入光亮的地方,瞳孔来不及收缩,一下子接收到充足的光线,就会觉得十分刺眼。一般来说,需要将近半小时才能让眼睛完全适应新的光线。

海盗戴一只眼罩时,一只眼睛处于黑暗环境,另一只则适应光明环境。

海盗经常遇到紧急情况,需要从明亮的甲板穿梭到黑暗的船舱内。这时,他们会把眼罩换位,遮住另一只眼睛,用原本被遮住的眼睛来观察室内。

这样一来,眼睛只需要一两分钟,即可适应船舱内阴暗的光线,迅速看清周围的事物,避免敌人的攻击。

这样,在危急情况下,海盗不必花30分钟去适应新环境。

曾有人做过实验,让已经适应了光亮环境的被试者进入一个黑暗的房间去完成任务,结果这个人花了5分钟才搞定。但如果先给被试者的一只眼睛戴上眼罩约30分钟,再让他进入房间,完成同样任务的时间会大大缩短。

其实,这个原理在日常生活中也颇为常见。

我们晚上睡觉之前,关上灯,屋里一片漆黑,啥也看不到,只能慢慢摸索,一点一点挪到床边,过一会儿才能逐渐看到暗处的东西。

这种现象被称为"暗适应"。在逐渐适应黑暗的过程中,视觉系统需要进行综合调节:扩大瞳孔直径以增加采光量,从适于高照明视锥细胞的工作状态转为适于低照明的视杆细胞活动等。

当进入黑暗的环境中,人类的瞳孔可以放大15倍,而许多动物的瞳孔适应能力远比人类强。比如鸟类,视力是保证它们觅食、生存的重要能力之一。

首先,从比例来说,鸟类眼睛占身体的比例远远大于其他脊椎动物。比如,紫琼鸟的眼睛占整个身体重量的15%。因此,老鹰具有很好的视力,可以在一两千米高的天空中发现地面上跑动的小兔子。

其次,鸟类的眼球长在头的两侧,这帮助鸟类拥有比人类更开阔的视野。一种名为"小丘鹬"的

为什么麦当劳的可乐更好喝

□ 芒特

炎炎夏日,当你走进街边的一家麦当劳快餐店时,一杯冰镇可乐总是不可或缺的。你将吸管插入可乐杯内,可以听到冰块的碰撞声和气泡的破裂声,迫不及待地来上一口,酷暑的难耐全都消解了。

不光你觉得麦当劳的可乐最好喝,全世界很多人也都这么想。网友排出他们心目中的可乐鄙视链:麦当劳的可乐>罐装可乐>瓶装可乐。

麦当劳的可乐为什么这么好喝?这得从我们为什么喜欢喝可乐说起。

可乐作为全世界最畅销的饮料之一,其口感如此令人上瘾,一是因为它的碳酸性,另一个原因便是它含糖。

碳酸能刺激舌头上的伤害感受器,形成一种类似于吃辣椒而产生的刺激性感觉。人们对这种刺激性感觉的偏爱,是在长期的社会演化中形成的,某种程度上类似于坐过山车时那种危险却刺激的感觉。碳酸饮料还能缓解人的口渴欲。附着在舌头上的二氧化碳气泡移除了其表面的唾液黏膜,这种"清洁"作用给我们带来了一种清新的感觉。而糖能促进人脑中多巴胺的分泌,从而带来兴奋感。但是甜度并不是越高越好,要使得可乐锁住更多的二氧化碳,又具有适的甜度,关键就是要保持低温。低温下,二氧

化碳在水中的溶解度更高,而且人体的感知甜度也降低了。而室温下的可乐,不仅二氧化碳都跑光了,还齁甜,别提多难喝了。

麦当劳的可乐赢得口碑最重要的原因就是它真正做到了低温。快餐店内的可乐不同于我们在超市里买到的瓶装可乐,后者是从工厂生产线上下来的,而前者是用"可乐机"调制的。

可乐机是将碳酸溶液与糖浆按一定比例混合制成可乐,所以,这里生产的可乐永远是最新鲜的,而你在超市里买到的瓶装可乐可能是一个月前生产的。此外,麦当劳的"可乐工厂"对水和糖浆都进行了低温预处理,可以保证流经冰箱到可乐机出口的糖浆和碳酸水都处于低温状态。

另一种保持低温的方式就是在可乐中加冰,值得注意的是,麦当劳加冰的时候,考虑到了冰融化可能会改变水与糖浆的比例,所以它提前适量减少了加水的量。

除了低温之外,还有其他因素提升了麦当劳可乐的口感,用不锈钢罐储存糖浆就是其中一个。这是可口可乐公司赋予麦当劳的一项"特权",因为其他客户购买的糖浆大都是塑料包装的。相比不锈钢罐,塑料包装的密封性要差得多,会影响糖浆的风味。

麦当劳官网在解释其可乐更好喝的原因中,还提到了吸管的作用。麦当劳的吸管相比其他快餐店的更粗一些,更粗的吸管意味着更多的可乐入口,从而带来更多的碳酸刺激,所以提升了畅饮感受。

总之,只要愿意花心思,就算是一杯几块钱的"肥宅"快乐水,也可以做到顶配。

鸟可以看到360度全景的图像。它们就像拿着望远镜的侦察兵,精确地寻找着自己需要的信息。

最后,鸟眼球的最外面有瞬膜,仿佛一层"风挡玻璃"。鸟类飞行时,瞬膜护着眼球,保持眼睛的湿润,还能防止风沙进入眼睛。当鸟类在水面上捉鱼时,瞬膜会闭合,这就好比给鸟戴上了泳镜。

总之,眼睛是个复杂又珍贵的器官,对人类和动物来说,都是不可或缺的生存工具。

《地球改变之年》：它的美丽，需要分享

□ 毒Sir

过去这一年，对全球来说无疑是危机之年。但，换个角度看，过去一年简直大快人心。这话不是人说的，是它们"说"的。

人类一停工，世界都安静了。你一定在社交媒体上看到过许多疫情后"进击的动物"视频吧：意大利一港口内，海豚巡游，四川雅安宝兴县的315国道上，上演熊（猫）出没；一条短吻鳄旁若无人地在美国一家超市门口溜达；一只野猪狂奔在武汉高架桥上……它们没忘记，人类到来前，自己才是这片土地的主人。

最近的一部纪录片《地球改变之年》，专门寻访这些疫情后活跃起来的动物，病毒到来相当于人类给它们放了一个假，终于可以释放天性了。首先，世界突然安静下来，全球交通噪声减少了70%。研究员发现城市里的鸟类，发出了人类从未听过的新音调。或许这是它们的内心独白：从未感觉世界如此宁静，以至于我太高兴创作了一首新歌呢。

海洋的水下世界，安静了25倍，新西兰海域的海豚，可交流距离增加了3倍。往年，盘旋在阿拉斯加海域座头鲸耳边的，是每年载着100多万游客的游轮的声音，但现在游轮都被取消后，鲸鱼之间开始更加频繁、深入地交流，发出一种科学家都没有听过的声音。

鲸鱼妈妈终于可以放心地去更远的地方觅食了。因为海洋如此安静，如果幼崽呼唤，妈妈就会听到它的声音。鲸鱼妈妈也可以和其他鲸鱼妈妈团队合作，经常满载而归。过去，只有7%的鲸鱼幼崽可以存活。

现在，充足的食物、安全的环境，可以让更多幼崽活下来。

世界上最荒凉的角落，肯尼亚的马赛马拉草原，猎豹妈妈一般会在捕猎前把自己6个月大的幼崽藏在草丛中。以前每年大量的游客驾车来到草地上观看动物猎食，汽车噪声、无线电、导游的喇叭声、汽车游客的嘈杂声，都掩盖了猎豹妈妈呼叫幼崽的声音。现在，猎豹妈妈只需要呼叫一下，幼崽就会来到豹妈妈的身边，幼崽的存活率明显升高。

广场没有了人潮，度假胜地游客归零，没有了人类的骚扰，动物们迎来了繁殖盛典。海龟数量前所未有地激增，原本，海龟不愿意到拥挤的海滩产卵，现在它们终于可以放心地上岸，独占这片海滩，这是它们生命中，第一次可以放心地上岸产卵。

南非的非洲公驴企鹅，迎来前所未有的婴儿潮。很多企鹅成功生了一胎后，又追二胎，这是十多年来都没出现过的现象。以前，企鹅爸爸出门捕一趟鱼，回来看到海滩上全是人，不敢上岸，只能在海里等到天黑了，人散了，才能回家，小企鹅饿了一天只能吃上一顿饭。

可现在，捕完鱼一两小时企鹅爸爸就能到家，一家的伙食都更加规律了，企鹅也过上了工作家庭双丰收的中产生活。

在日本奈良，梅花鹿过去赖以生存的草地，早已被建筑物代替，它们只要和寺庙里的游客合个影，就会有米糠饼干投喂。但2020年后，游客没有了，饼干也没有了。年长的梅花鹿，带着小鹿们在城市

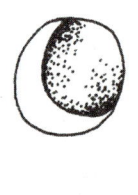

中穿梭两公里后，来到了一片长出新芽的草地上，这里曾经是它们的觅食地。不吃米糠饼干，让它们的饮食结构更加健康。没有游客，没有塑料垃圾，也避免了误食而死的风险。

不仅动物发现了新生活，人类也活得不一样了。在洛杉矶，拥有了40年来最好的空气质量。中国各地，空气中的有害气体水平也下降了。

在印度，一位父亲兴奋地呼叫儿子："太阳从西边出来了吗？"往远处一看山，"消失"了30年的喜马拉雅山，原来一直就在那里，可是由于当地严重的雾霾，之前愣是什么也看不到。当地的摄影师拿起摄像机，拍下眼前的奇观。这是他第一次，看到了离村子仅200公里的喜马拉雅山。

《地球改变之年》的配音是大家熟悉的大卫·爱登堡爵士。他用自己的一生，去拉近大自然与人类的距离。近几年，他参与的自然纪录片，每一部几乎都是神作：《地球脉动》《我们的星球》《蓝色星球》《王朝》《冰冻星球》《七个世界，一个星球》。

地球和人类的未来会怎样，谁也说不准。但我们能选择怎样去做，如果世界在不久后将全面重启，那么我们究竟打算开启一个什么样的局面？也许，重新拥抱拥挤繁忙的社会。也许，动物又被迫继续夹着尾巴生存。也许人和动物可以共同创造新的希望……印度一个偏僻小乡村，一边是村里赖以为生的田地种植，一边是濒危动物亚洲象。由于人类的过度扩张，亚洲象的自然栖息地仅剩下5%，大多数森林家园早已被农田取代，于是发生了人类和亚洲象的冲突——一头成年亚洲象，每天要吃150公斤的食物。亚洲象要生存下去，就会破坏人类耕种的农作物；但村民也需要生存，所以要驱赶大象。每年因为人和大象的冲突，双方都死伤无数。

但后来，很多原本在外打工的村民，都回家了。自然保护组织联合这些空闲的劳工，在村庄和森林之间，制造了一片缓冲地带种植一种速生水稻。他们希望大象得到食物之后，不再进犯村庄。

又是一个夜晚，象群直逼村庄，月色下，一个个庞然大物搅动了村庄的平静。但这次不一样，它们在村外就大快朵颐起来，而且很守规矩，只吃专门为大象栽种的植物，吃完后就有礼貌地离开了。

原来，大象并不想侵犯人类，它们只是需要一点儿生存的空间。

勤劳的人类孜孜不倦地开垦土地，建造高楼，拥有了汽车、飞机和电视机，占据了地球上最好的生存和发展的机会。但我们仍然无法真正拥有这颗美丽的星球，因为它的美丽需要分享。

用情绪接住情绪
□脱不花

假如你的妈妈在家辛辛苦苦熬了3小时汤，好不容易出锅了，你却跟她说："妈，我要加班，回不去了。"那她会是什么样的心情？肯定有巨大的失落感。

这个时候，如果你对她说："汤什么时候喝不行啊，难道非得今天喝吗？"那么，妈妈的失落感会加倍。

所以，别怪她觉得"你总是很忙"，因为这就是一个情绪路标词：重要的不是是否喝汤，而是她在表达一种情绪。这个时候呢，你应该用情绪和行动来回应她。

正确答案是什么？

"妈，太好了，我专门买了一个保温杯，放在家里什么地方了。我太忙了，必须喝你煲的汤才能续命，我马上叫个闪送去家里拿。你多盛一点啊，我的同事都想喝你做的汤呢。"

这时，你母亲的价值感就被接住了。以后，记住这句话：用情绪接住情绪，用行动回应期待。

收好这5条"无痛减肥"技巧

□ 狴狴狸

能切块的食物，就多切几块

有这么一个段子——"比萨切成6块吗？""6块怕不够吃，还是切成8块吧。"

段子嘛，够不够吃另说。不过，"切成8块"或许可以帮你少吃。想想看："一人份套餐"，你吃得完吗？好像很轻松。如果换种说法，"一个汉堡，两只鸡翅，20根薯条，加一杯可乐"，你还吃得完吗？……好像就有点多。

一份、一碗、一袋……这样的词语太具迷惑性，很容易让我们误以为是"一个人可以吃完，甚至一个人该吃完的量"，殊不知，这个"一"才是致胖的陷阱。

美国密歇根大学的研究者在2018年发现，描述食物的单位越小，人们会认为食物的量更大，相应地，吃得就会越少。

这个实验怎么做的呢？研究者假装在校园里调查大家平时爱吃的食物，顺便赠送玉米饼作为调查时的零食奖励。其中，有一半参与者被告知"这里是1份玉米饼，你想吃多少就吃多少，吃完了我们有一个非常简单的小调查，吃好了就告诉我们"，另一半参与者则被告知"这里是11块玉米饼，你想吃多少就吃多少"。

结果发现，那些认为这是"1份"玉米饼的被试者，平均吃了1.67块玉米饼，而认为这是"11块"玉米饼的被试者，平均只吃了0.85块玉米饼，进食量几乎相差一倍。

所以，不要被那些"一人食"的标签蒙蔽了双眼。下次盛食物时，可以试试用更小的单位来衡量食物的分量，比方说，盛饭时提醒自己"这一饭铲下去，不是一碗米，是3974粒米"，或许能帮你管住盛饭的手，盛得更少，自然也吃得更少。

把食物混在一起

你有没有过买街头炒面却多到吃不完的经历？或者抱怨过爸妈给你盛的炒饭太多了？比起饭和菜分开吃，"炒饭"或"盖饭"确实容易看起来更多，但这样反而能让你吃得少。

康奈尔大学的研究团队发现，一顿饭提供的菜品种类越多，人们吃得就越多。实验中有两种菜单，炒菜或意面，不同的是，前两周是混着给，后两周是分着给。以"炒菜"为例，前两周，就是洋葱、玉米、胡萝卜、豌豆和西蓝花炒在一起，后两周是5道菜：炒洋葱、炒玉米、炒胡萝卜、炒豌豆和炒西蓝花。

实验结果发现，无论炒菜还是意面，混在一起的时候，实验参与者吃得更少。

所以，从"管住嘴"的角度看，不妨多吃炒饭、拌饭、盖饭吧。看着多，吃得少。

少吃热的，多挑凉的

如果让你立刻想象你吃过的最好吃的食物……你脑海中会浮现什么？是热气腾腾的火锅，香气四溢的烤串，还是外酥里嫩的炸鸡？

有没有发现，让人忍不住食

指大动的食物,往往是那些冒着热气、温度较高的食物,而令人露出克制表情的减脂餐、轻食却大多是常温的?

科学研究表明,食物的温度会大大影响人们的胃口。

法国格勒诺布尔高等商学院的研究团队在一项研究中发现,消费者们认为温度高的食物更加美味,也会不自觉地吃得更多。

参加实验的374名本科生被随机分配到高温和低温两个实验组,接受爆米花的考验。研究人员为高温组提供了加热过的爆米花,并放在温热的托盘上;为低温组提供的则是没有加热的常温爆米花,放在较冷的托盘上。在托盘前面,研究人员还加了指示标语:"请小心,托盘可能又热(冷)又重。"参与者们都有一个食品袋,可以根据自己想吃的分量,自由地从托盘中取爆米花。

之后,研究人员称了每位参与者的食品袋重量,发现高温组的参与者平均拿了37克爆米花,而低温组的参与者平均只拿了30克爆米花。

面对冒着热气的美食,记得提醒自己:等一会儿,等食物放凉一些再吃,会吃得更少。或者,直接吃冷餐吧。

先别忙着清盘子

别误会,不是教你剩饭,而是吃完的骨头可以不急着扔。

要知道,胃的饱腹信号差不多要20分钟才能传递到大脑。在这之前,我们吃了多少、该不该再吃,都只能通过视觉上观察进食的量来判断。

美国康奈尔大学的研究者做过一个"鸡骨头"实验。他们招募了52名学生来餐厅吃免费鸡翅,想吃多少就吃多少。其中,一半参与者在畅快大吃的同时享受到了"清盘"服务,工作人员会持续帮他们清理盘子中的鸡骨头,并为他们换上新盘子,而另一半参与者只能将鸡骨头一直堆在盘子里。实验结束,工作人员统计了每个参与者吃的鸡翅数量,结果发现,那些只能把鸡骨头一直堆在盘子里的学生平均每人吃了5.5只鸡翅,而那些持续换干净盘子的学生平均每人吃了7只鸡翅,多吃了27.3%。

留下"吃了多少东西"的证据,可以间接帮助人控制自己的进食量。一些担心顾客饮酒过量的服务员,也会通过把喝完的酒瓶放在桌上来提醒顾客自己已经喝了多少。

如果把装满食物残渣的盘子拿走,反而拿走了你监控自己进食量的线索,给了你放肆吃下去的勇气。

细杯子让你少喝点

话说回来,"管住嘴"也不仅仅意味着"少吃",还包括"少喝",特别是那些甜甜的饮料。最有助于减肥的肯定是"不喝甜饮料",不过,实在想喝的话,用什么杯子可以帮你少喝点呢?

来自心理学的研究建议你:尽量不用大茶缸子,而是换用细长的玻璃杯。

2005年,康奈尔大学的研究者做过一个倒酒实验。他们找了两种容量相同的玻璃杯,一种是细长的高杯子,一种是矮的宽口杯,然后让参与者估计两种杯子的容量。结果发现,大家普遍觉得,细长的玻璃杯容量更大。然后,研究者又让大家自己估摸着往杯子里倒1.5盎司(44.3毫升)的酒,结果发现,比起往细长杯子里倒,大家往宽口杯里倒酒时更容易倒多,足足多出30%。

这是因为,人对垂直维度和水平维度的感知存在差异,更容易把注意力集中在液体的高度上,会误认为高玻璃杯比同样体积的宽口玻璃杯能容纳更多的液体。

所以,如果想喝饮料的话,尽量选细长的杯子吧。当然最好还是"不喝"。

段子铺

要当心

小蚊子央求母亲准许他去戏院看戏,苦苦求了半天之后,母亲终于答应了。"好吧,你可以去,"她叮嘱道,"可是人家鼓掌的时候你要当心。"

证据

最近这一个月,我没有喝奶茶,没有吃火锅、烧烤、甜品、炸鸡,依旧胖了不少。

由此可见,这些东西并不会让人发胖。

失败

我花大价钱买了一只会说很多话的鹦鹉。

结果刚回家它就给我来了句:"你被坑了!"

海鸥为什么这么喜欢偷薯条

□ 陈只三

"我非常确定这些海鸥接受过训练。"英国布莱顿南部海岸的一位餐厅老板是这么形容海鸥的。海鸥的性格并没有长得跟他们的羽毛一样温驯,而是跟他们的眼神一样刚烈彪悍,俯冲的时候仿佛刚从《浴血黑帮》剧组下班。

同时,他们对薯条有着极致的狂热。

欧洲的海鸥抢薯条已经抢出了一句老话:Happy as a seagull with a french fry.(像一只抢到薯条的海鸥一样开心。)

英国人被快乐的海鸥逼得最上火,长期处于和海鸥的抗争中,英国国会独立议员约翰·伍德科克建议往海鸥的食物里掺避孕药,或者偷偷把海鸥蛋换成假的。普利茅斯的一个男人因为海鸥抢了他的麦当劳快餐,气得把海鸥抓过来咬了一口,并且扔到地上,最后被拘留了。

英国人对海鸥的感情实在太复杂了。

当掌握了人类的习性,海鸥就不只是土豆小偷,而是城市海盗了。他们会在清晨集结,飞到各个麦当劳门口捡走醉汉洒落的薯条,然后把粪便存放在周围的露天桌椅上。当代海鸥,可能不知道活鱼长什么样,但一定知道麦当劳的营业时间。

全世界的海鸥无赖起来都一个样。江苏苏州的一个游客低估了海鸥对薯条的瘾,在车里拿薯条逗海鸥,海鸥直接啄裂了风挡玻璃,薯条立刻涨价2000块。

小螺号嘀嘀嘀吹,海鸥听了展翅飞,小心了,那不是自由的号角,而是屠戮的警告。

为了防止海鸥抢薯条,澳大利亚一些餐厅会在桌上配备水枪,让食客用来滋走夺食的海鸥,因为澳大利亚禁止用硬物殴打海鸥,有时只能挥舞面包片驱赶他们,一套操作下来,对海鸥来说可能更像是在调情。

澳大利亚的快餐连锁店HungryJac's还推出限量版的全息色薯条盒,薯条盒能利用光线的反射,影响海鸥的视线,让他们放弃抢夺薯条。同时希望海鸥能看懂包装上的"SKEDADDLE!(走开!)"。

人类实在没有阻止海鸥偷薯条的好方法,一项发表在《生物学快报》上的研究表明,最有效的方法就是:凝视海鸥。埃克塞特大学的MadeleineGoumas和同事经过研究实验,发现当海鸥被注视的时候,只有26%的海鸥会继续偷吃,并且整个行窃过程会多花20秒。

海鸥都已经进化出剥糖纸的技能了,而人类还在试图通过眼神与其沟通。

日积月累的薯条盗窃案,导致海鸥的自由勇敢从优良品德变成了令人恐惧的技能。

到底为什么他们这么执着于偷薯条?作为杂食性动物,海鸥热爱一切高热量的东西,比如雪糕、汉堡、比萨,还有最爱的薯条,它们不屑于那些装饰用的沙拉,尖利的喙精准瞄准泛着油光的美味。

每年10月开始，西伯利亚和东北的海鸥赶赴青岛，就为了吃一口青岛大姨做的油条，连蹭吃的鸽子都混得膘肥体壮。旺季的时候，2块钱一袋的油条大姨一天能卖200袋。比起在海边苦苦寻觅贝壳和跃出海面的鱼，油炸食品才是横扫饥饿的能量棒。

人类蚕食着海岸线的同时，海鸥回报了对人类占据地的入侵，他们在人类的房顶筑巢，在垃圾堆里觅食，有时也会误伤一些无辜的品种。

2019年在德文郡佩恩顿，Becca的女友在花园里洗衣服，他们4岁大的吉娃娃正在旁边玩耍，结果一只海鸥从天而降直接把吉娃娃叼起来飞走了。当地还派出了一架无人机四处搜寻，但以海鸥的习性，吉娃娃很可能已经变成一顿饭了。Becca全家心都碎了，尤其是他们6岁的女儿，唯一幸运的是女儿没有目睹这一场景。

海鸥轰炸也离不开那些积极投食的热心人士的支持。你在哪儿都能看到这样的人，有着无私的奉献精神，用满腔的爱弥补对动物饮食习惯的无知，成功养成了一批懂得打包薯条和雪糕的海鸥。建议澳大利亚的海滨餐厅提醒自己的食客，应该用水枪滋那些拿吃的喂海鸥的人。

海鸥对薯条的执着让人有一种他们已经抛弃了大海，过上轻松时髦的都市生活的错觉。事实上，他们像蔑视人类一样蔑视海洋。群居在北欧、北亚和北美西北部的海鸥每年都要在迁徙中度过好几个月，他们像一枚枚炮弹射向猎物，叼到空中撕咬吞食。

群居的海鸥拥有了指数级增长的战斗力，常常围攻比自己大几倍的生物，从他们的嘴里抢吃的。"一旦有一只海鸥解锁了新的填饱肚子的技能，其他海鸥看见后就能迅速学会。海鸥有着非常机智的捕食方法，他们中只要有一只攻击受伤的大白鲨，其他的会一起上。"

每天都是新的一天，来点好运气比什么都强，这就是海鸥的生存哲学。

学建筑，先砌砖

□ 顾胜红

清华大学的建筑系在全国建筑系老八校中排名第一，这个建筑系当年的本科生除了画图、做设计之外，还要练习砌砖。

建筑师张克群回忆说："当年建筑系学生很辛苦，除了学设计和画画外，还要参加实习。"如果你以为他们是到设计公司去实习，那就大错特错了。学校布置的第一年实习任务是练习砌砖，好多学生身体弱，顶着白花花的大太阳干体力活，有些中暑了，有些生病了。但这些学生不敢怠慢，抱病练习。

工地上的师傅教导他们，砖要在手上转，因为你得找到一个最好的面砌在外面，学生们一直在家和学校练习转砖头。这样实习一个半月后，有些学生的手都磨破了。学校最后的考核是一天砌300块砖，一些没有达标的同学，要继续练习。

到了第二年，以为这样的苦日子告终了，实习的工种又变成了给墙面刷油漆和给地板打蜡。

学生们经常穿着工作服，在各个墙面上刷油漆，还要蹲在地上给各种各样的地板打蜡，他们的脸上、身上时常色彩斑斓。老师给他们的口号是："设计师一条线，工人身上一身汗。所以你们一定要知道砖是怎么砌的，砌起来有多难，你们只有知道了原理和技巧，画设计图时才不会乱画。"

青年励志馆 | 披荆斩棘，方能所向披靡

一只章鱼教会我们的

□Lens

2021年的奥斯卡最佳纪录长片奖颁给了一只章鱼。

这只章鱼其实没什么特别的，是海洋众生里普通的一员，独来独往，靠着各种伪装小心翼翼地活着。

如果不是恰好被克雷格·福斯特发现，她应该和绝大多数同类一样，就那样悄无声息地存在着，直到短短的一生结束——章鱼在野外很少能存活超过18个月。

遇见她的时候，电影制片人克雷格正经历着人生的巨大危机。多年来的繁重工作让他精疲力竭，曾经热爱的事业也不再能给他带来快乐，他甚至不想再看见摄像机或进入剪辑室。他被彻底压垮，几个月都不能好好入睡，情绪低落，家庭关系也因此陷入困境。

他决定暂停工作，回到家乡南非开普敦，那是让他最有安全感的地方。童年时，他总是潜水到海岸附近的海藻林里玩耍，而这些从自然中获得的最直接的快乐，成年之后便再也无法拥有了。

他开始每天潜入海中，冰冷的海水让他的大脑清净，沉浸在水下世界，他的心渐渐平静。

直到有一天，他看见这一只躲在贝壳和石头下的章鱼，好奇心驱使着他在将近一年里，每天都花费几小时去追踪她。

一只习惯了独来独往的章鱼和一个潜入海底试图逃离生活的人，就这样成了"亲密朋友"，在彼此的生活里留下重要的印记。

荣获第93届奥斯卡最佳纪录长片奖的《我的章鱼老师》，讲述的是一个人从一只章鱼的命运里看到自己，又在她的生命中找到自己生活意义的故事。

被一只野生动物信任

要获得一只章鱼的信任，并不那么容易。在危机四伏的海洋里，她随时可能成为别人的猎物，所以时刻保持警惕。最初看到眼前庞大的"人类生物"时，她只是躲在自己的洞穴里，把液体般的身体塞进裂缝中，随时准备逃跑。直到克雷格放下相机走远后，她才试探着用触腕触摸眼前新奇的物体。

这样你来我往的试探，一直持续到他们见面后的第26天，那一天，当克雷格向她伸出手时，她也伸出触腕来，触碰了他。克雷格意识到，她对他的很大一部分恐惧已经消失了，就像他对她充满好奇一样，她也对他感到好奇。慢慢地，她甚至会在他面前走出洞穴，开始随意活动。

然而在第52天，就在她跟着他一起游动的时候，克雷格不小心弄掉了相机，这把她吓坏了，她快速逃走，并且再也没有回到她的洞穴。为了找到她，克雷格绘制出她日常的行动轨迹，通过她猎杀的动物寻找她留下的痕迹。这种动物花了数百万年学会隐匿自己，要想追踪到她，他必须让自己像章鱼一样思考。

终于，在整整一周后，他找到了她。短暂的犹豫之后，她选择了再次相信他。她伏在他的手上，和他一起浮到水面上，甚至爬到他的胸口，这近乎一个拥抱。

他意识到，自己终于被允许走进她的秘密世界了。

依靠高超的智慧生活

章鱼可以改变自己皮肤的颜色

和质地，以适应周围环境。这使它们拥有令人难以置信的伪装本领，在躲避捕食者方面有着惊人的能力。

章鱼没有父母教授技能，只能独自摸索，而这让他们学会了观察和模仿。她就是这种聪明生物中的一个。通过近距离的跟踪观察，克雷格每天都能在她身上发现非常奇妙的事情。

她会制定策略，总能迅速地想出办法捕捉猎物，甚至会把克雷格纳入她捕猎策略的一部分。她的肢体就是捕猎的最佳工具，也是她逃生的依靠。为了躲避死敌鲨鱼，她甚至会游到浅水区、爬上陆地。

从她身上，克雷格学会了如何在水下追踪动物，这等于给了他探寻水下世界的密钥，他越来越多地领略到海洋生态系统的生动性和多样性。这是她教给他的第一课。

他们生命的相似之处

然而，生活在遵循弱肉强食法则的海底世界，危险有时是无法躲避的。第125天，在与鲨鱼的搏斗中，她的一只触腕被咬掉。因为失血过多，她的身体无法呈现正常的颜色，几乎奄奄一息。

克雷格在一旁全程见证，他无法克制自己对她的担忧，这种情感是他从未有过的。要对其他生命产生同理心，这是她教给他的又一课。看到她的伤痛，他开始思考自己的死亡和自身的脆弱。在一次又一次观察她的过程中，他也在重新认识自己。

在接下来的一些天里，克雷格都以为这可能是他们最后的见面。但他惊讶地发现，她展现出惊人的生命力，伤口以非常快的速度愈合着，大约一周之后，那只断了的触腕处已经长出了一只迷你触腕。

大概100天后，新触腕已经长全，她恢复了活力。再次遇到鲨鱼，她有了更多经验：她用贝壳和石头保护自己，防止被鲨鱼撕咬；她甚至以某种方式将自己移到最安全的地方——鲨鱼的背上，在新一轮的战斗中完胜。

他们的生命奇怪地有了相似之处。经历巨大伤痛后，她逐渐复原，克雷格的生活也有了积极的改变。他与他人的关系变了，他把这些从章鱼身上看到的经验应用到自己的生活里，他与儿子之间的裂痕渐渐弥合。过去的创伤被疗愈，他重新找回爱的能力。

她用生命教给他最后一课

相较于人，章鱼的寿命实在太短。到了交配产卵的日子，她开始不再进食，日渐虚弱，那是他们相遇的第324天。孕育生命的同时，她开始渐渐走向死亡。最终，变得彻底无力的她被冲出洞穴，曾经被她捕猎的鱼类聚集过来，以她为食。第二天，来了一条大鲨鱼，让她彻底从这片海洋里消失。

克雷格几乎参与了她一生80%的时光，这让他意识到，章鱼短暂的生命有多么不可思议。章鱼一次会孵化近50万只幼崽，存活下来的只有少数。它们生得快、死得早、再生得快，但它们就这样一代又一代地生存下来，成为地球上富有生命力的生物之一。她智慧、顽强、充满生命的韧性，她的生命旅程经历了千难万险，但她愿意享受这一切。

她对世界充满好奇，这促使着她信任这个突然出现在自己眼前的人。她愿意冒险和他一起去看外面的世界。

她的生活里不只有捕猎和追赶，也会放松下来，悠闲地玩耍，把触腕撒向鱼群，和他们一起嬉戏。

或许这就是这部影片打动人的原因，克雷格不是用审视和研究的姿态记录下章鱼的一举一动，而是用一种平等的态度与她交往。他也不是单纯地拍摄章鱼的习性，还敏锐地窥视到章鱼细腻敏感的内心世界。

他让人们看到，一个小小的生命是如何努力地活着，并且让自己短暂的生命绽放出更多精彩时刻。这也是人们能够对一只章鱼产生强烈情感的原因。

"爽快地活着，哪怕只有短暂的一生。"这是她用生命教给他的最后一课。

诗剧

我想和你互相浪费
一起虚度短的沉默，长的无意义
一起消磨精致而苍老的宇宙
比如靠在栏杆上，低头看水的镜子
直到所有被虚度的事物
在我们身后，长出薄薄的翅膀
——李元胜《虚度》

"戏精"老师

□ 桂 涵

不高的身材,阔脸上架着一副老花镜,镜片后面藏着一双锐利的眼睛,不论你坐在哪里,都能感受到这双眼睛的凝视。这就是我的语文老师,我们亲切地叫他"老潘"。上老潘的课,无论你有多困都会打起一百二十分的精神。老潘的嘴能把你说得无地自容是一方面,他的"戏精"表演让课堂妙趣横生是另一方面。

老潘每节课都能上得声情并茂,激情四射。比如,在说到苏轼的《水调歌头》时,他故意把校服袖子弄得跟水袖一样翩翩起舞,逗得我们笑得东倒西歪。说到黄土高原时,他便放开嗓子唱《信天游》,他常说:"别人唱歌要钱,我唱歌要命。"确实有点儿"魔音贯耳"。讲《钗头凤》时他便自动代入角色扮演,找个男生上去演陆游,他来演陆游的老婆唐婉,另外由道具粉笔盒冒充"黄滕酒"。只见他与"陆游"执手相看,含情脉脉地叫了声:"陆郎。"随即两个人把粉笔盒一丢,抱在一起。这一幕差点儿让我笑岔了气。老潘每节课都会对课文进行朗诵,读到忘情处还摇头晃脑的,颇有鲁迅先生笔下教书先生的味道。

作为一位语文老师,老潘出众的不仅是他的"戏精"本色,还有口才。他不常骂人,可讽刺起人来让你觉得比骂了你还难受。

他常跟我们说:"语言是一门艺术。"当有人说他矮时,他并不以为意,反而笑着说:"浓缩的就是精华。"他还和男生们一起打篮球呢。当我们早读没声儿时,他讽刺我们:"你们读书的状态就是'风声雨声读书声,我不出声'。"同学们听后哄堂大笑,笑完又有点儿羞愧,谁不知道老潘是恨铁不成钢啊,于是大家一扫懒洋洋的态度,开始卖力地读起书来。都是叛逆期的少年,如果直说可能没人会听,但老潘巧妙地拐了个弯,让我们认识到了自己的错误。在老潘的教导下,我们班的语文成绩一直不错。

一次我语文破天荒上了120分,我高兴得跟过节似的,碰巧遇见老潘,老潘问我:"这次语文考得怎么样啊?"我得意地说:"上了120!"当满以为老潘会夸我时,他却摇了摇头:"这可不是你的水平。"我就像被泼了一盆冷水,愣住了。那一刻,我才明白老潘竟然对我寄予了如此高的期望,而我却因为取得了一点儿成绩而沾沾自喜,实在是辜负了他的期望。我应该更努力学习,不令他失望才是,而不是扬扬得意,骄傲自满。

离别的钟声来得猝不及防,一毕业,同学们就像蒲公英的种子飞往天涯海角。但我相信,同学们一定会记得老潘,是他为我们指明了前进方向。为我们操心的老潘,更是对老师这一职业最好的诠释。

在和新同学开玩笑时,他笑着说:"你真幽默啊!"我一怔,我说的俏皮话,不正是老潘曾经说过的吗?原来老潘在原本不擅交际的我的心里埋下了种子,已经影响了我的一言一行,让我变得开朗,变得自信,变得懂得去发光发热,去温暖别人……原来老潘教给我的,远比书上的多……

总有人懂你奇奇怪怪，陪你可可爱爱

"饼干国"，英国实至名归

口 纪双城

2021年5月29日，英国人庆祝了一年一度的"饼干节"。英国绝对称得上"饼干国"，论对饼干的热爱，世界上恐怕没有第二个国家可以和英国相比了。每逢饼干节，不少家庭一家老小齐上阵烤饼干。

对英国人来说，饼干不是垫垫肚子的零食，据统计，2017年英国人总共吃掉了30亿英镑的饼干，平均每个英国家庭一年会吃掉106包饼干。40%的人认为"我吃饼干就是为了给自己多点安全感"，29%的人认为闲来吃块饼干"是给自己忙碌的生活来点轻奢放纵"。

英国人爱吃哪些口味的饼干呢？零售分析组织Kantar Worldpanel调查发现，在各式各样的饼干中，巧克力口味的曲奇饼干最受英国人欢迎，喜欢这种饼干的人占受访者的37%。

由于曲奇饼干在英国太受欢迎，几乎已经被许多人当作"饼干"的代名词。不过如果去了苏格兰，当地人会举起一个圆形小面包告诉你："这个才叫曲奇。"至于什么才是饼干，苏格兰人会自豪地说："Shortbread（黄油酥饼）。"

在英语中，short不仅意味着"短"，还有"易碎"的意思。用在黄油酥饼里，这样的形容再合适不过。因为无论圆形、长条形还是正方形，这种苏格兰传统饼干用料中，白糖、黄油、面粉这三样，世世代代都必须按照1∶2∶3来搭配，最多有时会加入米粉或玉米粉改变饼干的质感。但无论怎么做，其中的黄油，总会抑制面筋的形成，令做好的饼干酥脆，入口即化。即便是一块小饼干，苏格兰人也会想尽办法让它有百般变化。到了万圣节，所有饼干都变成南瓜形状，圣诞节时买到的则是雪人版本。

英国孩子从小都听过无数遍有关姜饼小人的故事，姜糖饼干也是很多英国人一生的最爱。姜糖饼干是英国大小城镇的面包房里每天必做的产品，这种以面粉、姜粉和糖为主要成分的饼干，让外界看到英国人对姜汁口味的青睐。近些年最直观的例子发生在2019年。当时圣诞节已经临近，但全球生姜供应短缺、价格上升问题已经波及英国。这让向来处变不惊的英国人也有些坐不住了，面对超市货架出现的生姜和姜粉断货，英国《泰晤士报》甚至为此刊登社评说，"这将严重影响英国圣诞节的甜食"，使一些英国人对"脱欧"前景不明朗，食品价格可能上涨，又有了一个担心的理由。

此外，英国人爱吃的还有燕麦饼干、消化饼干。市场调查还发现，大多数英国人在超市买饼干，而不是自己动手做，另外有40%的人只买他们经常购买的牌子。对于这一点，行业分析人士认为，长久以来英国人在吃饼干这件事上，口味是保持一致的，不想寻求新奇的刺激。

但这样的解释也只说对了一半，因为不同地区的英国人，对于"哪种饼干我最爱"以及"饼干的正确吃法"等问题，观点天差地别。北方人通常把饼干底部浸在茶或是咖啡里泡得软软的，而南方人则只是蜻蜓点水般稍微泡一下。在北部约克郡，蛋奶冻夹心饼干人气无敌，而在西北部的兰开夏郡或英国南部的牛津郡、东部的剑桥郡，巧克力口味的消化饼干才是王道，东北部地区居民的最爱则是姜糖饼干。在威尔士，当地人看重传统的下午茶饼干，每天缺了这一口，感觉生活都不完美了。但到了伦敦，当地人会奇怪地问一句："饼干，难道不是早餐吃更好吗？"

青年励志馆 披荆斩棘，方能所向披靡

玻璃瓶中的可乐

口 岑嵘

有一个问题曾让食品专家感到困惑：可乐有多种包装，玻璃瓶装的、塑料瓶装的，还有铝罐装的，在所有包装的可乐中，很多人总是坚称玻璃瓶装的口感更好。在英国的一项调查中，90%的人认为玻璃瓶装的可乐更好喝。不过一家可乐公司曾明确表示，不同包装的可乐，配方是完全一样的。

回答这个问题前，我们先说个故事。

比利是"二战"时期一艘美国军舰上的厨师，他干的不是一个轻松活。比利所在的军舰上有近900人，他们从珍珠港一路打到了中途岛。军舰每次执行任务都要隔四个月才能得到补给食材，在这整整四个月中，所有人不可能去任何别的地方吃饭，同时，白热化的战争使得舰上几乎所有人都精疲力竭，压力过大，随时担心被日军偷袭。因此，不少人会脾气很大，并相当挑剔。不过比利总是尽心尽力，让大家吃得满意。

在一次漫长的航行中，比利发现自己犯了一个小错误：他意外地多订了一倍的柠檬果冻，而没有订樱桃果冻。由于士兵们处于巨大的压力之下，即便微不足道的事也能让人大发脾气。果不其然，两个月后，一些士兵开始抱怨没有樱桃果冻，有人甚至毫不客气地说，比利这么疏忽大意，应该受到惩罚甚至降职处分。

面对日益强烈的抗议，比利想到一个办法。他如常制作柠檬果冻，但是加了红色食用色素。当然这仍然是柠檬味的，但看起来像樱桃果冻。当它被端上来时，居然没有人提出异议，有些士兵甚至感叹他总算找到了樱桃果冻。

在回到港口重新补充供给前，比利又供应了两次红色的柠檬果冻，但从没有人质疑过这件事情。比利只不过是给果冻染了色，就让士兵们尝到自己盼望的味道。

我们尝到食物的味道不单单取决于我们的味蕾，还取决于我们的大脑。在比利制作的"樱桃果冻"中，食物的颜色会让人产生不同的口感。其实不单食物颜色，哪怕是食物的外包装，甚至是形状，都会影响味觉。研究人员发现，带弧线的玻璃瓶、直筒玻璃杯和塑料瓶三种器皿中的可乐，哪怕带弧线的玻璃瓶里的碳酸度最低，"被试者"仍然认为这些可乐喝起来更刺激、更甜，也更让人愉悦。这就是玻璃瓶装的可乐更"好喝"的原因之一。

同样，食物的价格和品牌也会对口味产生影响。美国有档电视节目叫《佩恩与特勒之识破谎言》，其中有一集是这样的：节目组的工作人员在一家高级餐厅里扮成服务员，向就餐者提供一种名为"L'eaudu Robinet"的瓶装水，价格高达7美元一瓶。就餐者对该瓶装水的评价是口感"更清新""更柔和"，明显好于其他瓶装水。事实上，法语"L'eaudu Robinet"的意思就是"自来水"，虽然包装上写着产地来自遥远的阿尔卑斯山区，但它真实的产地不过是餐厅后面的自来水龙头。

不仅如此，食物的摆盘也会影响口味。在一个实验中，175位食客各得到一块免费的糖霜布朗尼。这些布朗尼完全一样，唯一的区别是摆盘方法。一些放在雪白的瓷盘

印度尼西亚的苏门答腊岛处于热带森林的覆盖之中，树木参天，绿色葱茏，是天然的生物宝库。然而，有一种树的种子不易成活，因为它落在地上后很快就会被阳光晒干。这种树叫勒颈无花果树，又称杀手树。不过，它有自己的生存之道。

从上往下长的树

□ 赵盛基

我们知道，大树的树冠层阳光直射不到，很多蚂蚁为了乘凉，都把"家"安在这个地方。勒颈无花果树的种子是蚂蚁最爱吃的食物，它们常常把一些种子搬回窝里享用，吃剩下的就当作储备粮。这恰恰给勒颈无花果树的种子创造了绝佳的生存条件，它们抓住有利时机，依附于大树这个宿主，迅速发芽、生长，长出了无数的气生根。

气生根越长越大，越来越长。不同的是，一般的树是自下而上生长的，而这些气生根却是缠绕着宿主的树干向下延伸。这是因为，随着渐渐长大，它们也需要足够的营养和水分，只有土壤才能满足它们的需求。要把根扎进土壤里，它们只有向下。

一根根枝条扎进土壤之后，反过来开始向上输送营养，让枝条逐渐粗壮并蔓延开来。

由于获得了丰富的营养，勒颈无花果树的生命力越来越旺盛，长出地面的枝叶和气生根越来越多，与大树纠缠在一起，使宿主陷入它织成的桶状网中。韧性十足的枝条紧紧地勒住了宿主的树干，繁盛的根须抢夺了宿主的养分。久而久之，宿主被绞杀致死，渐渐腐烂。

腐烂的宿主变成了其他植物的养分，而果实累累的勒颈无花果树则给其他生物提供了丰富的食粮。似乎无所谓对错，因为无论生者还是死者，都为大自然的生生不息做出了贡献。物竞天择，适者生存，大自然就是如此。

上，一些放在纸盘子上，还有一些放在纸巾上。

获得"瓷盘布朗尼"的食客声称这款布朗尼棒极了，他们愿意支付的费用平均为1.27美元。获得"纸盘布朗尼"的食客说它"不错"，他们的出价平均为76美分。获得"纸巾布朗尼"的食客说它"还可以，不过没什么特别的"，他们只愿意为它支付53美分。

关于味道，为什么我们会如此容易地受到"蒙骗"呢？心理学家把这种现象称为"期望同化"和"确认偏误"。我们的味蕾会被想象误导，如果期待食物美味，它就会很美味。

当人们看到樱桃味诱人的红色，看到可乐标志性的带弧线的玻璃瓶身时，看到阿尔卑斯山泉图片时，看到锃亮的金边瓷盘时，我们就会把实际体验与期望的美味匹配起来，这时就会感受到特别的美味。

当我们说流行语时，我们在想些什么

□徐默凡

语言不仅是交流的工具，也是一种思维工具；语言不仅塑造了我们的社交方式，也塑造了我们的认知方式。当我们说流行语的时候，流行语也不可避免地在影响我们的思维活动。

现在的网络流行语，虽然有新鲜、活泼、接地气的优点，但也存在三个明显的缺点：浮夸化、标签化和浅薄化。浮夸化就是追求夸张的语义表达，动不动就封"王"称"霸"，语不惊人死不休。标签化就是把复杂的社会现实以及复杂的人物和事件，都粗线条地划分为有限的类别。浅薄化就是不追求形义配合的深层语言趣味，而只进行形式上的浅加工，能夺人眼球就够了。谐音梗就是浅薄化的一个典型例子，每年通过谐音的方式会产生大量的流行语，比如"蓝瘦香菇"（难受想哭），究其实质只是换了一个别字记音，和修辞中巧妙的谐音双关不可同日而语。

网络特殊的传播方式是造成流行语缺点的一个重要原因。借助网络，今天的流行语发展出一种病毒式的传播方式，其使用率呈几何级增长。一种新鲜的说法，可能会在一夜之间就传遍网络。但是，传播快也带来一个负面影响——缺少了时间的过滤和积淀，泥沙俱下，鱼龙混杂。

流行语本是语言生活中的一种常见现象，在任何时期都是普遍存在的。在网络时代之前，流行语往往是从文学作品、影视作品、《春节联欢晚会》中流传出来的，经过长期的口耳相传或者文字媒体的广泛引用才能流行起来，所以留下的一般都是"文质兼美"的精品。如果说从前的流行语是久经考验的"经典款式"，让人一用就忘不了，那么现在的流行语就是"新潮产品"，尝个鲜就很快下架。在这种形势下，浮夸化诉诸强烈的情感表达，标签化夺人眼球地凸显特征，浅薄化立竿见影地无厘头搞笑，这些都是促进快速传播的高效手段。

网络流行语的这些缺陷肯定会对使用者的思维方式产生深远影响。如果长期使用浮夸的流行语，难免会养成一种过度夸张的思维习惯，用情感的宣泄来代替理性的思辨。对习惯使用网络语言的一代人来说，似乎所有的东西都是被放大的，好像说出的任何话语都可以加上一个感叹号，都能以"哇哦"这样的情绪表达出来，但是对精微细腻的思想感情，就缺少识别和表达的能力。

热衷于到处套用网络流行语，也很容易简化思维活动，采用"贴标签"的方式去和别人打交道。仔细辨析的话，可以发现标签的类型就那么几组，只不过是换了一个热点事件就换一种表达，比如"996""打工人"，它们流行起来的时间不同，但都表达了相同的核心意思，并没有太多观念上的创新。在人际交往中，按照这样简单分类的方式去评判他人，我们就不愿意去深入体会一个人身上的复杂性和全面性，而用"后浪"一下子就对号入座了。这在某种程度上也是网络语言暴力频繁产生的一个重要原因。即使在赞扬别人的时候也不例外。网络流行语里的人物都是扁平的，不是立体的。显然，这种语

总有人懂你奇奇怪怪，陪你可可爱爱

让别人看到你的努力

□岑嵘

美国经济学家丹·艾瑞里讲过一个故事：有位软件工程师，为一家银行编写了一套庞大的办公软件。这套软件可以把接收到的数据转化成美观的报表，完成分析和生成报表的时间大约是两分钟。这期间，沙漏会显示软件正在工作。

该报表十分有用，但是所有人都抱怨软件运行的速度太慢了。

这位软件工程师解决问题的方法出人意料，他修改了软件，让人们在使用时能看到其具体运行情况，而不只是面对沙漏。人们能够像在用快进模式看录像一样看到它的工作过程，改进后的软件显示它正在对数据进行分割，合成数据库，生成标题和图表……

但问题是，这套软件运行的时间是原来的三倍。

令人惊讶的事情出现了，使用这套软件的人不但没有抱怨它速度缓慢，相反，对它的高效和完美赞叹不已。

对此，丹·艾瑞里的解释是，当我们觉得有人在为我们工作，尤其是当他们努力工作的时候，我们的感觉会比较好。我们有时很难对

得到的结果做出直接评价，但是我们非常愿意对整个工作过程做出评价。让某人努力为我们工作可以使我们感到愉悦。

丹·艾瑞里所说的道理无处不在，当有人喜欢三天两头向领导汇报自己的工作，讲述自己遇到的困难和如何努力克服的过程，这在很多人看来，无异于溜须拍马（也许真有那么回事），然而领导往往对他们格外信任，这其中有深刻的心理学背景。

美国经济学家泰勒·考文说："掌控力需求源自人类内心深处的欲望，这也是感觉到失去掌控力是如此折磨人的原因之一。"当我们看到人或者机器在为我们一丝不苟地工作时，当我们掌握下属的工作进程和态度时，我们会得到一种安全感，觉得一切都在掌控之中。

很多时候，我们喜欢偷偷地努力，最后一鸣惊人，然后风轻云淡地说：这也没什么啊！事实上，如果你让别人看到自己的努力，无论对自己还是别人，都是好事。

言使用方式对我们认识世界、看待社会、处理人际关系都是有很大危害的。

浅薄化也会带来追求快速反馈、放弃深度思考的习惯。使用者希望话语一经使用就引发别人的关注，用最低的成本去求取最大的收益。长此以往，我们的语言就会粗鄙化，我们的思考也会肤浅化。用别字代替双关，用搞笑代替幽默，哈哈一笑之余没有可回味的东西，还会逐渐对这种快速刺激上瘾，放弃对精致事物的追求。就像长期用鸡精做菜，虽然会带来口感的迅速提升，但久而久之会败坏味蕾，人就不再能体会到真正鸡汤的醇厚了。

流行语的诞生、传播和消亡，本来是语言正常的新陈代谢，这种新陈代谢一直在进行，但是网络传播极大地提升了流行语变化的速率，我们要留心的不仅是它们对语言规范的影响，更要警惕它们对思维方式的冲击。慎重地对待语言，就是慎重地对待我们的思想。

古代荔枝如何进宫

口 胡雪琪

荔枝是岭南四大名果之一,其果实红润饱满,果肉晶莹剔透,口感酸甜,征服了许多人的胃。想象一下,烈日炎炎的夏天,把荔枝冷藏在冰箱,不时拿出一颗,剥了皮放入口中,感受那清凉甜润的果肉滋味……难怪苏东坡感慨"日啖荔枝三百颗,不辞长作岭南人"。

在古代,美味的荔枝长期被地方官进贡给朝廷。然而,当时的贮运和保鲜技术较为原始,想要吃上一颗新鲜荔枝,实属不易……

以贡品身份传入中原

岭南自古以来就是荔枝的主要产区之一。秦汉时期,岭南得到大规模开发,荔枝也作为贡品在汉代进入中原。汉高祖刘邦在位之时,南海尉赵佗曾向宫廷进贡鲛鱼、荔枝。这种外观新奇、味道甜美的水果,很快征服了统治者的胃。由于荔枝来之不易,统治者除了将其作为日常食用的果品之外,也会把它当成祭祀用的祭品,或给臣下的赏赐。

西汉初年,百废待兴,皇帝们的生活相对节俭。那时进贡的荔枝,以荔枝干为主,到汉武帝时期,岁贡新鲜荔枝才成了定例。

然而古代并没有像现在这么发达的物流系统,荔枝的保鲜时间又极短,"若离本枝,一日而色变,二日而香变,三日而味变,四五日外,色香味尽去矣"。如果按照古代的交通条件,从岭南地区向中原运输荔枝,恐怕还没越过南岭,荔枝就已腐烂殆尽。因此,为了吃到一口应季的鲜荔枝,古人可谓煞费苦心。

试图移栽但以失败告终

西汉元鼎六年(前111年),汉武帝下令在皇家园林中建"扶荔宫",将荔枝树从岭南移植到长安一带,试图以这种办法获取新鲜荔枝。由于长安和岭南的水热条件差异太大,试种好几年之后,只有一株长得茂盛一些,但并未开花结果。尽管园丁们想尽办法,精心呵护这根"独苗",荔枝树还是枯死了。汉武帝十分生气,也无奈地认识到,荔枝树在中原地区是无论如何也养不活的。移栽荔枝的努力遂以失败告终。

之后,汉代统治者改变了思路,在南海郡(西到今广西贺州,北连南岭,涵盖今广东省大部分地区)设圃羞官,负责每年向皇帝进贡荔枝、龙眼、橘、柚等南方水果。从南海郡到中原,路途遥远。为了保证荔枝不变质,汉代统治者在沿途设立驿站,"十里一置,五里一堠,奔腾阻险,死者继路",无数驿卒为荔枝献出了宝贵的生命。

这种运输荔枝的方法不仅对速度要求高,还需要统治者拥有对荔枝产区的控制权。一旦政治形势发生变化,统治者就有可能陷入想吃荔枝也吃不到的境地。例如《艺文类聚》记载,三国时期的魏文帝曹丕爱吃葡萄,曾说:"南方有龙眼、荔枝,宁比西国蒲萄、石蜜乎?"大意是,听说南方的龙眼、荔枝都挺好吃的,但会比西域的葡萄、蔗糖还好吃吗?

因为这句话，曹丕遭到了后世文人的嘲笑：能拿荔枝和葡萄相比，显然证明他没有吃过荔枝。唐代张九龄在《荔枝赋》中曾写下"援蒲桃之见拟，亦古人之深疾"的句子，句中的"蒲桃"即葡萄，用的就是魏文帝曹丕的这个典故。

让荔枝真正家喻户晓的，不是曹丕，而是几百年后的杨贵妃。"长安回望绣成堆，山顶千门次第开。一骑红尘妃子笑，无人知是荔枝来。"杜牧的这首《过华清宫》，讲述了唐玄宗用快马运送荔枝以讨杨贵妃欢心，这并不完全出于虚构。据《新唐书》记载，杨贵妃喜欢吃荔枝，"必欲生致之"，一定要吃新鲜的，于是唐玄宗"乃置骑传送，走数千里，味未变已至京师"。这种运送荔枝的速度，在古代可谓"光速"了。

将荔枝树种在木桶里运输

荔枝属于比较娇贵的水果，在运送时不仅要求速度，储藏也有讲究。其中一种储藏方法是，将荔枝果装入瓷坛、大竹桶等容器内，再将容器的口部密封；还有一种方法是将荔枝的蒂部用蜡封住，再浸入水中。目的都是尽量隔绝氧气、避免碰撞，减缓荔枝腐败的速度。蔡襄的《兴化军曹殿丞寄荔支》有"彩毫封处曾留意，筠笼开时不减香。风色甚豪应少损，路程差近得分尝"的句子，记述了在密封的竹笼内厚铺荔枝叶，使荔枝经过较长时间运送后色香不减的情况。

除了严密保护并派健卒好马一路狂奔外，古人还想出了更耗费人力物力的方法保证荔枝的新鲜度。

宋徽宗赵佶喜欢吃荔枝，也喜欢观赏荔枝树，便让当时的荔枝产区之一福建选择一些小巧玲珑且已经挂果的荔枝树，移栽到大花盆中，再通过水运的方式将这些荔枝树运到北宋的都城汴梁，摆放在宣和殿内，形成荔枝树在宫中生长的假象。对于这种劳民伤财的举动，宋徽宗丝毫不以为耻，还写诗吹嘘："密移造化出闽山，禁御新栽荔枝丹。"

事实上，宋徽宗想出的这种方法，虽然成本高昂，但确实可以最大限度地保证荔枝的新鲜度，此方法一直沿用到清朝。清人沈初在《西清笔记》中，记载了他目睹清代福建地区官员进贡荔枝的场景：官署中摆放着几百个大木桶，每个木桶里都栽着一棵荔枝树。到了要进贡的时候，就从几百棵荔枝树中挑选数十棵枝干粗壮、挂果较多的，装船北上。船上还必须准备大量的福建本地清水，在运输途中用以灌溉。沈初在书中还指出，福州往北走二百里水路，有一个地方叫作"水口"，荔枝树过了水口，便不再生长。所以如果想要进贡，必须把握好经过水口的时机——要等到荔枝挂果以后。

安全进宫的荔枝所剩无几

山高路远，旅途颠簸，再加上从南到北的气候变化，运送到宫中的荔枝最终数量能有多少呢？沈初在《西清笔记》中道出实情："一本仅存二三枚。"也就是说，运到北京的时候，一棵荔枝树上仅剩两三颗果子了。这样算来，每年到达皇帝手中的荔枝，不过一二百颗而已。

清宫档案中记载的进贡荔枝数目，与沈初所记亦相差不大。如乾隆二十五年（1760年）六月十八日，福建巡抚吴士功进贡的五十八桶荔枝树到达宫中，"共结荔枝二百二十个，本日交吊下荔枝三十六个之内，拿十个进宫供佛，其余随晚膳后呈进，旨明日早膳送"。

这些"硕果仅存"的荔枝，想必味道也早已不能使人满意。然而它们仍然备受宫廷珍视。清代档案《哈密瓜蜜荔枝底簿》中记载，吴士功进贡的荔枝树，到乾隆二十五年六月二十五日仍然活着。这一天"交来荔枝二十个，随果品呈进，上览过恭进皇太后荔枝一个……赐皇后、令贵妃、舒妃……和贵人，每位鲜荔枝一颗"。连皇后、贵妃这样地位的人，也只能分到一两颗鲜荔枝，可见荔枝在宫中之稀罕。

清宫进贡荔枝的历史，一直延续到道光元年（1821年）。时任闽浙总督的颜检上疏，以"采运艰难"为由请求罢荔枝岁贡。以"节俭"著称的道光帝听了，便下诏永远停贡荔枝。至此，这一苦差终于告一段落。

在现代社会，借助发达的物流系统和保鲜技术，全国各地的人都能在两三天内品尝到来自产区的新鲜荔枝。乾隆皇帝曾在几首咏荔枝的诗中反复提及，夏末秋初才是荔枝入贡宫廷的时间："夏末秋前闽贡到""闽中嘉实到秋前"。如果他"穿越"到今天，想来会对如今荔枝的普及度以及食用时间大为惊讶吧！

喝咖啡而已，怎么还喝出鄙视链来了

□ 郓祺嘉

我们办公室，每天最热闹的时候就是下午两点。两点前的主要安排如下：熬过醒不过来的早晨，趁着午休时间吃完新鲜的瓜、发完当日份的呆。然后就到了两点，这一天最关键的结界。总会有某位同事打着呵欠站起来，捏着手机振臂一呼："咖啡，上车吗？"

咖啡，打工人的生命之光，欲望之火，没有它的时候，键盘敲起来仿佛生了锈，老板的命令听起来都被按了负2倍速。办公室里咖啡香气的浓度，与工作任务的进度呈正相关，可以说是打工人的常识了。但喝咖啡的人越多，被"咖啡鄙视链"伤害的人就越多。

常年加冰、加糖、加奶的00后Juno，不止一次被嘲笑过喝的是"小孩快乐水"；

不小心在朋友圈问了一句"胶囊跟速溶有什么区别"的90后小韩，收获了一堆"天哪""拜托""被冒犯"的白眼式评论；

每次走进咖啡馆，我都不太好意思在有人排队的时候点单，生怕在自己点卡布奇诺的时候，旁边响起一句优雅淡定的"两倍浓缩"，还要貌似不经意地打量你几眼。

不学几个滴滤、手冲的关键词，我等凡人在咖啡圈里简直寸步难行。

"我就想喝杯咖啡，怎么还要被鄙视呢？"

01 咖啡续命，咖啡鄙视链要命

在咖啡和鄙视链这点事上，编辑部咖啡瘾最大的同事老贺有很多故事。她是1996年生人，日均摄入三杯，分别是早起后、午休后，还有一杯视写稿进度机动安排。

都说这届年轻人身体里流的不是血，是咖啡，此话诚不欺我。

据数字100的统计数据，中国人去年在喝咖啡上花掉的钱，估摸有3000亿元。而买咖啡的人里，80%处于20～35岁，主要由青春大学生和黄金打工人构成。

老贺就是上大学的时候开始喝咖啡的。一到考试季，早晨起来喝一杯速溶的，复习累了出去走走，打杯热水再冲一杯。

现代不兴"头悬梁，锥刺股"那套，清心醒神的重任，就压在了咖啡肩上。

毕业工作以后，老贺对咖啡的感情发生了一些变化。据老贺回忆，第一份工作楼下，左边是Zoo，右边是星巴克。附近妆容精致、落落大方的白领们，时常一手端着咖啡杯，一手打着电话进进出出。对于初入职场的老贺来说，这一幕极具冲击力与诱惑力。

在这样的氛围里待久了，老贺对咖啡的要求水涨船高。又甜又腻，还屡被咖啡博主鄙视的三合一速溶咖啡，首先被拉黑处理。后来，咖啡鄙视链愈演愈烈，进星巴克没点馥芮白，都生怕自己被嘲笑"只懂喝点小孩快乐水"。

更进一步的是那些藏在巷子深处的手工咖啡店，门口牌子上写的店名，都认不出来到底是意大利语还是西班牙语。年轻气盛的老贺咬碎银牙，熟读并背诵了诸多咖啡鄙视链知识，比如现磨＞速溶，

浓缩＞美式，浅烘＞深烘……等级森严，不容僭越。

可老贺最终没能在鄙视链上爬到高位，她很快发现，鄙视链是背不完的，永远背不完。它会无限延伸，自动繁殖，从咖啡豆种类到冲泡器具，背完一个还有另一个，学习的速度永远追不上它"内卷"的速度。

关键是，在鄙视链里挣扎那么久，买的咖啡越来越贵，可老贺的舌头骗不了人，还是只能尝出最基础的苦、香、涩的味道。于是，老贺在某天顿悟了：咖啡嘛，好喝，精神，完事儿。从此再也不关注咖啡圈里的嘴仗，再也不在乎加糖加奶是否有失格调。

02 放弃鄙视链，你就有了咖啡自由

老贺的故事并非孤例。别看网上天天为咖啡鄙视链吵来吵去，互相嫌弃别人喝的咖啡没有品位，实际上，老贺这种"带不动"的老实人，才是喝咖啡的大多数。

数据显示，83%的咖啡消费者，喝咖啡的动机都很朴素，只是为了"提神醒脑，消除疲劳"。Tina也是这83%中的一员，她喝咖啡的口味十分杂乱，上班赶时间，从便利店里顺手买一杯也喝得很香；周末有空了，偶尔也自己动手倒腾咖啡机。

"有什么好鄙视的，"Tina说，"干活的时候提神用，闲下来了就图个放松。"

真遵照鄙视链要求，将喝什么咖啡视作个人品位标志的，只有13%。

现代社会的快节奏、高压力，让咖啡成了年轻人的必需品，它的实用价值才是核心的魅力。讲究所谓的鄙视链，就有几分买椟还珠的意思了。就像Tina一样，大部分人追求的咖啡自由，不是"买得更贵"的自由，也无关品位、格调。

他们只是想选择自己喜欢的口味，收获一份实在的提神作用。在此之外，忙碌中停下来喝杯咖啡，也是年轻人放松心情、缓解压力的一种方式。

而鄙视链的存在，反而让他们更有压力了。

说到底，咖啡的本质其实就是两点：充电和放松。老贺年少时开始喝咖啡，就只是因为复习需要打起精神。用她自己的话说，后来虽然在鄙视链中迷失过一阵，好在迷途知返，为时不晚。

现在她和Tina一样，喝咖啡的原则，主要分为两种模式。一是工作日，要提神，要送得快，不能浪费时间；二是休息日，选择放宽，不用考虑做得快不快，可以坐下来慢慢喝，哪家图片好看、哪家推了新品，看心情随便尝试。前者是给工作充电，后者是给生活充电，只要目的达到了，别人怎么看，都不关她们的事。

恐惧的成因

□ [法] 阿兰·巴迪欧

婴儿啼哭不止又无法安抚的时候，保姆常会对这孩子的性格和好恶做出一些最别出心裁的猜测。她甚至会诉诸遗传来做出解释，并且早早就能从这孩子身上辨认出他父亲的影子。这些心理学上的尝试会一直持续，直到护士发现问题的真正起因原来是一枚别针。

年轻的亚历山大得到布赛佛勒斯这匹名马的时候，没有一个掌马官能骑上这凶猛的动物。一个普通人可能会说一句："我见过一匹马，脾气坏极了。"可亚历山大开始寻找那枚"别针"。他很快就找到了，因为他注意到布赛佛勒斯非常害怕自己的影子。它的恐惧不安让它的影子也随之猛烈地跃动起来，这是一个恶性循环。但亚历山大把布赛佛勒斯的头转向太阳，并让它一直面朝那个方向，设法使它平静下来，又逐渐让它适应。因此，亚里士多德的这名弟子在那时已经意识到，如果我们不知道激情的真正起因，那我们对激情也就完全无能为力。

我们该给带鱼道个歉

□ 公路商店

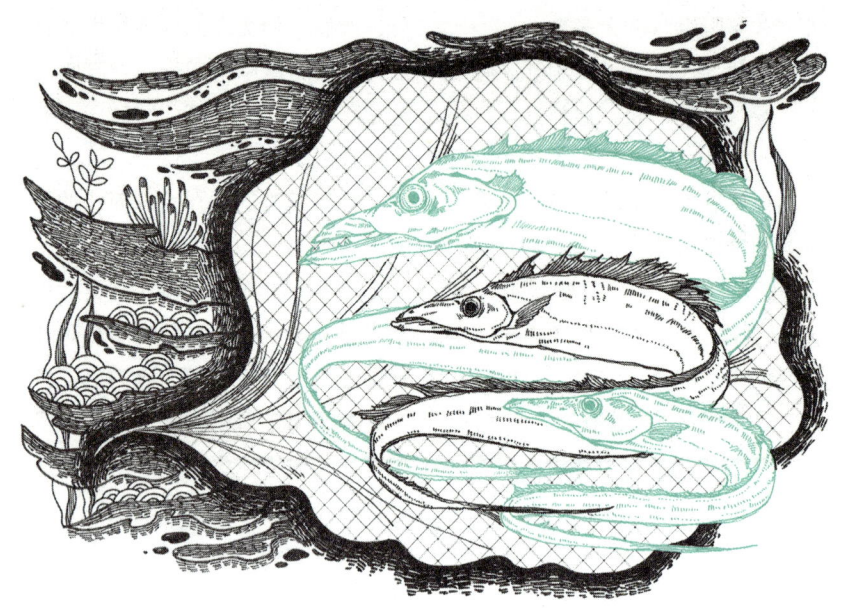

即使在距海岸线几千公里的新疆腹地，从没见过大海的家庭主妇仍然可以轻易买到一种来自深海的长条怪鱼，然后熟练地将它裹面煎炸，装盘上桌。尽管这种古怪的食物产自四个时区以外，而且看起来像一个可怕的扁平魔鬼，但没有人会觉得它与旁边撒着洋葱碎的手抓羊肉有什么违和。

这种每个中国人都极为熟悉的鱼，我们一般叫它带鱼，东北人会叫它刀鱼：在零下二十摄氏度的露天市场上，倒插在泡沫箱子里的、包裹着一层薄冰的带鱼像坚硬的匕首一样寒光闪闪。

带鱼是中国人餐桌上最常见的海鲜，没有之一。但这句话成立的前提是：我们足够理性和客观，愿意承认"带鱼的确是一种海鲜"这个事实。

要做到这点其实并不容易。汉语中"海鲜"这个词往往代表着稀奇和奢侈，而在大部分人的印象中，带鱼简直和白菜、土豆、菜市场里十五块钱一只的速成烤鸭一样，是一种再普通不过的廉价食材，连五块钱一斤的水库鲤鱼都要比它的地位高些。

人们把带鱼切成小段，装进简陋的彩色盒子里，放进超市里温度最低的冷柜，和最便宜的散装胶合火锅丸类摆在一起。东北人甚至像捆柴火一样把冻僵了的带鱼捆起来挂在自行车的前把上，或者像撅大葱一样将它们粗暴地掰成两半……

没有人会否认：带鱼，这种长着狰狞面孔与参差尖牙的、如假包换的深海鱼，在中国根本没有得到深海鱼应该得到的最基本的尊重。

那么，同样是深海几千帕的高压里混出来的凶悍生物，带鱼为什么就不能和它们的深海兄弟鱼类一样，被冠以"鲜活""生猛"的标签呢？

难道它天生就该是一种廉价的速冻食材吗？当然不是。

事实上，对于带鱼这种食材，最好的处理方式，其实是刺身。带鱼刺身只会出现在高级的日料菜单上，即使在众多名贵的海鲜中，它仍然是异常稀奇的一种。而用于刺身的带鱼和我们平时在超市买到的冷冻带鱼，在品种上并没有区别。只有一条：带鱼刺身必须使用出海五小时以内的带鱼。

你应该从来没见过带鱼刚出海的样子：瘫躺在渔船甲板上的带鱼，表面覆盖着一层银鳞，这层银鳞实际应该被叫作"银脂"，是一种营养价值极高、无味无腥的高级脂肪，包裹着银脂的带鱼在阳光下闪闪发光，就连真正的白银也会在它旁边黯然失色。

日料师傅像锻造顶级的日本刀一样，小心翼翼地将鲜活的带鱼摆在砧板上，切成极细的银丝：银丝下的鱼肉像璞玉一样温和剔透，你完全不用搭配任何调料，这种平时总出现在你家油锅里的"家常食材"会告诉你什么叫电击灵魂的鲜甜。

只不过，要得到一条足够新鲜的带鱼实在不是一件容易的事儿：在大规模的捕捞作业中，带鱼被大网迅速地从深海拖到海面，刚出海基本上就因为压强失衡内脏爆裂而死。这就是很少有人见过活带鱼的原因。一条健康的活带鱼可以在陆地上卖到极高的价钱。

带鱼又是一种极易变质的鱼：它表面的银脂很容易因为各种原因脱落，未作处理的带鱼露天放不过十二小时就会变质变味。事实上，在漫长的人类历史上，带鱼这种极易死亡、变质的深海鱼一直是极少数沿海居民才能享用的高级美味。直至如今，我国一些沿海地区的人仍然喜欢清蒸带鱼。当然，清蒸用的带鱼也必须足够新鲜。

直到20世纪，我国的渔民发现，带鱼虽然是种凶猛的深海流氓，却特别不适应工业革命带来的机械化捕鱼方式：它们实在太容易被捕获了。我国沿海的带鱼资源又异常丰富，这迅速让带鱼成为"中国四大经济鱼类"之首。

靠几个舟山小渔村拣新鲜的清蒸显然是消化不完如此巨量的捕捞的，于是，国家开始将冷冻起来的带鱼销往内地。这种古怪的海鱼半卖半送地输入广袤的内陆，人们很快便对它不再陌生，它也渐渐地融入了各地的饮食文化中。在东北，油炸带鱼几乎和肉皮冻、桃罐头一样，是东北人待客餐桌上必不可少的一道菜。

我们也不难理解为什么东北人对带鱼格外熟悉：一方面，东北有大量的国有单位，小时候逢年过节，父母常会拎着一盒带鱼回家——单位发的。另一方面，东北的冬季寒冷，这省去了冷库储存的成本，让带鱼的价格更加便宜。

但无论如何，在经过这么一番折腾后，带鱼，这种原本主打精细、新鲜的刺身级食材，彻底沦为了只属于冷库的二流鱼类。提到它，人们只会想到炸、煎、红烧，仿佛不做这种暴力加工的话，这种肉粗味腥的鱼便是十分不堪吃的。即使当他们有机会去舟山品尝带鱼刺身，还会满腹狐疑：这玩意还能做刺身？

我认为所有对带鱼持有这样刻板印象的人在看完这篇文章后，都应该给带鱼大哥道个歉。然后回家告诉你的妈妈，请她下次炸带鱼的时候给带鱼一些尊重。

它并不是一种天生就应该被裹着厚厚的面粉在三百多摄氏度的植物油中双面煎炸的食物，这一切，只是一个复杂的误会。

古书没页码有缘由

□李开周

不知道大家注意过没有，我们读到的所有古籍，不管宋版书、明版书还是清刻本，不管装订的样式是卷轴、经折、蝴蝶装还是线装，不管单色印刷还是套版彩印，统统没有页码。如果你能在一部中文古籍上见到页码，那甭问，一定是最近百余年内出版的古籍影印本，出版方为了让读者更方便地阅读和检索内文，特意添加了页码。

书没页码，读起来当然不方便。譬如说我正在读的《南宋市肆记》，前面有目录，内文无页码。目录上按顺序印着"药市""花市""鲜鱼行""候潮门瓦"……我要查"鲜鱼行"，只能边猜边翻页。读这样的书，除非一页一页顺着读，读得滚瓜烂熟，对书中内容的熟悉程度超过对女朋友的熟悉程度，才能做到迅速查阅。经常翻阅古籍的朋友必定有这些体验，对不对？

问题来了，古人印书的时候，为什么不把页码印上去，并将页码添加到目录里去呢？

原因有三：一是古代的数字符号太复杂，不好印；二是过去没有排版机器，编排页码会极大增加制版工匠的制作成本；三是在雕版印刷占绝对优势的年代，版上只要刻了页码，再版时若想增删一两页内容，就得毁版重刻。

冰封2.4万年后的复活

□ 东方亮

它们反正不怕冰天雪地。

一些在北极永久冻土中冰冻了2.4万年的微型"僵尸",最近在俄罗斯的一个实验室里被复活并繁殖出了克隆体。这些顽强的生物名为蛭形轮虫,因嘴周围有一圈轮状的纤毛而得名。轮虫是生活在淡水环境中的多细胞微生物,已存在了大约5000万年。

在这段漫长的岁月里,轮虫掌握了一两个生存技巧。

研究人员此前就曾发现,在零下20摄氏度的低温环境下被冷冻的现代轮虫能在10年后复活。现在,科学家们复活了在更新世(260万年前至1.17万年前)晚期被冻结在古代西伯利亚永久冻土中的轮虫。解冻后,这些古老的轮虫开始通过孤雌生殖方式进行无性繁殖,创造出基因与本体完全相同的克隆体。

古老生命"快照"

永久冻土——冰冻至少两年的土地——能够保存上万年前生命(和死亡)的"快照"。例如,据趣味科学网站此前报道,2020年人们在西伯利亚永久冻土中发现的一具小鸟尸体已有4.6万年的历史,但看上去"好像才死几天"。2020年还是在西伯利亚,一头已木乃伊化的冰冻洞熊被发现,其历史可追溯到大约3.9万年前,其几乎乎的黑色鼻子和大部分皮毛却保存了下来。

在冰层中度过了成千上万年时间后,外观还能保持栩栩如生,这已然令人惊叹。但某些被尘封在古代永久冻土中的动植物设法做到了一些更令人吃惊的事:从冰冻状态中复活。

据趣味科学网站2012年报道,科学家们当年讲述了他们如何用被冰冻在西伯利亚永久冻土中的未成熟果实组织重新培育出3万年前的植物。两年后,研究人员重新培育出了在南极洲已被冰封1500年的南极苔藓。趣味科学网站2018年还曾报道称,科学家在西伯利亚两处古老的永久冻土中发现了一种名为线虫的微型蠕虫并将其复活,其中一处的岩石约有3.2万年的历史,另一处则约有4.2万年的历史。

"隐生"本领高强

现在,科学家复活了更多永久冻土中的冰冻动物"僵尸"。在被复活前,它们处于一种被称为"隐生"的新陈代谢停止状态。

蛭形轮虫能够进入"隐生"状态以熬过严寒和干旱等极端情况。

俄罗斯理化学与土壤学生物问题研究所的研究员斯塔斯·马拉温说,轮虫之所以会进化出"隐生"的本领,是因为它们大多生活在经常结冰或干涸的潮湿栖息地。

马拉温说:"它们暂停新陈代谢并积累像伴侣蛋白这样的化合物,这些化合物可以帮助它们在条件改善时从'隐生'状态中复苏。"马拉温解释说,轮虫还拥有某些机制,能够修复脱氧核糖核酸损伤和保护自身细胞免受被称为活性氧的有害分子的伤害。

在新研究中,科学家们钻探至

如何求出熊是什么颜色

□程应峰

上海某中学曾出过一道模拟试题：有一头熊掉到一个陷阱里，陷阱深19.617米，下落时间正好2秒。求：熊是什么颜色？备选答案为：A.白色，北极熊；B.棕色，棕熊；C.黑色，黑熊；D.黑棕色，马来熊；E.灰色，灰熊。乍一看，条件和需要求证的结果风马牛不相及，解答这道题的难度也就可想而知了。

但还是有人做出了比较完美的解答。首先，根据题目条件算出重力加速度g=9.8085，查一下重力加速度与纬度对照表，可知陷阱是在纬度44度左右的位置。根据熊的地理分布，南纬44度没有熊的踪迹，所以就只能在北纬44度的位置了。其次，既然为熊设计地面陷阱，一定是陆栖熊，而且大部分陆栖熊视力不好，难以分辨陷阱，所以容易掉入陷阱。至此，可排除北极熊、马来熊和灰熊。如此一来，只剩下棕熊和黑熊两个答案。最后，既然陷阱深19.617米，土质一定为易于挖掘的成土母质。虽说棕熊在相应地理纬度上有分布，但多为高海拔地区，而且凶悍，捕杀的危险系数大，价值没有黑熊高。又因黑熊的地理分布与棕熊基本不重合，所以可以判定，陷阱里的熊是黑色的。

这样一道题目，将物理、地理、生物等知识熔于一炉，构架出一幅广阔的"知识画卷"，美不胜收。解答这样一道题目，是追寻知识美、逻辑美、自然美的过程，它需要一个人在理解眼前事物的同时，又能打破常规，跳出固有的条条框框。

西伯利亚阿拉泽亚河河面以下11.5英尺（约合3.5米）处，收集了那里的永久冻土样本。他们利用放射性碳测年法发现，这些冻土约有2.4万年的历史。在将样本解冻后，研究人员发现了处于"隐生"状态的盘网轮属蛭形轮虫。

人类难以效仿

科学家们先是对永久冻土样本进行了分离和分析，以确保它们没有受到现代微生物的污染。马拉温说，为了唤醒这些冰冻的"沉睡者"，"我们把一块永久冻土放入装有合适培养基的培养皿中，然后就静候这些生物从休眠状态中复苏、开始移动并繁殖"。

当然，一旦这些解冻的幸存者开始克隆自己，科学家就无法分辨哪些是古代的，哪些是新生的，因为这些轮虫的基因完全相同。马拉温说，由于轮虫通常只能存活大约两周，所以科学家们收集的数据来自2.4万年前轮虫的克隆体，而非冰河世纪的幸存者本身。

马拉温说，"从永久冻土中分离出来的活体生物可能是低温生物学研究的最佳样本"，它们能够提供宝贵的线索，让人类了解令这些生物得以幸存的机制。他说，随后可以在人体细胞、组织和器官的冷冻保存实验中验证这些机制。

然而，这并不意味着人类能够在不久的将来复制轮虫的深度冷冻睡眠和复苏模式。

马拉温说："生物越复杂，就越难在冷冻状态下存活。对哺乳动物来说，目前这仍是不可能的。"

7年后，没有一个细胞知道你是谁

□ [英] 马库斯·乔恩

今天，你的身体制造了大约3000亿个细胞。这可比银河系的星星还多呢，难怪我就算整天什么都不干也觉得疲惫不堪。

细胞外观就像一个小小的水泡，它是构成生物体的基础。事实上这么说也是合理的：只有细胞生物才是生命体。出土化石证明第一个细胞产生于35亿年前，而由生命产生的第一次化学反应则发生在38亿年前。这意味着生命起源的时间也许是在约40亿年前，也就是地球形成后仅5亿年的时候。

每个人都是一大堆不计其数的细胞的集合体。"这便是佐证人类个体并不是一个整体的证据。"美国生物学家刘易斯·托马斯如是说道。卡尔·萨根也说："我们每个人都不是一个整体，而是一个众多单元组成的集体。"说得准确点，人体是一个由百万亿个细胞构成的集合体。这真是个天文数字，不禁让我觉得自己就像是个浩瀚的星系。不对，自己其实是1000个星系。因为人体内的细胞比1000个银河系的星星还多呢。

而每一个人体的细胞又像是个迷你的世界，结构精巧复杂，如一座城市一样运营。细胞内有几十亿台微小的机器在不断运行，有行政中心，有制造工厂，有库房物流，还有永远繁忙的大街小巷。"细胞内有电站供能，"美国记者彼得·格温说，"还有工厂生产蛋白质以及重要化工产品。复杂的交通体系引导不同的化学分子去它该去的地方工作，有的还被派往细胞外出差。甚至设有关卡和守卫，监督进出口物资，放哨预警。甚至有生物军队严阵以待，随时准备抗击外来侵略。而细胞内的基因就是掌控大局的中央政府。"

当人体最小的细胞精细胞和最大的细胞卵细胞结合时，我们的生命旅程便开始了。每个人在最初的半小时里都是一个单细胞（我记得那时的我很是无聊，好想再找一个细胞交朋友）。单细胞分裂成两个细胞，分裂过程看似平淡无奇却也惊天动地。在仅仅半小时内，细胞不仅要复制DNA——在DNA多个点位同时进行复制，它还得制造多达100亿个复杂的蛋白质分子。也就是说，一秒钟内，细胞需要生产1000万个蛋白质。一小时内，两个细胞又分裂成四个，然后是八个，它们会像这样继续分裂下去。等出现几个分区后，胚胎的不同位置会产生不同的化学分子使细胞开始分化。每个细胞都很清楚自己将成为什么样的细胞，有的是肝细胞，有的是脑细胞，还有的会成为骨髓细胞。最后，人体从一个孤零零的细胞分裂分化成为76万亿个细胞。

故事到这还没结束。除去脑细胞，我们体内几乎没有任何细胞会跟随我们一辈子。举个例子，胃壁细胞成天在盐酸里泡澡，而盐酸可是强酸，连剃须刀片都能溶解，胃壁细胞可不得经常更换吗？因此，每三四天我们的胃黏膜就会更换一次。而血细胞则要坚挺一点，但大概四个月也得退休换新了。

实际上，你体内所有细胞大概每七年就会全部更换一次。难怪大家都说"七年之痒"。你看着自己的身边人，不禁想到，"这好像不是当初我下定决心在一起的那个人了"。

别拿熊猫不当猛兽

口花千芳

经常在各种宣传画面里，看到熊猫戴着大墨镜，露着一片柔软的大白肚皮，优哉游哉地啃着竹子，要多呆萌就有多呆萌，要多可爱就有多可爱。不但中国政府将熊猫定为国宝，代表国家形象，就连联合国的动物保护组织，也公选熊猫作为形象大使。

那么，熊猫就真的只是呆萌可爱吗？不要忘记，它首先是熊，然后才是猫。熊科动物，一向都是食物链顶端的存在。熊猫虽然看起来很可爱，可实际上它跟大名鼎鼎的北极熊是堂兄弟，真的发起威来，一巴掌打死一头水牛根本不成问题！

狮子也好老虎也罢，是绝对不愿意招惹熊类的。

野生熊猫是很危险的。它可以轻易咬碎你的骨头。就算你爬到树上也没用，熊猫爬树的本事也就比猴子差点儿，山狸猫都会被它追得跳树逃命……总之，熊猫就是陆上一霸。

老祖宗早就知道大熊猫很威猛。《史记·五帝本纪》记载："黄帝教熊罴貔貅䝙虎，以与炎帝战于坂泉之野。"这里的貔貅指的就是熊猫。看到没有？在上古时代，熊猫是拿来打仗的！

古时候大熊猫也被称为"食铁兽"，东方朔的《神异经》记载："南方有兽，名曰啮铁。"中国古代就有以熊猫为图腾的部落，大熊猫也在很多地方被称为守护神。从汉唐到明清，皇胄贵戚的墓葬，就多立熊猫石像守护，属于职业保镖，是辟邪的大杀器，跟麒麟一个级别。

熊猫并不是素食者，它是杂食者。在遥远的古代，熊猫可是跟大名鼎鼎的剑齿虎一样勇猛凶残，它们都是光吃肉不吃素的。可是冰川时期之后，大型动物相继灭绝，或者进化为小型动物。剑齿虎的体形跟河马差不多大。这么大的体形，需要每天消耗大量的肉，所以生存条件苛刻。于是被大狸猫、现代狮虎豹等占了上风，剑齿虎就慢慢灭绝了。

另外，凡是身手敏捷的动物，新陈代谢就快，对食物的需求就高，竞争压力巨大。而动作缓慢的家伙，比如树懒或者乌龟，平时几乎不动，热量消耗极少，只需要很少的食物就能维持生存，都长寿且好养活……所以熊猫的优势就显出来了。

当吃肉变得困难时，饿晕了的熊猫才会把平时磨牙用的竹子当饭吃。

你不要看着大熊猫保护基地的叔叔阿姨们抱着熊猫宝宝，就以为熊猫的个头很小，实际上成年大熊猫的个头一点儿都不比老虎小。100公斤重的大熊猫只能算标准体形，而且它那100公斤的体重，除了骨头可都是肌肉，根本没有多少肥膘。

现在熊猫虽然吃素，不过并不脆弱，那一口利齿足以把竹子的茎干咬断，那是什么力道？还有那利爪，明显是肉食动物的特征。大熊猫皮糙肉厚，足以抵挡一般肉食动物的攻击。自然界中，能把熊猫打败的肉食动物其实并不多。

竹子成活率高，生长迅速，供应充足，没有别的动物以此为食。熊猫只吃竹子的茎，所以在食物方面没有竞争者，漫山遍野的竹子都归它独享，食物非常充足。

另外熊猫牙好胃口好，古时候叫食铁兽，铁质玩意都啃得下去——虽然说得夸张，可信度不高，但起码说明杂食肠胃好。

当然，现在大熊猫种群状况不妙，属于珍稀物种。不过大熊猫之所以需要被保护，并不是它本身的适应能力不行，而完全归罪于人类的强大。火枪被发明之后，老虎、豹子还有可能飞快地逃跑，大熊猫却没那个能力，生存空间日渐减少。

不过，现在大熊猫呆萌的外表，再次让这个古老的物种摆脱了绝种的危机。

总之，千万别拿熊猫不当猛兽！

认床不是你矫情，是大脑想为你"守夜"

□蝌蚪君

不少人在"认床"的折磨下想睡而不能睡，为什么会出现"认床"这种现象呢？

大脑只是在为你守夜

一项研究发现，当我们因"认床"无法安睡时，两侧大脑半球只有一侧得到了良好的休息，而另一侧则处于相对"警觉"的状态，就像是在为我们"守夜"。

为了探究"认床"的本质，研究人员招募志愿者到实验室过夜，并通过神经成像技术、核磁共振成像技术、脑磁图、多导睡眠图等方式，检测他们睡眠时大脑的慢波活动——这是一项反映睡眠深度的指标。

结果显示，志愿者左侧大脑的熟睡程度明显低于右侧。在后续的实验中，左侧大脑对外部噪声表现出更高的敏感性，这也证实了左侧大脑处于更"清醒"的状态。

第二天，当研究人员再次对志愿者进行测试时，大脑左右半球熟睡程度的差异就消失了，志愿者睡得也比第一个晚上更好。

其实，很多动物都这样

或许你会问，这大脑也太淘气了吧，为什么不能让我好好睡一觉呢？难道不知道"晚上不睡，早上报废"吗？因为守夜效应睡不好，第二天难免无精打采，这对大脑（或者身体）又有什么好处呢？

这个嘛，或许我们能从某些动物的睡眠模式中找到答案。

不少海洋哺乳动物和鸟类在睡觉时会让一侧大脑半球保持清醒，这能让它们时刻保持警觉，以应对可能出现的危险。

曾有一个专门研究鸟类睡眠的研究小组进行过一项实验，他们将鸭子排成一行并观察其入睡情况。

结果发现，处于中间的鸭子整个大脑都进入了睡眠状态，但两边的鸭子就没这么"心大"了，它们多数时候只有一侧大脑半球入睡，另一侧则保持清醒，就连那一边的眼睛也睁着，时刻注意有无靠近的捕食者。

这种让一半大脑随时保持清醒的技能显然对野外生存非常有利，它能帮助动物在休息的同时不放松警惕，一旦出现紧急情况就能立马应对。正是因为大脑这种相对清醒的状态，导致我们在新环境中即使顺利睡着了，醒后也常常感觉疲倦。

出门在外，怎么才能睡个好觉

好吧，虽然大脑也是一片好意，但是"认床"真的很影响睡眠质量，尤其是如果第二天还有重要会议参加，那就更烦人了，有什么办法可以改善这种情况？

根据研究人员的说法，如果想"治本"，那就得对大脑下手，比如说通过某些外部刺激，减弱大脑某些区域的活跃状态。

毕竟"认床"也就一个晚上，对大脑下手未免狠了点，有没有简单可行的办法呢？

你可以选择营造熟悉的环境骗过大脑，比如说出差时带上自己常用的枕头。你还可以刻意锻炼大脑的适应能力，比如说经常更换睡觉的地方，一旦大脑把频繁的环境变化当成常态，就会主动放弃"加班"。放松的心情和顺其自然的态度则能够缓解"认床"导致的入睡困难。

最后，祝大家无论身在何方，都可以睡个好觉。

3

我们在未来的可能性，才是人生真正的弹性

"数学大神"韦东奕：回到热爱里去

□格 林

手拎3个馒头、怀抱一瓶矿泉水，站在镜头前为高考生加油打气的韦东奕意外爆红网络。起初，很多人只是关注他的质朴和不善言辞，而当他的身份和经历被揭开，网友们不禁惊呼：这才是真正的天才！

其实，"出圈"之前，韦东奕早已蜚声数学界，是数学圈内公认的大神，有着"韦神""韦教主""陈景润的接班人"等赞誉。

他淡泊生活，仿佛不食人间烟火，但对数学的信仰和一腔热爱让他无比耀眼。

为数学而生

韦东奕出身于山东的一个高知家庭，父亲是数学系教授，家中有很多数学方面的书籍。韦东奕消遣童年时光的方式，就是沉浸在父亲的那些书里。小学一年级，他在解答《华罗庚数学》里的一道题目的过程中，体会到了与众不同的快乐，从此便对数学深深痴迷。

因数学天赋过人，初二那年，韦东奕提前加入学校的奥数训练队，和一群高中生一起训练。高一时，他就入选数学奥林匹克国家集训队，从此开启了"封神"之路。

在国家队集训期间，一共要经历8场大考，每次考4小时，要解3道题。而这24道题，每一道都难出天际。然而，这难不倒韦东奕。最终，24道题，他做出了23道半，创下了连教练都叹为观止的纪录。而且，常常是在考试刚开始的一小时内，他就完成了所有题目。

韦东奕有自己独创的解题方法，往往比标准答案更简洁，被誉为"韦方法"。一些出自他手的神奇证明，也常会让人有天外飞仙之感。整个国家集训队教练组无不惊叹于韦东奕的数学天赋，冷岗松教授曾用"力拔山兮气盖世"来形容韦东奕解题宛如战场上勇冠三军的英雄。

让韦东奕一战成名的，是他在国际数学奥林匹克竞赛（IMO）上的惊人表现。

IMO一直被认为是五大学科竞赛中含金量最高的比赛。

2008年，第49届IMO比赛，500多名顶级选手参加，只有3人拿到满分，韦东奕便是其中之一。

据说，当年难度最大的题目是压轴的平面几何题，而韦东奕的解题方法居然是纯代数的。据说，国家队副领队花了3小时才理解韦东奕的证明，然后用一句"山重水复疑无路，柳暗花明又一村"来形容他奇妙的思路。

一年后，韦东奕又在第50届IMO比赛中以满分通关。高中数学竞赛已无挑战，韦东奕渐渐隐退，只留下一项项难以企及的纪录供后人膜拜仰望。

那一年，韦东奕才读高二。

北大传说

两次夺得IMO金牌，让韦东奕拿到了保送北京大学的入场券。北大数学科学学院，号称"北大四大疯人院之首"。网上有一篇名为《北大数院的神牛们》的文章流传甚广，文中提到韦东奕的一则逸闻。有一次习题课由韦东奕为大家讲课，他讲完后，大家纷纷表示没有听懂，于是请这堂课的教授再讲一遍，教授微微一笑说："不行，我也没听懂……"

大三那年暑假，韦东奕在国

内最高水平的数学竞赛"丘成桐大学生数学竞赛"上，一举拿下了除代数外的"分析""几何""概率""应用"四项金奖及个人全能金奖。加上大二时获得的"代数"金奖，他成为"丘赛"史上前无古人的大满贯选手。"丘赛"是各大名校数院的荣誉之战，韦东奕被北大同学盛赞："韦教主"凭借一己之力碾压了我们的主要对手清华和中科大！韦东奕在北大绽放的光芒，也吸引了国外的名校。2014年本科毕业的韦东奕，收到麻省理工学院、哈佛大学递来的橄榄枝，哈佛大学甚至为了他打破校规——只要他肯来哈佛读书，可以免试英语。然而，韦东奕毅然选择留在北大攻读硕士、博士，并在2019年成为北大数学系的助理教授。

极简生活

大神光芒的背后，是常人难以体会的艰辛与汗水。

韦东奕的生活极度俭朴，从他接受采访时拿的3个馒头、无标签的矿泉水瓶，便可略窥一二。这实际是他在校园里"无论春夏秋冬，都拎着一个1.5升的矿泉水瓶，健步如飞"的日常写照。据和韦东奕住过同一楼的网友称，这个矿泉水瓶韦东奕"已经用了好多年"，"一开始我以为韦东奕每天买一瓶水，后来才知道，他只是用那个瓶子当水杯"。

他并不缺钱，只是他不讲究吃穿，对物质要求极低，有时一个月的生活费不超过300块钱。

在日常生活里，韦东奕的一些行为也闪耀着人性的光辉：他觉得纯净水的制作过程污染环境，宁愿步行10多分钟去水房接水；他觉得开空调浪费电，便将遥控器束之高阁；甚至他觉得开灯也是一种浪费，于是晚上总是躺在宿舍的床上，在黑暗中思考数学。

他醉心于学术研究，对数学以外的东西毫不在意。他平时几乎不看电视，也没有微信，对年轻人喜欢的游戏和视频一样不沾，除了查资料几乎不上网。他不善言辞，低调谦逊，对于别人的夸赞，他总是以"没有啦""不是这样的"来回应，他也会表扬别人"你也很厉害"。当同学们拿着题目去问他时，他总是乐于答疑解惑，那些别人两三天都做不出来的题目，他只需要读一遍就能把答案脱口而出，即便如此，他也会耐心细致地讲解。

韦东奕也有可爱的一面。收音机是他的"挚友"——他喜欢听着收音机去各个寝室闲逛；他不擅长玩《狼人杀》，因为他永远学不会撒谎。

爆红网络后，韦东奕婉拒了媒体的后续采访。他只想专注于数学研究，而从事研究需要安静的治学环境和远离喧嚣的心境。

走红只是一场意外，他终究是要回到对数学的痴迷和热爱里去。

选择的悖论

□[美] 戴维·迈尔斯

心理学家巴里·施瓦茨认为，过多的选择可能会导致人们无所适从。

例如，从30种果酱或巧克力中做出选择的人们表示出的选择满意度，比那些从6种中做出选择的人的反而低。更多的选择可能会带来信息超载，也带来更多后悔的机会。

如果让员工们免费去巴黎或是夏威夷旅行，他们会非常高兴；但是，如果让他们在两者之间进行选择，他们可能就不那么高兴了。选择巴黎的人会后悔他们无法得到阳光的温暖和海水的滋润，选择夏威夷的人会后悔他们将欣赏不到那些壮观的博物馆。

人们对于无法反悔的选择的满意度比可以反悔的选择的满意度要高。

把车停远一点儿

口 草 予

往前赶路，东奔还是西走，南来还是北往，总会要停歇。

驾车撑船，还要考虑妥善停车泊舟，随意停泊，无秩无序乱了套不说，自己回头再找也要大费周章。

毫无疑问，前行，自是一种壮大的能力，不可或缺，而停泊，则是一种安放的能力，同样重要。

瑞典一家公司总部，两千多个停车位，排阵布列。每日，早到的人，对办公楼临近处的泊位"视若无睹"，却远远地把车停好，从从容容，穿过偌大的停车场，步入办公楼。日日如此。

有人不解："是固定车位吗？"

答："不是。"

再问："那为何舍近求远？"

再答："到得早，有时间多走些路。到得晚，眼见就要迟到，经不起耽误，近的车位，留给他们！"

把车停远一点，多走几步，一桩细小得不得了的事，却蕴含着一群人的温情与气度。即便素不相识，也有将心比心的体贴。

那年深冬，出差北方的城市。路上寻常得无话可说，只有狂风卷叶，冷飕飕的。抵达后，宾馆总台，一个笑得轻轻甜甜的姑娘，为我办理入住，利利落落。楼层、餐券、进出停车、总台电话，一一嘱咐。

晚间，把车停在宾馆的露天停车场，冷涩非常。再看天气预报，夜里将有大到暴雪，心里好不忐忑。

不久，房间电话响起，是总台姑娘的声音："请问您车牌号多少？"虽不知她是何用意，也并未多想，相告后便挂了电话。

来日一早，窗外冰天雪地，银装素裹。日程饱满，打算尽早下楼用餐。经过总台，姑娘叫住我："这么早呀！请问今天需要用车吗？我先让工作人员给您的车清雪！"

这显然出乎我的意料，一阵暖意突如其来。她含着笑，等我答复。

"哦，谢谢！请问方便吗？车就停在……"

还没等我说清位置，姑娘已先开了口。

"方便！我知道的！"

原来，昨夜那通电话，用意在此！

匆匆用过早餐，走向停车场。一夜大雪，让停车场里尽是高高低低的雪丘。车辆已被深雪覆盖，车牌分毫不见。大概方位，一个人正在车头除雪，车身半露，近处看时，正是自己的车。

过去一看，先有车牌号粗粗重重地写在硬纸板上，折成三角形，支在车顶。四下环顾，其他车顶也都立着这样的硬纸板。雪下的车，一下就有名有姓、有头有主了。

除雪的工作人员点破："都是总台姑娘写的，忙活到半夜呢！"

那个天寒地冻的早晨，我在热烘烘的停车场感慨万分。身为远乡异客，比起惊喜不断的旅程、获得诗与远方的犒赏，这里的善意好客更能抚慰我心。手栽玫瑰，尚有余香，何况赠人呢！

我们在未来的可能性，才是人生真正的弹性

一慌张你就输了

□张天骄

　　从容是最让人着迷的一种风度和气质。遇事慌乱是人的正常反应，能镇定自若的人少之又少，所以会令人印象深刻。不过，同样是从容，依然会分出高低优劣。如果是"我自横刀向天笑"，视死如归的正面人物，你会佩服得五体投地。但如果遇到的是"用烧红的铁条烫自己肋骨，眉头不皱，并且谈笑自若"的土匪，你只会觉得惊悚。

　　《太平广记》里记载了这么一件事：唐朝卢承庆做尚书时，专门负责考核官员。有一个官员负责漕运，遇到大风，翻了船，损失了粮米。卢承庆在评语中写道：监运失粮，考中下。那个人神态自若，没辩解。卢承庆认为这个人很有雅量，改评语为：非力所及，考中中。那个人既未表示高兴，也未表示惭愧。于是卢承庆又改了评语：宠辱不惊，可以考中上。

　　《世说新语》里关于谢安的记载有好几篇，最著名的就是淝水之战捷报传来，丞相谢安看后继续下棋，客人问战事怎么样了，他淡淡地说："小儿辈遂已破贼。"本来事情到这里很完美了。可《晋书》里记载同样的事情时偏偏多了两句话：谢安回到卧室，由于太高兴，用力过猛，把木屐齿弄断了。史官接着评价道："其矫情镇物如此。"

　　公平地说，谢安不是只在这一件事上镇定自若，《世说新语》成书于南朝，此时距谢安故去不过几十年，更有发言权。比如谢安乘船出海，遇大风浪，别人惊慌失措，他却神态安闲。比如桓温设宴想趁机杀害谢安，谢安反倒朗诵起诗来，对方最终没有下手。

　　《世说新语》里有很多关于"雅量"的故事，记述的都是泰山崩于前而面不改色的极品：有人是倚着的柱子被雷劈了，还继续写字；有人是家里着了火，还慢悠悠地穿上鞋让侍从扶出去；有人是将军纵马闯入院子，依然面无表情。他们所展现的"从容"让你无法区分究竟是不是刻意的表演，因为这种镇定自若还被列为任用官员的重要依据。当然，这些人都有一个共同的身份：士族子弟，普罗大众就是再从容也很难得到这样的机会。

　　晋朝病态地崇尚"旷达""优雅"也是有原因的。经历过东汉末年和三国时期的频繁战乱，处处都是"白骨蔽平原"，这种风度气质，更像是一种对多年恐惧慌乱的补偿和校正。

　　《唐国史补》记载唐朝受宠的宦官鱼朝恩到国子监，当着百官之面讲《易》，意在羞辱学者王缙和元载。王缙确实十分生气，元载却表现得怡然自得。鱼朝恩对手下说："怒者常情，笑者不可测也。"数十年后，元载成了宰相，把鱼朝恩一党剿灭。看风格，这更像一个带有预言色彩的故事。

青春不是谁的独家舞台

□ 程则尔

1

高二那年，仗着发表过几篇文章，我的勃勃野心成倍膨胀。

有一天，班主任找到我，说学校文学社缺骨干，正在四处招兵买马，她第一个就想到推荐我。

凭着班主任的推荐这一"直通车"，我破格加入文学社，并由一位叫羽思的女同学手把手带我。很快，我摸清了这里的状况，除我以外的其他人在高一时就已入社，羽思虽与我同级，但社龄长我一年，是唯一踏踏实实坚守到最后的人，早已被视为下一任新社长在培养，而我是作为副社长人选被邀请进来的，被定位为协助她的角色。

纵然局势基本明朗，但竞聘上岗的程序还是得走完。填写表格、装订简历、准备面试，伴随着竞选的进行，不负众望的羽思已提前进入了准社长的角色，却无人听见我心中突然萌生的躁动。

这份反叛，底气十足。公正客观地讲，虽然我的资历不如羽思，但文笔胜她一筹，作为男生的果断与胆魄，也是羽思这类踏实型选手所不具备的。上述优势，使我自认为更加贴合"领头羊"的形象，也促使自己决定去争取一次逆风翻盘的机会。

接下来的竞选，我把目标改为社长，下足功夫准备每个环节，就连两三百字的自我介绍都反复修改了六七遍。当我自信地将对文学社的未来规划娓娓道来时，负责面试的学长学姐们惊诧的表情变化，让我觉得迎面照射来一缕胜利的曙光。

后来听说，我作为新成员就当选社长尚属首次，在当时也算是爆了冷门。

意外落选，要说没有遭受打击肯定是假的，但几许失落被羽思悄悄地收拾起来，她迅速切换到副社长这一新身份，工作上没有丝毫懈怠。我们的合作很顺利，成功举办了成员招新、征文比赛等活动，文学社的发展欣欣向荣。

随着高三压力的袭来，我和羽思也如期完成了自己的使命，将接力棒郑重地交到下一任学弟学妹手中，而后各自投身书山题海，并在高考之锤最终砸地后，互相道别，各散天涯，成为对方好友栏中一个安静的头像。

2

偶尔，回忆年少时那次踩在别人肩膀上取得的胜利，以及羽思黯然的背影，我都会追问自己是不是做错了什么。我也曾和当时负责面试我们的学姐探讨过，对方只是意味深长地告诉我："当年我们心目中的社长人选就是羽思，但没想到被你给出的惊喜打动，最终经过艰难抉择才选择了你。"

彼时，我已是一名大学生，心中满满的冲劲，因为学生会的招募启事而再度沸腾。

然而，在兴冲冲地去报名时才知道，此次选拔学生会主席，按照历年惯例只面向大三的学生，还在读大二的我无缘参与。我一向信奉以本领说话，岂能甘心？决定像高二时一样为自己争取一次破格录取的机会，续演一段注定会被口口相传的校园传奇。

我把发表过的文章与获得过的奖项装订成厚厚一本简历，绕过正常的竞选环节，鼓足勇气拜访了负责竞选工作的老师。对方热情地接待了我，但在得知我的目的后以微笑委婉拒绝。

"我认为我的能力与您的需求是匹配的，只要足够优秀，不是大三学生又有什么关系？"被歧视的愤怒，让我忍不住当场诘问。老师没有对眼前的蛮横小子生气，平静地抛出一个问题："你觉得选拔学生会主席的目的是什么？"

我答道："这个问题不难，当然是让大家得到锻炼。"老师点点头，一番直白犀利的解答，多年以后仍旧清晰地回荡在我的耳畔："社团、班委会、学生会，学校设置这么多平台，并不是为了把优秀的学生区分开来，而是尽可能为所有人搭建成长的舞台。每一份资源都应当公平均等，学长学姐们足足等了两年才终于轮到上场表演，今天如果你先上场，他们就会永远错过这个宝贵的机会。"

"发射自己的光，但也不要吹熄别人的灯。"原来是一场善意的"潜规则"。

三

学生时代，追逐荣誉重要吗？答案是当然重要，进取心乃生而为人的必修课，但懂得退让与欣赏，珍惜他人的羽毛，同等重要。担任人事的友人曾告诉我，一味想要突出强调自己的人，往往团队意识与大局观念欠缺，哪怕再优秀，他也会谨慎考虑。

凭什么奖学金评给了他？为什么晚会主持人最终没定我？他得了高分应该作弊了吧？没竞选上学习委员，我是不是做错了什么？常能听见少年们的委屈和抱怨，象牙塔被过早渲染为你胜我败的斗兽场。我想送给他们一句话：青春并不是谁的独家舞台，每个人都有耀眼的权利。

在锋利的棱角被磨平的现在，我很想穿越时光回到高二，向羽思说一声抱歉，她在自己喜爱的天地辛勤耕耘许久，我不应该贸然抢夺走鲜花与果实。优秀与得到之间并非简单的等号，认输并不表示失败，在不必为了利益而生死交锋的成长路途中，跟能得到什么、站上什么位置相比，一场难能可贵的并肩战斗更加重要。

至今，我仍感谢因为一场莽撞与那位老师相遇，那番恳切言辞于我的世界触发一场地震，以重塑价值观的力度，让我获取了不逊于接受新知识的重要意义。它教会我的不仅是一份谦让品格，而是关乎格局，关乎气度，关乎如何成为一个大写的人，让我在往后的残酷时光里，能由衷为别人鼓掌，真诚欣赏每一束亮着的光。

愿你能成为主角，也能演好配角，随时能够证明自己，也随时能够将自己蜷缩。🌱

残酷和温暖 □迟子建

我的小说涌动着的，是五味杂陈的生活之流。无论"残酷之后"，还是"温暖之后"，都比不上一颗越来越沧桑的心，更能感知岁月的力量。

卓别林曾说一个人被香蕉皮滑倒并不可笑，可笑的是一个人瞬间由快乐跌入悲伤。

猝不及防的痛——历史的、现实的、集体的或是个人的，总是埋伏在生活之路上，在你毫无察觉时袭击你。

所以残酷和温暖是一棵人生树干上的枝叶，有的接近树冠，被阳光更多照耀，有的在底部，感受大地的更多寒露。🌱

我后悔曾那样欺骗你

□ 花落夏

零点整,手机振动了一下。我在漆黑的宿舍里伴着舍友沉重平稳的呼吸声,从枕边摸索出手机——果然是来自她的生日祝福,已经连续三年了。

我紧攥着手机,莫名地,泪水就噼里啪啦打在了手机屏幕上。

高二时,她是我后桌。在班里她不太爱说话,每次有人找她聊天,她都只会嘿嘿傻笑,交到的朋友也少得可怜。大家都觉得她傻傻的。可是她对我很好,可能是因为她数学不好,而我作为数学课代表给她讲过几次题。她喜欢和我站在一起,也常会从家里带小零食塞给我一份。如今我才后知后觉,在她那段孤独到无人理解的青春里,我可能是她唯一的朋友。

但说到底,我对她是有所辜负的。那时她学习很用功,但可能是方法不对,成绩一直不见起色,徘徊在班级中下游怎么也上不去。我知道她很着急,每天都能听见她拿着习题册到处问周围的同学,却很少有人帮她解答,不是因为真的不会,而是因为她反应太迟钝了,一道题至少要讲三遍她才能明白。慢慢地,周边的同学也就不愿意浪费那么多时间在她身上了。

她问得最多的人应该就是我了。有一次数学课下课后,她问了我一道老师刚刚讲过的数学大题。在她把演算本递给我的时候,我暗暗在心里纠结起来,昨天布置要背的英语单词还没来得及背,考不过的人是要被老师请去办公室的,而且那道数学大题很难,老师讲完了也没有几个人听懂,不知道给她讲几遍她才能听明白。于是,我迎着她满脸期待的表情,不露破绽地立刻皱着眉头说:"这道题我也没听明白,要不你再问问别人吧?"好在她没有怀疑,说了句"好吧",便失落地收回演算本,独自看着那道题沉思。只靠下课那10分钟,我自然未能背完那一整页单词,还是被老师请去了办公室。

在那之后,我像是突然找到了推托的方法,每次都对她提的问题做出同样疑惑的表情,然后附带一句"这道题我也没太听懂,你问问别人吧"。她也从不怀疑,一个人咬着笔帽在演算本上一遍又一遍地算。有时候突然找到了解题思路,她还会一脸欣喜地给我讲解,我只好随声附和。

高考前一个月,数学课上老师讲了一道十分难的大题,说让同学们课后都弄明白,第二天会叫同学上讲台复述一遍解题思路。那道题我听明白了,可是她下课过来问我的时候,我还是故作疑惑地说了句:"不太明白,我还得再看看。"她点了点头,还说我们两个谁先弄明白就给对方讲,我笑着说了声"好",转身却一头扎进作业堆里,把这件事情忘了个干净。

直到第二天数学课,老师真的开始叫同学上讲台复述昨天那道题的解题思路时,我才想起了这件事情。老师喊到她的名字的时候,我也跟着打了一个激灵。她缓缓地站起身来,在老师的注视下,低着头说:"老师,我不会。"我咬了咬嘴唇,心里像是刮起了一阵大风,乱乱的。我还没来得及想该用什么言语去安慰她,下一秒,老师就喊了我的名字。那一瞬间,我感觉我的呼吸都停止了。

站起来的几秒钟,我的心里像

远离达克效应

□ 雷炳新

达克效应，全称邓宁—克鲁格效应。简单地说，就是知道得越少，反而认为自己知道得越多。这是一种认知偏差，越是缺乏知识和能力的人，往往越容易盲目夸大自己，更容易成为对某件事本身一无所知却最能表达观点，而且坚信没有人比自己更懂、更正确的人。

达克效应的受害者不仅常发表观点和意见，还会将观点强加于他人，仿佛自己掌握着真理，其他人都是无能或蒙昧之辈。

匹兹堡曾经发生一件堪称奇特的事情，一名叫麦克阿瑟·惠勒的44岁男子一天之内抢劫了两家银行，没有遮脸，也没隐藏身份。在认罪时惠勒表示，他原本在脸上涂了柠檬汁，应该能让他的脸在摄像头中隐形。惠勒的回答让警察哭笑不得，警察很快就弄清楚涂柠檬汁这个点子来自惠勒朋友的玩笑，他们说可以用这一技术去抢劫银行并避免被抓，惠勒听后便决定利用这个"妙计"去完成自己的"天才"计划。

这个荒诞的事件流传到了康奈尔大学，社会心理学教授戴维·邓宁无法相信这件事。这份好奇心驱使他与同事贾斯廷·克鲁格一起，去探究这种现象。在开展了一系列实验后，得出的结论让他们感到震惊。

在同一系列的四项实验中，研究人员分析了人们在语法、逻辑推理和幽默这三个领域内的能力，实验要求参与者评估自己在上述领域内的各项能力。之后，参与者接受了一系列测试，这些测试的目的就是评估他们的实际能力。结果，研究人员发现：能力越匮乏的人，越意识不到这一点。更奇怪的是，能力最强或最擅长某个领域的人，通常会低估自己的技能和

知识。由此，达克效应诞生了。

实际上，达克效应在生活中的各个方面随处可见。惠灵顿大学的一项研究表明，有80%的司机认为自己的开车技术高于平均水平——显然，这在统计学上根本不可能成立。这一认知偏差在心理学领域同样存在。之所以有人说"最好的心理学家就是我自己"，恰巧是因为他们完全不懂专业人士能够提供什么样的帮助，更不了解众多心理学技巧的复杂性。因无知而妄言，大抵如此。

无知者妄言，多智者慎言。努力读书，开阔自己的知识视野，是远离达克效应的一条捷径。

是经过了一个漫长的季节。在众目睽睽之下，我像机器人一样机械地走到了讲台上，毫无感情地复述了一遍那道题的解题思路。伴随着数学老师和同学们的鼓掌声，我呆呆地站在讲台上。从讲台走回座位的过程中，我低着头，脚步迟缓，没敢看她。

我以为我们之间的友谊会就此走到尽头，可未承想下课后，她面带微笑地主动来问我那道题的做法，甚至一脸委屈地说："怎么办，你讲得那么清楚我还是没明白，能不能再给我讲一遍啊？"不会有人知道，在那一瞬间，我偷偷地偏过了头，泪水打在了校服上。

对不起啊！我那么轻易地辜负了你对我的好，而你却不责怪我，就那么轻易地原谅了我。

好在后来我们高考都考得不错。

如果时间能倒流，我一定不会留下你一个人。两个人手牵着手，即使走得慢，但因为有彼此的陪伴，也会走得更远吧。

如果你去太空旅行

□ [美] 阿里尔·瓦尔德曼

你或许觉得太空离自己太远了，但随着科学技术的进步，太空旅行不再遥不可及。可能在不久的将来，普通人也能去太空游玩了。

那我们来大胆想象一下：如果有一天，你被选中，可以免费进行一场太空之旅，去看看浩瀚的宇宙。你在兴奋之余，应该做好哪些准备？下面这张清单，就告诉你在太空生活必须注意的事项。

怎么适应：挺过4天"晕船期"

在地球上会晕车晕船，上了太空也一样，会"晕太空飞船"。在

你升空的头几天，可能会出现"太空适应综合征"：呕吐、头晕、头疼……失重还会让你体内的血液在头部积聚，脸会水肿。不过你不要太担心，保持好心情，严重的话服用止吐药，一般4天后，身体习惯了失重，症状就会自然好转。

怎么睡觉："挂"在墙上

在地球上，我们都会躺在床上睡觉，但在飞船、空间站里可没有床，只在墙上设有睡袋。你如果困了，只要钻进睡袋，拉紧拉链，把自己牢牢固定住就能安心睡了。不过需要注意的是，你睡觉时可能会经常出现"下坠"的感觉，继而惊醒，不要惊慌，这是受失重的影响。

怎么方便：纸尿裤是"神器"

说起纸尿裤，你肯定觉得那是给婴儿用的，其实最初它是为宇航员设计的。在太空"方便"有两个难点：一是发射和返航时，你得坐在固定的座位上；二是厚重的宇航服不方便穿脱。宇航员们曾经尝试过穿双层橡胶裤、改良安全套等很多方法，但效果都不好。直到20世纪80年代，美国宇航局一个叫唐鑫源的华裔工程师利用高分子吸收体，发明了一种能吸收1400毫升水的纸尿片，才解决了宇航员的这个难题。

怎么吃饭：需要重口味唤醒味蕾

太空环境会让所有人都变成重口味爱好者。因为失重，鼻腔黏液堆积、舌头分泌的唾液不够，会让你的嗅觉、味觉减弱，吃什么都觉得寡淡无味。所以，除了日常我们吃的食物，后勤部门还会特地准备辣椒酱等重口味的调味料，帮你打开胃口。

怎么打喷嚏：带上毛巾

如果你看过《银河系漫游指南》，一定对这句话印象深刻："毛巾对一个星际漫游者来说，是最有用的东西。"就打喷嚏这件事来说，这句话非常正确。你在地球上打个喷嚏，细菌会落在地上被阳光消灭，但在太空，喷出的致病菌会一直飘浮在空中，迅速繁殖，极易传染疾病。在NASA有记录的106次航天飞行中，曾出现过29个传染病病例。所以，你在打喷嚏前，千万别忘了用毛巾捂住口鼻。

怎么打嗝：用手推一下墙

这个动作可能让你一头雾水，但如果你不这样做，打嗝很容易就会变成呕吐。因为失重，你胃中的物质不再乖乖地待在胃的底部，而是均匀分布在胃里。所以，你需要在打嗝前伸手推一下墙，利用墙施加给你的反作用力来代替重力，把胃里的物质"固定"住，这样就可以只排出胃里的气体，正常打嗝了。

我们在未来的可能性，才是人生真正的弹性

手表定律

□庄晞简

手表定律源于这样一个故事。森林里生活着一群猴子，每天太阳升起的时候它们外出觅食，太阳落山的时候回去休息，日子过得平淡而幸福。

一天，一名游客穿越森林，把手表落在了树下的岩石上，被猴子"猛可"拾到了。聪明的"猛可"很快就搞清了手表的用途，于是，"猛可"成了整个猴群的明星，每只猴子都向"猛可"请教确切的时间，整个猴群的作息时间也由"猛可"来规划。"猛可"逐渐树立起威望，当上了猴王。

做了猴王的"猛可"认为是手表给自己带来了好运，于是它每天在森林里巡查，希望能够拾到更多的表。功夫不负有心人，"猛可"拥有了第二块、第三块表。

"猛可"却有了新的麻烦：每只表的时间指示都不尽相同，哪一个才是确切的时间呢？"猛可"被这个问题难住了。当有下属来问时间时，"猛可"支支吾吾回答不上来，整个猴群的作息时间也因此变得混乱。过了一段时间，猴子们起来造反，把"猛可"推下了猴王的宝座，"猛可"的收藏品也被新任猴王据为己有。但很快，新任猴王同样面临着"猛可"的困惑。

这就是著名的"手表定律"：只有一只手表，可以知道时间；拥有两只或更多的表，却无法确定几点。更多钟表并不能告诉人们更准确的时间，反而会让看表的人失去对时间的信任。手表定律带给我们一种非常直观的启发：对于任何一件事情，不能同时设置两个目标，否则将使人无所适从；对于一个人，不能同时选择两种价值观，否则他的行为将陷于混乱。

在现实生活中，我们也经常遇到这样的难题。比如两门选修课都是你所感兴趣的，但是授课时间重合，而且你没有足够的精力学好两门课程，这个时候你很难做出选择。在面对两个同样优秀、同样倾心于你的男孩子时，你也一定会苦恼许久，不知该如何做出决断。择业时，地点、待遇不分伯仲的两家单位，你将如何选择？在人生的每一个十字路口，我们都要面对"鱼与熊掌不能兼得"的苦恼。

尼采有一句名言："兄弟，如果你是幸运的，你只要有一种道德而不要贪多，这样，你过桥会更容易些。"如果每个人都"选择你所爱的，爱你所选择的"，无论成败都可以心安理得。然而，困扰很多人的是，他们被"两只表"弄得无所适从，心力交瘁，不知自己该信哪一个。

在很多情况下，成功不太会降临于那些过于聪明的人身上——他们经常在精确的利益计算后，选择跳来跳去。成功是需要一点一滴积累的，像"阿甘"那样找到一条正确的路不懈地走下去，执着地坚持自己的选择，最终才可能做成一件事。因为，我们往往无法兼顾多方面的情况，所以一定要抓住生命中的主要问题，给自己一个坚定明确的方向：追求生命真正的价值，哪怕舍弃一些眼前的利益。什么都想要，结果是什么也得不到。把一件事情放到不同的坐标系里去衡量，就如同用不同的手表来确定时间，最后只有把自己搞糊涂：无法知道准确的时间。

段子铺

抵制外卖

外卖影响了我和舍友之间的关系，原来舍友们都求着我让我替他们捎饭，现在有了外卖，直接点外卖，同学感情立刻冷漠了许多。

我和我的牙齿

□ 花 凉

对一个女孩来说，十二三岁应该是"美"这个意识的萌芽期。那时候我上初中，却一直不敢开口大笑，因为我的牙齿。我的两颗门牙之间，有一条过于宽大的缝隙。上初中的时候，这件事情几乎成为我的心病，每天晚上睡觉前我都期盼着——第二天早上起来这条缝隙可以消失。

我的父母对"美"这件事情毫不在意，当我尝试去倾诉这件事情带给我的痛苦时，他们却不以为然："不就是一条缝吗？没关系的。""只要学习好，谁会在意你牙齿之间的缝隙？"

我上初三的时候，生平第一次对一个男生有了朦胧的好感，于是自卑的感觉更加强烈。对别人开口说话时，如果对方看向我，我就会想他是不是注意到了我丑陋的牙齿。

其实，我到现在也不是非常理解，为什么成年人会喜欢歌颂青春，影视作品也会拍"我的中学时代"，好像很多人都觉得那个时期是无忧无虑的，有着玫瑰一样的色彩。我却不是这样认为的，那时候，牙齿间的缝隙是我最大的心病。

中考我考得还不错，进了县里最好的高中，但和那个我有好感的男生，并不在一个学校。那个我有好感的男生，肯定是不会喜欢我的，什么人才会喜欢我呢？我想象不出来。我上初中时也有几个关系不错的女生朋友，我觉得她们都很好看——娇小的身躯，柔顺的长发，每个人的牙齿都是整整齐齐的。我在她们中扮演的经常是"傻大姐"的角色。

中考结束后的那个暑假，我躲在家中，为了排解心中的苦闷，每天一本接一本地读小说，从琼瑶读到勃朗特三姐妹。唉，多让人伤心，小说里面竟然没有一个牙齿有缺陷的女主角。

高中时期，我过得开心了一些。因为在新的班级里，我交到了一个很好的朋友。

弯弯在很多地方都和我很像，她也有着170厘米的身高，说不上胖，但在那个年纪，女孩子看起来好像都是胖胖的，因此，我和她都显得高高大大的。她也长青春痘，也有不那么好的数学成绩。

但和我不一样的是，弯弯比我开心很多。她好像总有一些稀奇古怪的想法，总能想到一些快乐的事情，每一次班里换座位的时候，我都期盼着能够和她坐在一起。

渐渐地，我也变得开朗了一些。当然，我也会向弯弯吐苦水，向她倾诉生活中的种种烦恼。因为自尊心作祟，"觉得自己很丑"这句话当然是说不出口的，但我会和她抱怨自己那失败的喜欢和父母不够理解自己的苦闷。弯弯总是笑我太敏感、想太多。

上高二的时候，不知道是不是爸妈觉得我是个大姑娘了，该注意形象了。一天放学回到家，他们主动问我，要不要去矫正牙齿。

去医院的前一晚，我失眠了。在我的想象中，我跳过了自己戴着牙套的情节，是拆掉牙套之后的样子。多好啊，我在心里雀跃、欢呼，我的牙齿马上就能像其他女孩子的一样了。

现在回想起来，我对那一年的"牙套生涯"已经没有太深的印象了。但我清晰地记得，第一天戴着牙套去教室的时候我很紧张，生怕自己会成为大家注目的对象，可一天下来，发现根本没有几个人注意到我的牙套，我放下心来。

有一次，弯弯回老家，从老家带来一些麦芽糖之类的小吃。课间，她把小吃分给我，我刚吃了几口，惨剧便发生了——麦芽糖粘住了我嘴里的钢丝牙套，我的牙套硬生生被扯了下来。当时的我又尴尬又窘迫，弯弯却在一旁笑得特别开心。没等放学，我就溜到医院里找医生给我重新装好牙套。那是我最后一次吃麦芽糖。

我戴着那副金属牙套度过了高三。那时因为有了一个简单的目标，所以多愁善感的情绪少了很多，我暗暗喜欢的那个男生，听说在高二时就退学参军了。我听到这个消息的时候，还是觉得很伤心，再想想自己的人生，顿觉一片灰暗，找不到一点光亮。

那天晚上放学之后，我和弯弯坐在学校的操场上，我絮絮叨叨地对她说着自己的心事，也畅想着高考之后的生活。我说等高考结束，我爸会带我去北京玩，那时候我的牙套应该就可以摘掉了，我要拍一些好看的照片。

牙套可以摘掉和高考结束一样，好像都是能够带给我新生活的事情。

那天晚上，坐在我身旁的弯弯突然哭了起来，不是低声抽泣，而是放声痛哭。我是第一次看到弯弯哭，在我眼中，她永远都是开开心心的，似乎从来没有烦恼。

那也是我生平第一次听到与我的烦恼截然不同的烦恼，带给我的震撼非常大。弯弯家里经济条件很差，有一个正在读大学的哥哥，还有一个姐姐，是聋哑人。她妈妈的身体一直不太好，她的爸爸在她13岁那年就去世了，当时她爸爸在上海的建筑工地上打工，是从脚手架上摔下来意外离世的。

弯弯第一次坐火车，第一次去上海，以前上海在她的想象中，是那么繁华、那么遥远的一座城市。可没想到第一次去，就是去处理至亲的后事。啊！我的十三四岁，人生中最大的烦恼，居然是两颗牙齿中间的缝隙——只是一条缝隙而已。

我的牙齿后来又出过其他的问题，虽然取掉了牙套，但效果并不是很理想。牙套摘下来之后，通常还需要戴一段时间保持器，但我去读大学的时候，不小心将保持器弄丢了，一周之后才有空回家去补，影响了矫正效果，缝隙又宽了一些。

后来为了对付那两颗门牙，我索性去安了两颗烤瓷牙。烤瓷牙戴了几年，和牙龈的连接处有些发黑了，我又去医院，换成了两颗全瓷牙。

其实这也不是多么难的事情，总能想办法解决的——门牙之间有缝隙，真的是件小事情，戴个牙套就能够矫正过来。如果觉得金属牙套很难适应，现在还可以戴隐形牙套。

弯弯大学毕业后坚持留在省会城市。她靠借钱度过了刚毕业没有收入的那几个月，后来工作慢慢步入正轨，虽然也常昼夜颠倒，加班出差，但总归是有了安全感。

昨天凌晨收到她发给我的消息，说她刚拍完婚纱照，准备明年结婚。十三四岁的我为了牙齿间的缝隙而发愁到失眠的时候，总觉得未来是很遥远的事情，没想到这么快就到来了。

段子铺

意外

为了训练自己的记忆力，今天收到快递取件码后在心中默默记下，然后不带手机下楼取件，非常顺利地输入密码拿到快递，真想为自己年轻的头脑点赞！

这时才发现没带手机和钥匙，回不了家了。

退学

昨天我去大哥家，大哥正在生气，我问怎么了，大哥说侄子要退学。

我转头问侄子："小强，你为什么要退学？"

侄子回答："学校做的饭太难吃，我受不了了！"

我反问："你去学校是为了学知识的，不是为了享受的，怎么能因为饭菜不好吃而退学呢？"

侄子："我上的是烹饪学校！"

当忙碌变成一种价值

□ 三三

"忙碌令我快乐",真的吗

汉语的博大精深,从"忙"这个字就能体现。当我们说别人"忙"的时候,往往会积极化这个字的内涵,比如所谓的"大忙人",言下之意是对方被很多人和事所需要;而当主语是自己时,"我很忙"又总传达着焦急、疲劳之类的负面情绪——这既是"忙"在语言层面的复杂性,也间接说明,忙碌的是自己还是别人,会影响到我们到底能不能客观看待这件事。

事实上,人类并不抗拒忙碌,尤其是主动忙碌。对当代人来说,"看起来很忙"已经成为一种身份地位的象征。人们总是将"忙"和一些优秀的特质联系在一起,比如进取、坚毅、有野心等,被认为是职场上稀缺的好品质。

有研究表明,如果是从个人主观意愿出发的"不想闲着",确实能调节负面情绪、强化自我认知,进而提升幸福感。

这就是为什么直到现在,人们依然将如何进行时间管理、如何利用有限的时间完成更多的任务,看作自己能力的证明。剑桥大学人类学家詹姆斯·苏兹曼也在《工作的意义:从史前到未来的人类变革》里说,只要定居在城市里,我们就无法把工作当成简单的谋生手段,而是将其视为拥有高度社会化水平和适应能力的证据——这意味着你是一个真正的"社会的人"。

问题是,既然忙碌如此有益,为什么我们还是没有办法像一些人那样"享受"忙碌?

答案可能是,"被动忙碌"充斥在人类社会的每个角落——为了保证自己不失业,许多人不得不假装很忙。随着无益工作的增多,正常工作受到影响。如果我们提取某个生活片段来观察,会发现这种"被动忙碌"无处不在:该忙的时候在开会,不该忙的时候却要加班,上班要表现出全情投入的模样,下班还得想方设法营造自己只是暂时离开工位的"人设",休息日也会发一些仅领导可见的微信朋友圈来彰显自己的工作态度——这就是很多当代"打工人"的写照。

当然,还有一种忙碌介于主动忙碌与被动忙碌之间:只要一闲下来就想看点什么、做点什么、知道点什么,哪怕只是"没用的知识又增加了"。毕竟,忙碌给人带来成就感,时间就是金钱,很多人都在不停地自我充电、自我进步、自我驱动,即使他们其实并无真正想做的事。

为什么我们不敢闲下来

如果忙碌是有价值的痛苦,那

么清闲就是可引起焦虑的自由。当下,越来越多人患上"空白时间焦虑症",只要一闲下来就会觉得自己没有在学东西,进而否定自我存在的价值。但这个认知并不表示我们可以立即投入主动忙碌——绝大多数时候,我们只是不停点亮手机屏幕,点开社交软件再退出,在碎片化的信息中消磨掉无所事事的时间。

我们无法接受过分忙碌，但也不想过得太清闲。在被动忙碌的时候，我们大可以说是工作、资本、生活令我们不得不连轴转，当选择权交付到自己手上，终于拥有自己的时间，却还是不知道想做或者可以做什么的时候，才是真正考验我们自由意志的时刻。

很多人只知道自己不要什么——不要枯燥的重复劳动、不要朝不保夕的生活方式、不要在经济和精神上依附他人、不要被系统控制，但如果真的去思考自己想要什么、想做什么，就十分困难。毕竟，生活是有惯性的，而跟着惯性走总是简单的。

生活的尽头是"摸鱼"吗

在越来越忙碌的当代生活里，日益完善的"永不离线"式工作文化让我们的私人空间被不断蚕食，一些年轻人将工作视为一种"不得不忍受"的禁锢，职业的发展已经不再被看成努力就有收获的等价交换，于是他们纷纷做出"非关键时刻拒绝再卷"的决定，试图从被动忙碌中脱身，用截止日期之前的顽强"摸鱼"帮自己找回一点儿有控制感的悠闲。

"摸鱼"哲学不动声色地成为新型职场消极哲学，它的诱惑在于其中包含的忙里偷闲、苦中作乐，所以哪怕有时候我们已经在休息了，但还是在一刻不停地刷手机。遗憾的是，即使是休息，想要获得高质量的娱乐和休闲，其实一样是需要思考的，而"摸鱼"不需要思考，只用一些简单的手指动作，便能让人获得瞬时而同质的快乐。所以"摸鱼"只是一种瞬时体验，而不负责解决任何根本问题，因为它像我们厌恶忙碌又难耐清闲一样，只是以一种抗拒的姿态声明自己"不想要什么"，但不能给出建设性的回答。

在忙碌和清闲之间摇摆不定的年轻人，需要回答的是有关时间的失与得的问题。如果忙碌已经成为当下不得不面对的生存现实，那么"摸鱼"则更像一边抵抗职场内卷，一边掩盖自己始终找不到彼岸的焦虑的混合物。

在越来越密不透风的当代生活里，忙碌被视为洪水猛兽并不奇怪，只是清闲看似平易近人，若想接住它却需要十足的清醒与坚定。

现代隐身术

□ 蒋 曼

未来五年，所有人在互联网上，将变得没有隐私。

要想在大数据中隐居，得自己开动脑筋，独辟蹊径。最成功的城市隐藏者是葡萄牙国宝级诗人佩索阿，他创造了72个异名者来帮助自己躲藏在里斯本的道拉多雷斯大街。之所以称为异名，而不是一般意义上的笔名，是因为佩索阿虚构的不仅是名字，还有他们的身世、性格、思想和写作方式。这些异名者和他一起逃离世俗烟火，生活在灵魂的第八大洲。

白天，他是里斯本庸常生活中的一颗微粒，而在黑夜来临时，他心中的星星开始在夜幕中闪烁。黑色便帽，黑色圆框眼镜，在里斯本喧闹的人群中，他周而复始地走过30年光阴。死后，他锁在木柜中的作品被公开，将近25000份手稿让研究者讶异。佩索阿开启了一个全新的叙述时代，成为欧洲现代主义的核心人物。他主动选择用沉默和平凡来制作隐身衣，只为获得灵魂的自由。

不过，在流量为王的信息时代，每一颗沙砾都在奋力呐喊："看，这就是我。""网红"在众人的羡慕与嘲笑中诞生又消失，一波未平一波又起。我们争着标新立异，用一种又一种"人设"来吸引他人的注意。流量明星如同烟火，闪耀是不变的主题。

关于隐身的话题并不讨喜，但总有需要躲开他人的目光独自疗伤的时候。这时，你只需关掉手机。

从空中一跃而下

□ [菲律宾] 迪尔德丽

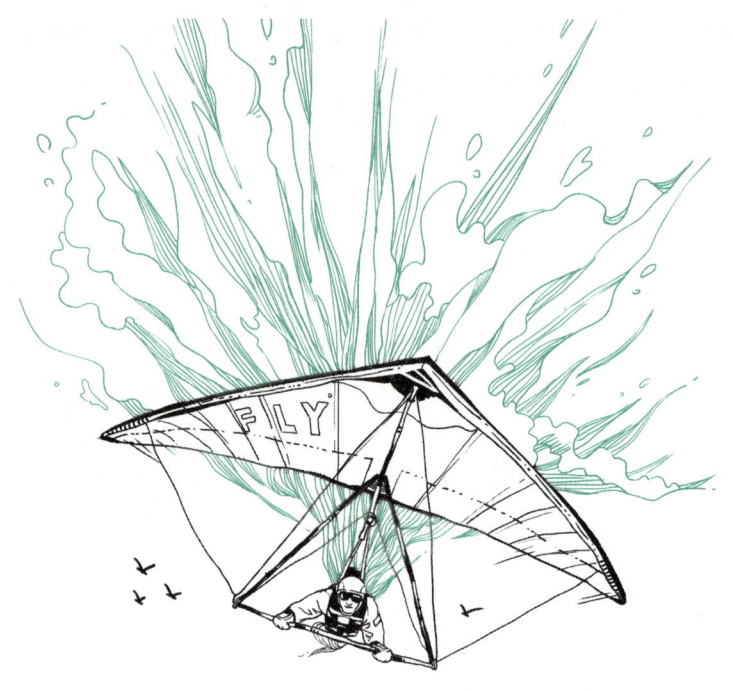

我从11岁就开始练习滑翔，现在我已经15岁，是个有了执照的滑翔伞飞行员。六月的一天上午，我和爸爸来到圣马特奥滑翔基地。我们见到了飞行教练和另外几位滑翔飞行员，大家一起花了20分钟观察天气和风向。天上有几朵云，刮着东南风，当地人称其为"季风"。在季风时期，天气总是多雨，而且说变就变，让人难以预料，但是今天似乎是个练习滑翔的好天气。

我做好了飞行前的准备工作，检查了伞绳，确保它们不会纠缠，然后戴好了背带系统、头盔，打开步话机试了试。

"现在时机正好！"教练朝我喊道。我开始将伞衣举到头顶正上方，再一次检查了操纵绳，然后全力向前冲刺，我冲出了悬崖边，飞向了地平线。下面的大地在扩展，我感觉到了自己的体重在抻拉着伞衣，接着，我向后斜身，放松下来。我看到一条蜿蜒的山路，上面有几个小小的人影，估计是几个自行车手。现在，我离起飞的地方已经很远了。

在风中玩耍了15分钟，悬壁上的爸爸通过步话机告诉我，他也要准备起飞了。

"风怎么样？"他问我。

"非常完美！"我回答。

爸爸在我的身后开始滑翔，他发现了一团"上旋气流"，滑翔者能像冲浪一样，借助它爬升高度。他说，他升到了气流的最高处。我感觉到了吹到伞衣和脸上的连绵不断而且温和的轻风，几只小鸟从我身旁飞过，我忍不住自言自语："真好！"我滑翔大约100次了，每次都和第一次上天翱翔时一样美妙，也许更好。我喜欢每一次滑翔时的不确定，每一次滑翔的感受都不一样。今天，滑翔15分钟，我打算降落。

现在我飞过一块稻田。降落地点很小，不过有成功的可能，我以前在这里降落过三四次。但是，忽然我感觉伞衣变得摇摆不定，它失去了升力，落到了我的前方。我能感觉到自己在坠落，心里七上八下起来。我拉了一下控制绳，盼望着伞衣能恢复升力，但它没有反应。我有些慌了，爸爸朝我喊："保持伞翼飞行！"我看了看爸爸，他也遇到了麻烦。我们好像落入了洗衣机里面，上下左右地摇晃。我迎着风，几乎把加速板踩到了极限，想从气流中穿过去。我打算降落，但并不是在下降。我想来个快速转弯，降低高度，可是毫无用处。风速超过了我的伞衣的速度。我在向后飞！我无法飞向前面的降落地点，在我的正下方是一片尖利的竹林，后面是一座两层家禽饲养房，右边是一条快干涸的小河。我想了想，小河是我能安全着陆的最佳地点。我看了看身后，最后调整了一下方向。有一段河床两边是空地，正好容得下我的伞衣。

我降落时，伞翼的末端挂在了家禽饲养房的房顶上。落地后，我卸下身上的装备，抓起步话机。我高兴地听到爸爸说，他的情况不错。

有人问我："天有不测风云，滑翔那么危险，你为啥非要练？"是的，风云变幻会给人带来不安，但也会让人更勇敢、更强大。正如一位作家描述的："从空中一跃而下，在坠落中磨炼出坚强的翅膀。"

我们在未来的可能性，才是人生真正的弹性

消防员小张

□ 华明玥

张伟驾驶的1号消防车刚在小学校园里停下，他的三个老朋友，小虎、小宏和小亮就从一大群欢呼惊叹的小学生里蹿出来，猴在了他身上，张伟露出了长兄对幼弟的微笑，挨个揉搓他们圆溜溜的脑袋，对我说："上次消防宣传进校园，这三个小家伙就是活跃分子，提问千奇百怪，上车啥都要摸，临别都要哭了，就盼着我们能再来。"

的确，在孩子们眼中，消防员就是和平年代的英雄。张伟特别符合他们眼中的英雄形象：身体壮实，寸头短到能看见头皮，皮肤黝黑，牙齿和眼睛闪闪发亮，对任何难以完成的任务都大声答"是"；表演爬墙时如壁虎一样灵活，眨眼工夫就在五楼窗口腾跃入室；能顺着云梯的臂展跑动救人，要知道，那可是在80米或100米的高空，抬手可摸到云朵，平常人，光是站在云梯上，也会头晕胆战吧；他们还能用液压扩张器把车祸中挤压变形的车门拆下，把伤员抬出；还能在湍急的河心救人——在张伟播放的视频中，孩子们看到消防员拿着类似手枪的器具向岸边射击，只听"砰"的一声，绳索一端就能固定在岸边，另一端系于消防员腰上，消防员就像蛟龙一样入水了；摸到落水者，在夹抱着他往岸边游之前，消防员快速给落水者系上氮气救生腰带，腰带体积小浮力大，足以让胖子也浮上水面。

小男孩们抢着与张伟合影，还说长大后也要做消防员。张伟只是微笑，他后来对我说，要是孩子们再看一下我们平时是怎样训练的，估计有些人要打退堂鼓。

光是穿消防战斗服，恐怕很多人就受不了，从头到脚穿戴好，规定时间是20秒，在火场，时间就是生命，从接警到第一辆消防车出发，时间只有45秒，穿衣稍慢，还没等上车，消防车就已经开走了。平时，消防员们每天要负重跑3000米。张伟向我展示了自己的装备：头盔1公斤，腰带、腰斧、救命绳、安全钩共3公斤，战斗服、战斗靴共3.5公斤，呼吸器11公斤，防爆电筒1.5公斤，总计20公斤。如果进火场，战斗服里要加内胆，呼吸器里要灌氧气，那么负重至少要50斤。

四月，天还凉着，张伟跑完圈都汗气蒸腾，脱下头盔，头发楂上的汗珠亮晶晶；要是七八月份，跑完圈整个人像从水里捞出来一样，靴子里都倒得出汗水，非得这样累吗？非得！大热天救火，火场前沿，水枪喷出的水雾温度都近100℃，没有极好的体能支撑，恐怕不是你去救人，而是战友要分神来救你了。

生平头次出警，就是一次考验，在惊心动魄的救火中，张伟的面部汗毛和眉毛都几乎燎没了。那一刻他终于懂得了教官所说的："一旦到了火场上，你们就会怨我平时为啥不对你们再严些。"从火场一回来，张伟就开始写遗嘱，以后每年改写出一份新遗嘱，他20岁入伍，至今12年，就写了12份遗嘱，他经历过遗嘱越写越长的过程，26岁后，遗嘱开始越写越短，"近三年的遗嘱改动都很小，我的一个战友说，哥，你终于成熟了"。

张伟说着他如何时刻准备着向死而生时，格外心平气和。他让我见识了勇气并非激情，而是深思熟虑后的宁静，如此，就算去了危险的旋涡也能泰然自若、岿然不动。

我是朋辈心理咨询师

口 严小羽

上岗：第一次接访

笃笃笃……是轻微的敲门声吗？2020年10月的一个夜晚，我第一次上岗，坐在品园三楼宿舍楼的书桌前，一边自习，一边焦虑地倾听门外的脚步声、说话声，尤其在意敲门声。听到有人在敲门，我有些激动，又不太确定，赶忙打理好自己的头发、衣物，跑去开门。

门外空空荡荡，我左顾右盼，确定没有人，又垂头丧气地回去自习，心想第一次上岗，不太容易接到来访者。

几分钟后，我再次听到敲门声，比之前清晰许多。打开门，是一个高高瘦瘦的男生，戴着口罩，很腼腆的样子。我猜想，刚才敲门的就是他，也许刚才还没有准备好，又离开了。也许是想要聊的话题对他来说真的很重要，最后又回来了。我明白他的纠结，真希望我能帮上忙啊！

我请他坐到小屋的沙发上，在门外挂上"正在咨询"的牌子，坐到他对面，开始我的第一次咨询。

我询问："今天你有什么想要聊聊的吗？"他一开始不太好意思说，但在我的鼓励下，他表露了自己在恋爱关系上的困惑。我看着他的眼睛认真聆听，不时点头，询问一些细节，慢慢明白目前困扰他的主要问题以及他在其中的感受。

我对他的故事和情绪进行了复述，询问对他影响最大的是什么情绪，和他一起探索他在这个情绪中的想法、身体反应，以及对他学习生活的影响。他慢慢意识到他应该为自己的情绪负责，而现在却把问题全推到女朋友身上了。我们继续探讨缓解情绪的方法，他努力想出一些能让自己感觉好一点的方法，如听音乐、玩游戏等。

处理完情绪后，他的状态平静下来，我们之间的交流也更加顺畅。我们接着讨论他目前最想要解决的问题，并一起制订出解决问题的具体计划。为了帮助他更理性地看待问题，我询问他实施计划可能存在的阻碍，以及处理阻碍的方法，并欢迎他以后遇到问题来朋辈小屋找我们。

他很满意，起身时很真诚地对我说"谢谢"，我一下子觉得能够成为一个朋辈咨询师，真棒！

128小时专业训练：我们是认真的

埋下心理咨询的种子，是在高中。我的同桌是一个善解人意的小天使，她课余阅读了很多心理学书籍，常常在我情绪低落时倾听我的烦恼，从心理学的角度给我打开新的理解学习生活的视角。我非常希望自己也能够掌握一些心理学知识，像同桌那样帮助别人。在大一的心理健康通识课上，助教姐姐向我们介绍了朋辈心理中心（这是中国人民大学的一个校级学生组织，指导老师是人大心理咨询中心的专职咨询师）。我迅速投递了简历，两轮面试之后，终于成为一名朋辈学员，等待我的是大一下学期每周3小时的课程，2小时的咨询实务训练，以及课后近3小时和同学结对的模拟咨询与反馈。

在结对模拟咨询中，一个人扮演来访者讲述自己最近的困惑，另一个人扮演咨询师帮助对方。作

为来访者,我在模拟咨询中慢慢学会敞开心扉,在同学的帮助下处理了很多问题。有一阵子,我和爸妈闹了矛盾,家里气氛很僵。在那周做模拟咨询时,我讲述了爸妈管束我的苦恼,希望自己能够更自由一些。在咨询中,我反思了和爸妈的交流方式。由于对爸妈的管束很不耐烦,所以每次他们表露出关心时我都冷语相对,这让他们更加担心我。咨询之后,我平静地向爸妈说我渴望独立,过度的关心在我看来或许是一种束缚,反而容易引起我的逆反心理。坦诚沟通之后,我们的家庭关系更加和谐了,我在生活中也有了更多自由。

作为咨询师,我在模拟咨询中慢慢学会了不加评判地倾听共情,学会克制住自己提建议的冲动,学会提出有价值的问题帮助来访者反思。有一次咨询,同学说到自己在英语课上没能很好地回答问题,非常懊悔。我们慢慢探索,发现来访者在各方面对自己要求都很高。我很心疼她,又觉得这就是我曾经的模样,很希望帮助她认识到自己是有价值的,值得无条件被爱。但我克制住对自己经历的阐述,也没有进行说教,而是慢慢地倾听,在朋辈咨询体系里进一步探索。

最终,我的来访者说出了方向,要放下对优秀的执念,宽容待己。咨询结束时,她说,想不到今天能够聊到这种程度,感觉对自己有了很多新的认识。

心理咨询,不是把咨询师的想法强加到来访者身上,而是帮助来访者自主探索,自主选择,聆听真实自我的需求。

被看见:信任、陪伴与成长

每天晚上7点到11点,我们都会在朋辈小屋门口挂上"欢迎咨询"的牌子。我和30多位小伙伴一起,以两小时为单位轮流值班,在朋辈小屋静静守候。

大二上学期的11次值守中,我一共接待了5位来访者。我慢慢体悟朋辈心理咨询的边界,看到来访者和自己的力量,真诚地陪伴,努力成为更加称职的咨询师。在这里,我收获了信任、陪伴与成长,收获了更好的自己。不论朋辈课程,还是咨询实务小组和模拟咨询,我们都遵循保密原则,因此可以安全地在团体里分享自己的秘密。我结识了很多可以倾吐心声的朋友,很多时候,表达出来,被看见,就已经足够治愈了。

朋辈心理咨询是一个树洞,同龄人可以安心地在里面倾诉秘密。朋辈心理咨询还是一扇窗户,让同学们窥探专业心理咨询的面貌。在朋辈小屋获得帮助之后,或许会更愿意接受专业的心理咨询或服务。朋辈心理咨询更是一道门,如果朋辈咨询师识别出访者有抑郁、自杀等危机情况,会立即对其进行QPR(提问、说服与转诊,是针对心理危机事件的干预技巧),并且留下来访者的个人信息,与心理中心联系,后续为来访者提供更多支持。

是的,你没听错,作为朋辈咨询师,我们是认真的。

蛇与仙鹤   口古 龙

阿飞八九岁的时候,就看到一只仙鹤被一条大蟒蛇困住,那仙鹤之喙虽利,但却始终不敢出击。

他本来觉得很奇怪,后来才知道仙鹤最知蛇性,因为这蟒蛇盘成蛇阵后,首尾相应,如雷击电闪,它钢喙若是向蛇首直啄下,双腿就难免被蛇尾卷住,它若啄向蛇尾,便难免被蛇首所伤。

所以这仙鹤一直站着不动,等到蟒蛇不耐,忍不住先出击时,仙鹤的钢喙有如闪电般啄住了蟒蛇的七寸。

阿飞在旁边树上看了一夜,这才明白"首尾相应"固然是行兵的要诀,但若能做到"以静制动,以逸待劳"这八字,便能稳操胜券了。

这道理他始终未曾忘记。

| 青年励志馆 | 披荆斩棘，方能所向披靡

谁在制造"容貌焦虑"

□ 胡春艳　曲瑞超

原本只想治疗青春痘，却被忽悠悠割了个双眼皮，这个暑假，想变美的大四学生陈美琪的眼皮稀里糊涂地变成了"欧式大双眼皮"。然而，她对自己颜值的焦虑并没有因此减轻，"总感觉哪里不自然，不像自己了"。

此前她一直为脸上深深浅浅的痘印所烦恼。一打开手机，各种网络社交软件、短视频平台和美妆博主的直播间里，明星、"网红"都在"兜售"美貌，包括现身说法讲述自己如何通过割双眼皮、打水光针和瘦脸针等变美的"教程"。

陈美琪决定去治疗一下皮肤。在她家附近一家听起来挺有名的美容机构，"医生"给她做了全脸测评后说，不仅要把皮肤护理好，还应该把眼睛调一下，就能变成大美女！"医生"告诉她："你的两只眼睛一单一双，大小眼很明显，做完双眼皮手术立刻就能好看很多。"

"医生"拿出很多她亲自操刀成功案例的前后对比照片，告诉她"丑小鸭变天鹅"不是梦。这让陈美琪心动不已。没顾上查看这名"医生"的行医执照和这家美容机构的营业资质，她就躺上了手术台。

不久前，中青校媒就容貌焦虑话题面向全国高校学生展开问卷调查，在受访的2063名大学生中，59.03%的大学生表示自己存在一定程度的容貌焦虑。记者通过采访了解到，近年来医美、美容机构以及各种颜值打分师的流行在一定程度上对人们的"容貌焦虑"起着推波助澜的作用。

有调查显示，从2014年到2020年，我国医美市场规模由501亿元增长到1795亿元。医美消费的人群以年轻人为主，20~25岁占比最高。90后和00后是主要的医美消费群体，在这之中，不少大学生也成为被医美行业盯上的目标。

"高考结束了，你可以变美了""好看的人，做什么都对"……各种关于"美"的广告语对很多正面临求职、婚恋压力的年轻人颇有吸引力，仿佛只要变美就能改变人生。

"找工作、找对象，哪个不看脸？"19岁的李茗高考刚结束就迫不及待地割了双眼皮，眼睛大了还是觉得不够完美，又垫高了鼻子，还打了瘦脸针和瘦腿针。医美机构把她"变美"的照片挂在门口橱窗里，吸引更多她的同龄人为美埋单。

李茗说："周围好看又能干的人太多，我太普通了，不变美就被甩得更远了。"朋友圈里的一张张美颜照，个个明眸皓齿、肤白貌美，也让她的容貌焦虑越来越严重。

到底由谁来评价"颜值"的高低？眼下各种各样的"颜值打分师"层出不穷。一些机构推出AI颜值测评师，只要拍几张照片，自称分析了千万人审美喜好的人工智能就会给你的颜值打出一个分数。

很多人面对自己的得分不再淡定，而医美机构正好趁此机会给消费者制造出一种需求：你不够完美，但可以通过医美变得更好。

在一些电商平台上，专为顾客评价气质外貌的"颜值打分师"受到不少年轻人的追捧。"每次8.8元，为你的颜值打个分"，一个淘宝"颜值打分师"卖家，将颜值划分为从1~10分不同等级。其中1~3.5分属于不好看；3.6~4.9分属于普通偏下；5~5.9分属于中等偏上；6~6.9分属于入门级美女；7~8.3分属于校花级或"网红"级美女；8.4~9分属于可以出道的明星颜值；9.1~10分属于大明星级。

这个卖家表示，依据买家发来的几张照片，全部采用人工客观打分，参与打分的都是化妆师、医美咨询师或学艺术的专业人士等。每次从10人中抽取3人打分，打分者男女均有，尽可能使结果更加客观。

这家店收获了4000多个买家评价。有的买家认为评价挺客观，还能给出一些适合自己的建议，比如"发际线有点高，可以尝试用刘海遮挡一下修饰脸型""小姐姐的鼻子平时在化妆时可以用高光和阴影修饰一下，有条件可以尝试一下医美"等；还有的认为评价标准太单一，只有某种风格的才能获得高分。

这样的颜值打分到底有什么用？记者采访了多个曾尝试颜值打分服务的大学生。他们中一部分人表示，希望通过打分得到别人对自己外貌的肯定；更多的是想得到一些提升自己容貌的建议，能在求职或者人际交往中获得更多好感。

值得注意的是，无形之中，这种只看脸的颜值打分往往让更多年轻人被所谓的"颜值标准"所绑架。天津大学学工部副部长柳丰林多年负责学生工作，在他看来，年轻人陷入"容貌焦虑"等现象也折射出眼下不少年轻人"只想轻轻松松获得成功的心态"。随着眼下很多网络美女主播快速走红，也会给一些年轻人带来一种错觉，认为只要变美就能找到通向成功的捷径。

他提醒年轻人不要被社会上各种各样的营销话术和舆论所裹挟，要树立正确的价值观，努力找到最适合自己的人生方向，因为"奋斗的青春才是最美的"。

你的力量感

□ [日] 内藤谊人

我想问大家一个问题："圆形和三角形，哪个让人感觉更有力量？"请大家凭第一感觉立刻作答。

虽然是靠模糊的直觉进行选择，但我想90%以上的人都会选择三角形吧。看到圆形而感觉有力量的人，恐怕只是极少一部分。

直线和力量感关系密切，证据就是大多数商务正装，尤其是男装，都是直线形的。直线越多，尤其是上下垂直的直线越多，对方感受到的力量就越强。有心理学家将这种现象称为"垂直原理"。在选择服装或首饰时，我们应该以垂直原理作为标准，这样选出的服装或首饰基本上都比较适合职场。

对女性来说，如果外套的颜色和裤子、裙子的颜色相同，就会显得个子很高。根据垂直原理，外套和裤子或裙子的颜色相同会让你看上去很挺拔，更像一名职业女性。

另外，即使在工作中可以穿比较休闲的衣服，也一定不要穿看上去很不成熟的圆领衬衫或运动T恤。这时候，我们可以穿V领或高领的衣服，因为这样会产生一种垂直的效果。即使是名牌西服，也绝对不能无视垂直原理的作用。不管是什么样的名牌服装，都必须重视颜色、款式和搭配，如果搭配得当，至少可以将我们的魅力提高3倍。

采耳师傅是"90后"

□ 明前茶

"一杯三花茶,众人论天涯。君子鉴大雅,花茶开话匣。上至罪与罚,下到过油炸。淡茶映晚霞,散场去接娃。"

小赵以悠扬的四川普通话,讲完这首顺口溜,我们这帮外地游客都笑了。这是盛夏的鹤鸣茶社,位于成都人声不绝的人民公园里。

小赵教我们如何伪装成本地人:"你要懂得饮盖碗茶的暗号,茶盖朝下,斜靠茶船,是招呼茶博士添水;茶碗盖好,碗盖上头放个小东西,如树叶、落花、一颗小石子,表示我只是暂时离开;茶盖反过来放进茶碗里,是通知老板快收了茶碗去洗吧。"

小赵并非宣传成都文化的志愿者。他是一名90后采耳师,成都人唤作"舒耳郎"。

我买了小赵一次采耳服务,好奇问他:你何以判断茶客有采耳的心思?

他说,油性肌肤的人更容易形成耳垢,需要采耳。那些脑门出油引起脱发,剃了光头的大哥,那些因为辅导孩子功课吼哑了嗓子,顶着油腻的头发没空洗的母亲,最需要采耳放松。小赵的话也十分讨喜:"在成都,采耳是人生一大销魂事,那些工作紧张到要吃三颗安眠药才能入睡的白领,到我这里采一次耳,就歪在竹椅子上睡着了。我还要帮他看紧手机。"

小赵上手一试,就知道他不是说大话。他先用"云刀"轻扫我的耳道,提示我放松紧绷的身心,接着用"马尾"伸到耳朵里去,延伸麻酥酥的放松感;然后,拿出耳扒,在耳朵里轻轻震撼摇动,碰到有硬度的耳垢,就换"起子",小心松动,再换镊子把耳垢夹出来;最后,小赵倾侧身子,用柔软的鹅毛棒和鸡毛棒掸尽耳垢碎屑,不知为什么,我双眼似乎蒙胧起来。完了吗?没有完,小赵终于取出了采耳师傅用来招徕客人的音叉,就着鹅毛掸子的尾端,轻轻一弹,只听"当"的一声,这清脆悠扬的一击,从耳道到鼓膜,再到听觉神经,最后抵达大脑皮层,让我犹如听到了青城山上的钟磬之声,像打了个小盹一样精神舒爽。

"这最后一下,行话叫隔山打牛,提神醒脑,最是解压。"小赵解释说,如今90后乐意干采耳师傅的并不多,他的大部分同行都已经四五十岁。然而,他仿佛天生对采耳感兴趣,因为干这行,每天游走在天光树影之间,与朝九晚六的死板工作远不可比。他是技师,也是老板,还是服务生,自由度很大。当然,练习采耳,必要经历蜡烛挑芯、鸡蛋剥膜、香烟夹丝的挑战。小赵解释说:"蜡烛挑芯,就是把蜡烛点燃后,用采耳起子把蜡烛芯子挑松,让火苗儿变大,考验人的专注力;熟鸡蛋剥膜,用镊子轻轻剥去蛋壳上附着的薄膜,练习手的轻柔与稳健度;香烟夹丝,用镊子将一根香烟里紧紧卷着的烟丝全部夹出,保证外面卷烟的那层纸完好无损,不塌不扁。唯有如此,真正采耳时,才能在精准操作的同时保持一种微妙的虚空感,不会刮伤耳道。"

采耳工作持续了七年,小赵身上的浮躁气息一扫而空,我注意到,工作的间隙,他不停地帮鹤鸣茶社将游客散落的竹椅搬回到茶桌旁。这不是他的义务,他跟鹤鸣茶社也没有任何契约关系。然而,他已经把成都这几座老茶馆,视为家一般的地方。

我们在未来的可能性，才是人生真正的弹性

弹回的圆木

□夏建清

一次，俄国著名作家列夫·托尔斯泰与几个猎人外出打猎，猎人在熊经常出没的地方找到一棵树，在树下打了根木桩，在木桩上系了一大块肉，然后把一根粗圆木用绳索吊在树上，圆木离肉四五十厘米的样子，之后，大家躲到树后面等。

过了好大一会儿，一头幼熊走来，发现了那块肉，正准备吃的时候，发觉那根圆木碍手碍脚的，便用力将其推开，圆木弹回，将熊撞倒，熊爬起来，抓住圆木，使出浑身力气将其推出去，然后回头吃肉，这时，圆木弹回，击中熊的脑袋，幼熊倒地身亡。

猎人们并不急于出来，继续等待着，一会儿，一头母熊走了过来，发现了倒在地上的熊崽，母熊想把孩子拉起来，发觉那根圆木碍手碍脚的，便用力将其推开，圆木弹了回来，打中了母熊的背部，母熊忍着疼痛，气愤地将其推得远远的，然后回头拉幼熊，圆木弹了回来，击中了母熊的后脑勺，母熊倒地身亡。

托尔斯泰目睹了这一切，陷入深思：两头熊如果不去管那根圆木，本来是可以享用那块肉的，其实，人生中也常有这样的事发生，有些人只盯着自己的利益，常会毫不犹豫地用力推开一切阻碍，殊不知，一切将会弹回，将其击败。因此，追求利益的时候，一定不要财迷心窍，要三思而后行。

灭掉灯，有时能看得更清楚

□［日］河合隼雄

有几个人坐着渔船出海钓鱼，他们凝神垂钓，忘了时间。眼看天就要暗下来了，于是慌忙准备打道回府，可不知道是不是因为海潮的流向发生了变化，他们失去了方向。在一片混乱中，天完全黑了，倒霉的是还没有月亮，他们打开灯想要搞清楚方向，却看不出所以然来。

这时，同船的一位智者叫他们把灯关掉。这下，四下里就更是伸手不见五指了。然后，等眼睛慢慢适应黑暗以后，他们惊喜地发现，原本以为漆黑一片的周围竟然有一丝亮光，仔细看，原来是远处海边城镇的灯光。借着这点儿亮光，他们找到了返航的方向。

我们通常认为，灯可以照亮自己前方的路。可为了找到方向，有时竟然要把灯都灭掉。

敢于把照耀眼前的灯——大多是别人给自己的东西——灭掉，敢于在黑暗中凝神远眺，找出遥远的目标，不管对谁来说，这种勇气都是非常必要的。现在，贩卖华而不实的灯火的人越来越多，所以我觉得，我们更需要靠着自己的双眼在黑暗中冷静观察，仔细寻找方向。

青年励志馆 披荆斩棘，方能所向披靡

在非洲坐出租车的奇妙经历

口光头师太

马里不是索马里，没有海盗，也没有海。它是一个内陆国，位于西非，是全球最贫穷的国家之一。在这里，有钱人一般开二手车，应该都是欧洲淘汰过来的。出租车就更老迈了。

我们在马里没有车，所以在马里近一年里，大部分时候出门都是坐出租车。可以说马里出租车教给我的汽车知识，远超我一年半在汽车媒体工作中所学。

它们让我对汽车有了全新的认识。汽车的终极奥义是什么？不是自动驾驶，不是移动的家，而是，跑得比人类快。所以，它只要有发动机，有方向盘，可以刹车，可以跑起来，就足够了。

安全带当然是不必要的，甚至车门都不需要完好地闭合。我很快就学会了很用力地甩车门，但还是经常会碰到跑着跑着，司机突然说"你车门没有关好"的情况，然后我会很淡定地把车门打开再甩上——原来汽车在跑着的时候是可以开车门的。

也许就是因为状况太多，所以马里人都非常热心。让我记忆最深刻的一次，出租车在等红灯，我在副驾驶位，后面忽然上来一辆车，司机伸出手把我的车门拉开，又很用力地甩上了。两个司机互相看了一眼，眼神碰了一下又若无其事地弹开，隔着一个满头问号的我。真的，这个动作难度有点大，我现在已经不记得当时他那手是从哪里伸出来的了。

其实车门倒还可以自己关，但是车在马路上熄火了，一个人往往是推不动的。司机下了车手一挥，旁边的人就会过来帮你推车，过后当然是要给点零钱表示感谢，但是三十多摄氏度的高温人家肯帮你推车也算是很高尚的品格了，而且人家并没有先要钱再推车。

推车的时候，驾驶位车门要打开，司机一只脚在地上，一只脚在车里，几个人在后面推。我不知道他那只脚放在地上是为了什么，也许往后蹬可以帮忙使点劲儿？推了几下，发现还是打不着火，于是司机直接下车，抱着车柱子一边打火一边推。一般这样几下就能打着了，然后司机会迅速坐回车里甩上车门，"抖抖抖"地往前开。

但是有一次很尴尬，他们推了好半天都没推起来，我犹豫着要不要下车，毕竟看他们大热天那么辛苦地推这辆车还要加一个60公斤的我，我觉得很愧疚。但是司机很坚定地说："不不不，坐着，不用下车！"马里人大部分时间真挺友好的。

后来我想了一下，确实不能下车，因为车子开起来之后不能马上刹车，怕再次熄火，所以只能持续往前跑，那我下车之后追不上咋办……还好车子最终还是轰隆轰隆地发动起来了，车窗外面弥漫着一片黑烟，然后又升起一股白烟，白烟和黑烟交织在一起，也不知道是什么科学原理。就在我怀疑这辆车是否要爆炸的时候，司机迅速地跑回了驾驶位，甩上车门，小汽车"抖抖抖"然后向前行驶起来。

不得不说，奔驰的品质还是很牛的，车子都破成这样了，发动机感觉还是很猛。我也是因为坐这辆小汽车才对"动力充沛"四个字有了感性的认识。而且不知道是不是因为烧的柴油，那轰鸣声还挺好听的，也许这就是传说中性感的声浪吧。

所以这样超值的小汽车有一些小缺陷，也是可以忽略不计的。

比如没有空调，但是有自然风啊，反正大部分时候车窗也是没有办法正常升降的，因为摇把掉了。不过如果非要开窗或者关窗，也可以跟司机说，他会用两手夹着玻璃把车窗搓上来。硬件不够服务来凑，体验非常不错。

比如没有门把手，有时候是前座的里面没有，有时候是后座的外面没有，很随机。我也是因为这样认识了汽车车门的内部，因为内侧的塑料板也没有，门板就这样裸露着。没有门把手问题根本不大的，用根绳子或者铁丝拴一下就好了，司机在驾驶座上伸手拽一下，车门就可以打开。

比如挂不上倒挡。我前面说过了，马里人很热心，很友善，比如我给他指了住处的大门，但是他往前滑了好几米，我就随口说了一下"你超过了一点点"，其实无所谓的，我都准备开车门下车了，司机说"别动"，然后企图挂倒挡给我倒回去。

眼见着他把那个手把摇啊摇，但是就是摇不上倒挡，我都很明显听到了挡杆擦过齿轮的顺滑的声音。我们尴尬地沉默了几秒，然后我说："我下去吧，没事的！"司机连忙说："好的好的，谢谢！"我们都松了一口气。

又比如，没有车钥匙。有天晚上11点多了，我出来打车。谈好了价钱，半天没有动静，我侧头看了一下，发现他的钥匙孔位置伸出来两小截电线，他捏着电线凑在一起打火。我很惊奇地说："这样可以吗？"司机笑呵呵地说："可以可以！"

说话间，小汽车"嘟嘟嘟"地响了起来，我的汽车知识又增加了一点。

总而言之，马里的出租车还是挺安全的，我坐了大半年的出租车，只碰到过一次小意外，司机在路口转弯的时候轻轻碰了前面的小汽车一下，两名司机下来一起朝碰撞的位置看了一眼，又互相看了一眼，就回各自的车上去了。

大多数司机都比较友善。而且别看他们穷，很多还挺热爱生活，车子画得花花绿绿的，中控台上摆满灰扑扑的小玩偶，而且有些人会在车里面接个小风扇吹一吹。

绝大多数中国人这辈子都不会来马里的，甚至不知道这个国家的存在。而我在这样一个国家坐过这么多奇怪的出租车，感觉还挺奇妙的。🌱

勇者败

□ [巴西] 保罗·科埃略

失败乃勇者专有，只有勇者才深悉败之荣耀、胜之欢欣。

失败亦是人生不可或缺的部分。只有失败者才知真爱，在爱的领域，我们首战往往必败。

但有人无往而不胜。

无往而不胜者往往是那些永不言战的懦夫。

他们总是设法避免流血，离开可能遭受羞辱的环境，逃离纷争。

这样的人常常自豪地宣称："我从不失败。"但是，很可惜，他们永远不敢说："我，百战不殆。"

当然，他们对此毫不在意，他们以为自己生活在一个无懈可击的世界，对苦难和不公视而不见。他们根本不会像那些敢于创新、敢于冒险的人那样，因为他们不用面对困境，便安然自若。

当勇者投身另一场战斗，先前的失败便自然告终。🌱

青年励志馆 披荆斩棘，方能所向披靡

我们为什么对『平凡』深怀恐惧

□ 潜海龙

"他上了二级平台，沿着铁路线急速地向东走去。他远远地看见，头上包着红纱巾的惠英，胸前飘着红领巾的明明，以及脖项里响着铃铛的小狗，正向他飞奔而来……"这是路遥《平凡的世界》的结尾，孙少平出院后，独自悄然离开省城，回到久别的大牙湾煤矿，去拥抱他那"平凡的世界"。

我和学生共读路遥《平凡的世界》后，不少学生对这个结尾提出质疑：孙少平是一个有理想、有抱负的青年，他应该选择留在省城发展，为什么还要回到那穷山僻壤的大牙湾煤矿呢？

是呀！人往高处走，水往低处流。我们当下很多人挤破脑袋想进城去，不就是对"平凡"深怀恐惧吗？我们不就是这样教育孩子的吗：你们要好好读书，考上好的高中，才能考上好的大学；考上好的大学，才会拥有好的工作……反之，你们如果不好好读书，将来只能种地或扫大街……我们不仅对"平凡"深怀恐惧，而且带着一些鄙视看待那些平凡的职业。

于是，我引导孩子们去思考《平凡的世界》这个书名的内涵。说真的，这个书名也太平凡了，似乎没有深刻的意蕴，可是换成别的书名似乎都不行，唯有这五个字最能涵盖这部百万字的长篇小说。

多年前，我在报上看到过这样一则短文：

"我刚到德国留学时，邻居是一个下水道工人。当得知我来自中国，他便睁大眼睛向我提问：'先生，我们国家有许多哲学家认为老子是世界上最伟大的哲学家之一，而我则更推崇庄子，您能告诉我他们之间的区别吗？'我只能凭着对教科书的模糊记忆乱答一通。当我好奇地反问他为何如此喜欢哲学的时候，他彬彬有礼地回答：'先生，当我在黑暗的下水道里工作时，回味着昨晚看的黑格尔，连污水都变得美好起来。'"

我把这篇短文推荐给学生，让他们思考德国下水道工人和《平凡的世界》结尾的孙少平有没有相通之处。孩子们说，一个是下水道工人，一个是煤矿工人，他们的职业都是平凡的。然而，他们又都有各自不平凡的地方，德国下水道工人精通哲学，推崇中国的庄子，让我们感到无比惊讶；而《平凡的世界》里的孙少平从省城回大牙湾煤矿时，专门去新华书店买了几本书，其中一本是他最喜欢的《一些原材料对人类未来的影响》。

那天，我还给孩子们讲了这样几个新闻故事：

杭州湖墅南路一家银行有位"保安哥"，每年下雪天，他都会用雪堆成一个个栩栩如生的小动物，引来很多市民观赏拍照，去年是8只鹅、3只鸽子、1头猪和1头牛,那么今年呢?我很期待,这是一位热爱生活的保安,他被网友称作最有才的"雪人保安"。

杭州西湖白堤保洁员里有位书法达人,白天在西湖边打扫卫生,晚上回家练字,有一天他带着一大幅裱好的书法作品来白堤上班,吸引了不少路过的游客驻足,大家很好奇,一位保洁员为什么带着这么大一幅字?原来,这幅字是那名保洁员自己写的,打算送朋友,就带出来了……仔细一看,上面写的是《沁园春·雪》,笔酣墨饱,游人赞不绝口。

海盐县城有位三轮车夫,每天带着摄像机上班,看到马路上有啥新鲜事就像记者一样拍摄下来,晚上回家给孩子和老婆播放他制作的"新闻联播",后来好多家电视台找上门去,想采用他拍摄的鲜活的新闻素材。

……

讲完故事,有个孩子急不可待地帮我小结:老师,银行的"保安哥"、西湖白堤的"保洁员"和海盐的"三轮车夫",虽然从事的岗位平凡,但是他们热爱生活,追求情趣,他们不只有"眼前的苟且",还有"诗和远方"。

说得真好,路遥的《平凡的世界》不就是告诉我们这个道理吗?

眼睛向下,情趣向上,拥抱平凡的世界!

作为教育人,我想让更多的孩子在今后平凡的岗位上热爱自己所从事的工作,保有初心,拥有健康向上的生活情趣,也许这就是我的教育情怀吧。

不要偏执地爱　　口 小 安

偏执地爱,绝大多数都是没有好结果的。

如果一份感情,必须让你失去尊严和总是修改原则的话,那基本可以断定,这份感情就是错误的、失败的。面对错误的感情、错误的人,及时止损远比你过于自信要好得多。

我有一位做记者的朋友,有时候他会跟我说一些工作上的事情和感悟。

他说,在做记者的这些日子里,见到过太多因为偏执极端地爱而失去理智,做出一些让自己后悔和付出惨痛代价的事儿。

他说,用偏执和极端的方式去爱一个人是很恐怖的,这种人的爱往往非常非常炽烈,能烫伤人和烧伤自己。大多数偏执的爱,要么害了自己,要么两败俱伤,谁都不好过。所以这又何苦呢?

偏执地爱着一个不爱自己的人,就像是偶像剧里的男二号女二号那般卑微和低下,身为局外人看到也觉得不应该。

我们可以独自喜欢一个人,毕竟感情的事情有时候确实不可控,谁也不是圣人,做不到对所爱之人马上说忘就忘、说放就放。

但一定要给自己一定期限去淡忘,就像容祖儿唱的那样——限我对你以半年时间,慢慢地心淡,平静地对你热度退减,苦冲开了便淡。

没必要过于偏执和痴狂,这样累的苦的折磨的也只是自己罢了。

就像独木舟说的:偏执的人一旦陷入爱情,就成为自己的囚徒。

如果想认识一个高不可攀的人

□林特特

一

一天，我参加了一场重要的行业交流会。

中场休息，我看到一位年轻的参会者A堵在会议室门口，举着手机，手机显示的是他的微信二维码，他对每一个经过的人说："老师，我特别崇拜您，扫我一下，加我微信吧。"

大部分人没理他，少数几位面软的，被他堵着，扫了他的二维码。我的一个熟人加了A，可我分明看见，他对A迅速设置了"朋友圈不可见"。

又一天，我参加另一个会议，这次会议的形式是几位业内"大牛"轮流在台上演讲。其中一位，谈笑风生，指点江山，个人魅力非凡。等他下台，听众一拥而上，如众星捧月。此时，年轻人B走到"大牛"面前，递上名片，说："老师，您在演讲中提到下半年要在全国各行业进行田野调查。我在教育系统工作，我的家人也都在教育系统，从基层到管理层，我都能给您提供样本，有什么需要，联系我。"

"大牛"眼前一亮，他接过B的名片，翻过来，背面是B的微信二维码。"大牛"在离开会场前和B互加了微信，并在B的名字旁仔细添加备注。

这一幕，深深烙在我的心里。

你也遇到过类似的情况吧？一场聚会，有许多你想认识的前辈、"大咖"，他们近在咫尺，又似乎高不可攀。你想和他们建立联系，又怕被拒绝、被屏蔽。

要知道，低姿态不代表能办成事。一味主动、热情、努力，表达喜爱甚至崇拜，没有用，因为你想认识的人没有理由认识你。

该怎么办？给他理由。

最好的理由，是你能提供的价值。让对方知道，你的价值是他需要的。

二

可是，你的价值从何而来？

你可以判断对方的需求与你能够提供的帮助之间是否有交集，如果有，你能提供的帮助就是你的价值；如果没有，你的专业、你最擅长的事儿，这些你有而他没有的，也是你的价值。

我的律师朋友雷雷在看完病后，对好不容易才挂上号的医生说："我们律师表达喜爱的方式是说'我可以帮你看合同'，如果遇上医疗纠纷了，来找我。"

这是诚意，也是价值。

如果你想来想去，还是觉得自己没有特别明显的标签、价值，那就创建一个你和对方相对平等的环境。

有时，在一个环境中你仰视的人，换个环境，你可能就与他平视了。举个例子，你想跳槽，想联系上目标公司的老板，只有他能拍板。但以你的层级去面试时根本到不了他的面前。你现在贸然去找这位老板，对方不会搭理你。但如果你和他在同一个群，这个群或许是家长群、校友群，或许是马拉松爱好者群。作为某个学校的家长、某个大学的校友、一项运动的爱好者，在群里，以及和群相关的线下活动中，你们是平等的。

三

你又说，可是我找不到和我想认识的"大咖"或者想认识的人可能共存的环境。别担心，你还能做两件事：迂回建立联系，或通过中间人认识。

假设你当场没有顺利与想认识的人建立联系，完全可以找对方的邮箱，或者关注他的自媒体，在私信、邮件中表达友爱，传递你能提供的价值，留下你的联系方式。这种方法很简单，但效果超出你的想象。迂回、坚持，更能体现诚意。

而中间人是平等关系中核心的点。如果我是个羞怯的人，即便和我仰慕的广告公司首席执行官在年会中遇见也不好意思主动打招呼，那么，我会去找大机构的一位工作人员，带我上前，让他介绍我们认识。你想跳槽的那家公司老板和你在一个群里，如果你怕他不肯通过你的添加好友申请，那就去找群主，或某个活跃且和你关系不错的群友，先打个招呼，拉个小群，一切就顺理成章了。

回到被A堵住的会议室门口。

其实，在那场名家云集的文学大会上，A是某省某刊派来的代表。他完全可以跟大家说"如果您想去我们省采风，请联系我"，或"我们单位正在筹备一场类似的会议，希望到时候可以邀请诸位老师参加"。

这是他的价值。

其实，那天中午，会议主办方安排了自助餐，大家在餐厅随意入座。A只要坐在他想认识的人身边，和对方聊天，听对方和他的同伴聊天，找到交集，进行交谈，就能发展关系，加强联系——一起吃饭，是最自然而然显示平等的环境。

其实，如果A回去翻翻主办方发的小册子就会发现，每个人的手机号都列在上面。给想加的人发一条真诚而具体的短信，或通过手机号搜索微信号，被拒绝的概率总比堵在会议室门口、强迫大家扫他的二维码要小。

给风一个缺口

□倪西赟

令狐楚是唐朝宰相。在兖州任职时，适逢地方大旱，而当地富商又囤粮惜售，大米价格暴涨，农民苦不堪言。令狐楚想了很多办法，收效甚微。一日天气闷热，令狐楚问下人："今日怎么无风？"手下道："我们的院子一角之前是有个大缺口的，为了安全现在堵上了，风进不来，也出不去，所以闷热。""缺口？"令狐楚听到手下的话沉思片刻，马上对手下说，"你去准备，我要请州中所有富商来吃饭。"

接到令狐楚请柬的富商们一脸无奈，他们担心令狐楚强压他们捐献大米。然而，令狐楚只是喝酒，不提大米之事。最后，令狐楚喝得摇摇晃晃，把州中富商送至门口，富商们心中的石头才落了地。不料此时，令狐楚拉住一位掌管粮仓的官员大声问："我们州中有多少个粮仓？"粮仓官说："粮仓多得很，够我们吃三年的，大人不必担心。"令狐楚说："我们也吃不了这么多，过两天你把州中仓库中的米拿出一半按旧价卖了吧，那样一来就可以对付这次大旱缺粮了。"粮仓官点头称是。令狐楚又对粮仓官说："千万不要放一点风声出去，要保密，保密。"很快，令狐楚要开仓平价卖大米的消息，像风一样在州中传开，富商们争相平价把所囤积的大米卖出去，米价迅速跌回初。

给风一个缺口，风就会找到进来或出去的路。人也一样，只要找到缺口，就会找到解困的办法。

鹦鹉的艺术生涯

□ 王小柔

一个朋友送了我一对儿鹦鹉，走的时候满眼憧憬地说："过几个月它们就该有爱情的结晶了。"我特高兴地拎着笼子一路小跑，到家定睛一看，那"一对儿"明明就是两只小公鸟。于是，我给它们起了两个很男性化的名字，"小强"和"小明"。

它们来的当天，就开始满屋子乱飞，一小时以后，当"王小强"稳稳地站在窗帘绳上，它们狂风席卷般的恶性试探结束了。两个家伙东张西望，然后便是气定神闲地梳理羽毛、拉屎，它们从心里接受了新环境。

晚上，爸爸突然跟我说："你的鸟死了一只。"我赶紧跑到鸟笼子前面，"王小明"确实躺在笼子里一动不动，没一点儿活气儿，像一只死鸟。我冲它吹了口气儿，"王小明"哼唧了几声扭了扭脸，很不屑。后来我注意了一下，"王小明"是一只喜欢躺着睡觉的鹦鹉。再说"王小强"，它极其自不量力，明明是一只鹦鹉，总认为自己是只鹰，飞的时候也不抖动翅膀，不是半道儿从空中掉下来就是呼的一声撞在家具或者玻璃上。结果到我家的第二天就刮伤一只眼睛，看什么只能侧着脸睁一只眼闭一只眼，样子倒挺幽默。

它们跟我关系不错，拿我当它们的老大，我去厕所都会有一只鸟跟着。"王小强"喜欢站在我的眼镜上，认为这个姿势很帅。"王小明"有时站在我头上或者肩膀上，你要不和它们说话就要被啄。这两只鸟的聪明我早有察觉，它们模仿能力很强。

我和网友聊兴正浓，自然没空理它们，这俩家伙的坏水儿就冒出来了。它们专门往键盘上走，"王小强"的爪子刚落在"P"上，"王小明"已经碰到了空格键，回车怎么敲的还没看清，一个"屁"字已经发走了。你如果此时对它们的态度有丝毫不满，它们就要使绝招往键盘里拉屎了。

鉴于它们的聪明才智，我打算把两只鹦鹉培养成高素质的鸟。首先要打消它们的好奇心，只要"王小强"侧着脸总往一处看，它心里不定又搞什么幺蛾子了，我赶紧把它放在手背上往那个角落送，边走还要边语气柔和地说："小强呀，这里不好玩，咱们回去练拿大顶吧。"

经过近一周的角落盘查，两只鸟对家里的地形比我都熟，它们东钻西藏每天把自己弄得像两个锅炉工，脏得要命。当它们听从我的劝告而双双站在一根脆弱的线上，几乎没用我多说，它们就晃里晃荡地开始翻跟头。"王小明"胆子小，翻了一圈就像蝙蝠一样倒挂在绳子上一动不动。"王小强"一直男儿当自强，一个一个翻得我都有点儿眼晕，后来一不留神它大概也晕了，掉进了鱼缸里，那游水的姿势还挺好莱坞的。我把它捞起来，像抓着一条儿海绵，没办法，为了让它尽量脱水，我夹好它的头往地上甩了甩，然后带着它在太阳下晾了多半天才看它不再哆嗦。

现在这两只鹦鹉早已技艺精湛，你给它们扔颗果核人家都能踩着走来走去。后来爸爸突发奇想，在鸟笼子里放了个乒乓球，这两只鹦鹉更是有了施展的空间，什么到了它们脚下都能转着滚动，简直可以组个马戏班了。

"王小明"现在会说话了，只要它心情好，就会冲你喊"收——药"，还是河北涞水口音，都跟门口收破烂那女的学的。"王小强"还只会模仿电话铃响，弄得电话真响的时候也没人伸手去接，以为是鸟捣乱。

4 不怕想太多，就怕想不透

为你内心的冲动而活

丛非从

所谓快乐，就是你内心的冲动。比如，你对某个人动心，或者看到某种食物，食指大动。

有人会问：我内心有个冲动，那就是吃薯片、喝奶茶，但这些都不健康，因此我经常会在品尝美味时，一边快乐着一边焦虑着。

那我也要跟着冲动去吃吗？

这很好，你感受到了自己的焦虑。你的焦虑在提醒你：我想要一个健康的身体。换言之，拥有健康的身体也是你内心的冲动，获得健康同样可以让你快乐。这是影响我们快乐的第一个原因：内心的冲突。

我们直观觉得吃薯片有损健康，但不吃，心里又很难受。其实，你可以把它转化为两个快乐之间的冲突——获得美食的快乐和获得健康的快乐，我该选哪个呢？

在两个好东西之间做选择，是一个幸福的烦恼。其实我们常常为这些"幸福的烦恼"而纠结，而不快乐。要解决这份烦恼，并不难。正如此刻，一杯奶茶摆在我面前，喝还是不喝？有个最简单的办法，就是看感觉。内心需要美食的冲动更强，就选美食；内心需要健康的冲动更强，就选健康。

有人会担心，万一我一直想选美食怎么办？不会的。当你的焦虑达到某个极值时，就会发生质变，进而会改变你的思维，你就会转而觉得"健康的快乐"更快乐了。

克制是一种快乐，放纵也是一种快乐。选哪个呢？那就更喜欢克制的时候选克制，更喜欢放纵时选放纵。因为你内心的几个冲动永远不会处于平衡状态，它们中总有最强烈的那个会及时提醒你：当下的你，选择做什么会更快乐。

那么下一步，就很简单了。

勇敢地践行自己内心的冲动吧。

在这一践行的过程中，我们要记住：过程永远比结果更令人快乐。

比如，你把"每天跑完十公里"作为健身目标，就很容易因为完不成目标而沮丧。因为"结果的快乐"是短暂的，你只有在实现的那一刻才有片刻的快乐。如此一来，快乐又离你远了，你会陷入不断追求结果的疲惫循环中，而忘记了过程的美丽。毕竟影响人快乐的第二个原因就是：为了结果，忘却了过程。

怎样才能让你快乐？

停止去想"我不想要什么"，更换为"我想要什么"。跟随你的内心，找到你内心想要的冲动，这是能让你收获快乐的第一步。

而第二步至关重要，只有放下对"结果快乐"的一味追求，发现"每进一步皆欢喜"的过程快乐，才能让你的快乐源源不断地持续下去。寻找并保持快乐的过程，也是做自己的过程，在这风光旖旎的旅途中，你将会展露笑颜，并收获人生的意义。

温柔能值多少钱

□cc

我妈曾是一个小镇上的初中语文老师,那时镇上的初中按入学成绩分为"重点班"和"普通班"。被分到普通班的学生,某种程度上是"弃子",学校对他们的唯一要求,就是不要惹是生非。他们有极大的自由,周末不用补课,作业也可以不交,有时甚至旷课去池塘边钓小龙虾,或者把蛇装进饮料瓶里吓唬一下班上的女孩子,只要性质不恶劣,都是可以被容忍的。

普通班的学生会被这样对待,原因大家都心知肚明。他们很多是留守儿童,被爷爷奶奶养大,父母在外打工,一年只回来待几天,每周拿着20块钱左右的生活费,用路边摊和黑网吧解决自己的物质和精神生活,人生规划就是初中毕业后追随父母进厂。面对这样的人生,无论老师还是他们自己,都不觉得"学习"对他们来说是一件重要的事。所以,普通班的老师甚至不用仔细备课和改作业——反正学生也不怎么学。

我妈大部分时候教的都是"重点班",只有一次带了一个"普通班"。但她并不清闲,周末,她常一整天对着一大堆笔记本写写画画,有时饭都忘了吃。我问她在忙啥,她说她在看学生的周记。

我很震惊,这些考试时连作文都懒得动笔的学生居然愿意写周记。妈妈解释说,她开学第一节课就告诉学生,不给大家布置作业,但有一个要求,就是每周写一篇周记,不必用什么修辞手法,引什么名人故事,只需写下这个星期你最开心和最伤心的事就可以了。

当然,即便这样,一开始主动写周记的学生也很少。但妈妈并没有责怪那些不交周记的人,她只是认真批改每一篇周记,在她觉得被打动的地方画上波浪线,写上一两句夸奖的话,然后每篇周记后都认真写上几句鼓励的话。她还自己花钱买了一些笔记本、钢笔当礼物,奖励给那些写得最真诚的学生。

然后,神奇的事发生了,交周记的人越来越多,到后来全班几乎都在写周记,甚至那些坐在最后一排,上课从来只是睡觉的学生,也开始认真写周记。再后来,妈妈的语文课旷课的人数越来越少,到初三时,她的"普通班"的辍学人数,明显比其他班要少一些。

如今那届"普通班"的学生已经毕业十多年,但他们还会在过年时,提着礼物来我家,就像是写周记一样,找妈妈聊他们的近况。

他们几乎都会提到当年的周记。我印象最深的是,有一次,一个当年是"混混",如今仍在工厂打工的学生提到当年的周记时忽然哭了,一边后悔自己没有好好读书,初中毕业就去打工,失去了选择别的生活的可能性,一边感谢妈妈,说自己从小父母就不在身边,还没来得及长大就上了流水线,那些周记上的批注,令他第一次感受到自己被当作一个"人"来对待和尊重。

这让我想起妈妈说的一句话:"有些老师觉得学生不爱学习,性格不好,所以不值得尊重。但他们弄反了,是因为这些学生从没得到过尊重,所以才不爱学习,性格不好。"

妈妈是我心中最了不起的人

□王小吉

你嫌弃过你的父母吗？如果再有一次机会选择，你还愿意做他们的小孩吗？

在做心理咨询的这些年里，我遇到过很多来访者和我提到最多的就是原生家庭带来的创伤。很多来访者内心都渴望拥有一个完美的原生家庭，渴望拥有内心强大又非常懂爱的父母。而另外一些来访者因为父母不够优秀或身体残疾而非常自卑。他们害怕别人知道自己的身世，同时因为无法选择理想的父母备受煎熬。

去年我认识的一个叫小旋的女孩就有这样的经历。了解她的故事之后，我很震撼。征得她同意后，我决定把她的故事讲出来，分享给更多的人。

小旋四岁那年，父母离异，小旋跟着妈妈一起生活。唯一的亲人就只有因为车祸造成面部破相，腿脚也不灵便的妈妈。小时候，小旋并没有觉得妈妈有何异样，尽管妈妈是残疾人，但妈妈对自己的照顾并不比正常妈妈少。然而从懂事开始，因为知道自己没有爸爸，妈妈的相貌加上扫大街和拾破烂的职业，让小旋很苦恼。和其他小孩不同，小旋很少向妈妈问起爸爸的事，因为她明显地觉察到这件事妈妈不愿意讲。

小旋和我说，她不知道爸爸和妈妈是因为什么分开的，因为妈妈只和她说过一次，离婚是妈妈提出来的，原因是性格不合。

而每次学校开家长会，小旋都不愿意让妈妈参加。她不想让别人知道自己的妈妈是一个残疾人，当然也不希望同学知道她是单亲家庭的小孩。好在小旋妈妈和一位阿姨关系很好，而阿姨家住得也不远。所以小旋的每次家长会，都找阿姨参加，妈妈虽然有点不开心，但最终默许了这样的行为。尽管如此，小旋的内心还是很纠结的。她一方面因为妈妈的样子和职业自卑；另一方面，她很佩服妈妈，选择独自承担起抚养教育她的责任，而且从来没有在她面前抱怨过。

小旋和我说，真正让她心理上产生巨变的是初中时发生的一起偶然事件。那天下了好大的雨，而她偏偏忘记了带伞。当时天色已经很晚了，小旋妈妈看她一直没回家，十分担心，于是拖着一只跛脚去给她送伞。当时小旋的同桌也没走，看到小旋妈妈的时候，眼神很复杂，同桌上下打量了小旋妈妈一番后问小旋："这位阿姨是你妈妈？"

小旋和我说，那是第一次有同学见到她妈妈。在那之前，因为妈妈的脸伤和脚伤，所以她特别不希望妈妈被同学看到。

当时同学问起时，她本来想答是，却突然有些犹豫了。正在小旋不置可否的时候，小旋妈妈把手里的伞递给了小旋的同桌，并抢先岔开话题道："孩子，天这么晚了，你再不回去，家里人该着急了。快拿着伞回家吧。我和小旋撑一把伞就够了。"

小旋的同桌道了谢走了。小旋和妈妈共撑着一把伞相携而行，彼此都想说点什么，然而心照不宣地对视一眼之后，又都沉默了，一路上气氛显得相当尴尬。快到家附近的时候，地上突然出现的一个小包打破了僵局。小旋妈妈低头捡包的时候，脚下一滑，差点摔倒，幸亏被小旋扶了一把。小旋妈妈下意识地说了一声"谢谢"，让小旋有点不知所措。

打开布包后，小旋看到一摞百元钞票，顿时眼前一亮。"哇，这么多钱。妈，我们发财了。"小旋妈妈看了一眼小旋，淡淡一笑道："你拿着伞回家准备晚饭，我要在这里等失主。"

小旋和我说，那一刻，她其实内心是有一点失落的。这么一大笔钱，如果不交给失主，自己和妈妈的生活肯定会得到很大改善。可同时妈妈在她内心的形象也瞬间变得高大起来。自小到大，在她的记忆里，家里从来没有见过这么多钱。换作其他人一下子捡到这么多钱，哪怕不一定据为己有，至少也会有所犹豫吧。而妈妈竟然丝毫不为所动，一心只想着尽快找到失主，这真的很不可思议，同时令自己肃然起敬。

那晚，当妈妈从外面回来时布包已经不在手里了，想来已经找到失主了。吃饭的时候，小旋特意问了一下妈妈，失主是否找到了，妈妈点了点头，又装作不经意问了一句："妈妈的样子让你在同学面前感到不好意思了？"小旋说当时自己的眼泪差点流了下来，真的感觉好羞愧。可是内心有千言万语却不知道从何说起。她说，妈妈没有再问她，只是紧紧抱住了她。那一刻，她觉得妈妈的怀抱真的好温暖。

小旋向我卖了一个关子，让我猜一下，同桌还伞的时候说了什么。我说我更想听你讲。小旋感慨地说："这么多年过去了，那天同桌还伞时说的话我一直都记得。她说，小旋，你真的不必因为你妈妈身体不好而自卑。因为你真的挺幸福的，至少比我幸福。昨天下那么大的雨，你妈妈腿脚那样，还来给你送伞。你知道我妈妈在我两岁的时候因为嫌我爸穷，和我爸离婚嫁给大款后再也没来看过我。我家离学校不远，后妈腿脚一点儿问题没有，家里还有车，她又不用上班，可她根本没想起来到学校接我。"

小旋告诉我，今年考上大学之后，爷爷奶奶不知如何知道了，一定让她去见一面，而她妈妈也同意了。

小旋也因此揭开了困扰自己多年的身世之谜，同时对妈妈有了更深的了解。原来，在小旋四岁的时候，他们一家三口出行时遭遇了车祸，妈妈在车祸发生的一刹那为了保护她，受了重伤。而头部受到冲击后，影响到了部分神经功能，也因此失去了从前的教师工作。妈妈毁容且失业后感受到了爸爸的变化，所以主动和爸爸提出了离婚，并从宁波搬到了杭州生活。而几年后，爸爸因为工作和爷爷奶奶也辗转搬到了杭州。那天，小旋妈妈捡到的钱恰巧就是奶奶从银行取出来准备给爷爷看病的。也就是从那时起，小旋的爷爷奶奶一直在默默关注着小旋母女。

小旋说，爷爷奶奶告诉她，小旋妈妈是他们见过的最了不起的人。小旋说，她当然知道，因为那个人是她妈妈呀。

过路人和群狗

□ [俄罗斯] 克雷洛夫

黄昏时两个好友边走边进行重要的谈话。突然一条看院的杂种猎狗从门洞里钻了出来，对着他们吠叫起来。猎狗接二连三地跑出来。一下子从各个院子跑拢来近五十条狗。

过路人中的一个已拿起一块石头。"得了，兄弟！"另一个对他说，"你制止不了狗吠，只会更加激怒狗群。我们只管朝前走吧，我知道它们的脾性。"真的，他们走了五十步光景，群狗开始慢慢地安静下来，终于完全听不到它们吠叫了。

嫉妒者不论对待什么，总是会发出吠叫。你只管走自己的路，用不着想办法制止他们，他们叫一会儿也就停了。

能用来攀比的事，终将变成小事

□ 巫小诗

与多年未见的一位老同学叙旧。聊着聊着，聊到一件年少时的趣事。

我说："讲出来你可能不信，我到现在都能背出你的QQ号码。"她很震惊，问为啥。"你忘啦？小时候我帮你挂QQ，挂了很久呢！要不是被我妈逮住了，差一点儿就有'太阳'了。"她大笑："对对对，那时我们太'中二'了。""挂QQ"这个"古老"的字眼儿蹦出来的时候，我俩都感觉恍如隔世。

十几年前，大约我刚上初中的时候，QQ等级就是少男少女的"时尚等级"，等级高的人倍儿有面子。而QQ等级是由"活跃天数"决定的，每天在线两小时算一个活跃天数，天数积够了变一个"星星"，"星星"够了变一个"月亮"，"月亮"够了变一个"太阳"。

为了保证QQ每天能在线两小时，我们和家长斗智斗勇。那时候我这位好朋友住校；我住家里，每天中午有两个多小时的午休时间。我回家第一件事，就是偷偷打开电脑，把自己和好朋友的QQ登录上，再把屏幕亮度调到最暗，以免被家长发现，以此，共同等待走向人生巅峰。

这样持续了很长一段时间，眼看着"星星""月亮"都升起来了，却被母亲发现了我的奇怪举动。她大发雷霆，并把我房间的电脑移到她房间去了，我和我朋友的QQ升级之路就此遭遇滑铁卢。电脑被移走后，我的房间空空的，我的心也空空的，难过了好长时间。

我们越聊越觉得好笑，笑到肚子痛。QQ等级这么无聊的事情，又没有实际用途，那时的我居然每天像上班打卡一样坚持着，像渴望获得某种荣誉般与同学比较着，也怅然若失着。

等级再高又能怎样？不过是个聊天工具而已啊，真是无法理解。现在回头看，归根到底，这是少不更事的攀比心在作祟。少年时代的我们，以为拥有了一个虚拟的太阳就会真的闪闪发光，会变得和别人不一样，而这种与智力、能力无关，仅靠蛮力就能实现的小成就，其实没什么分量。成人世界的攀比也一样，那些鞋子啊，包包啊，手表啊，你以为拥有这些东西就高人一等，其实你还是你，不用太久，回头看看，你会像看"挂QQ"的小孩儿一样，觉得曾经的自己多么幼稚。

人的价值，不是由你消费了什么决定的，是由你创造了什么决定的。

年级第一名，没人会笑他的QQ等级低；跑步第一名，没人会笑他的球鞋不是名牌。但如果你什么都不创造，只把逆天改命的心愿寄托于一双鞋、一个包，那就真的有点儿好笑。那些用于攀比的事与物，穿过岁月长河，终将不值一提，你回头看，或一笑而过，或羞愧难当；而你走过的路，读过的书，流过的汗和泪，才会变成你的本事，或遮风避雨，或福泽四方。

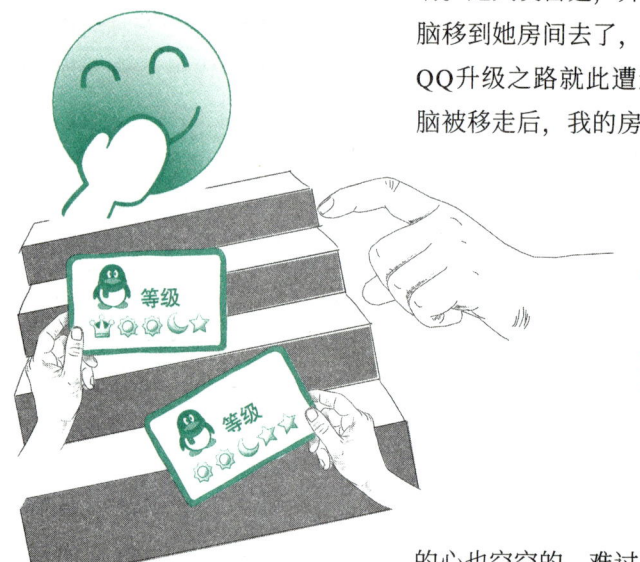

诗剧

时间，无尽的时间，
沉重，深邃，
我将等待你，
直至万籁俱寂。

直至一块石头碎裂，
开放成花朵。
直至一只鸟飞出我的喉咙，
消失于寥廓。

——[葡萄牙]安德拉德《等待》

不怕想太多，就怕想不透

顾左右而言他

□程 泽

西晋臣子满奋，也就是曹魏名将满宠的孙子，他虽然身长八尺，却怕冷又怕热。夏天，"辄膏汗流溢"，汗流浃背；冬天呢，又畏风，裹得严严实实方肯出门。晋武帝司马炎初登帝位，自然少不了对曾经的高门望族多有依仗，对满氏家族也不例外。得知满奋怕风畏寒的毛病，也不见外，有意无意想要打趣他一番。

君臣二人在宫中议事，司马炎却安排满奋临窗而坐。满奋发现窗口空空荡荡，没有任何遮挡物，仿佛秋风穿窗而入，直往怀里钻。他浑身不自在。谁知司马炎见此情形，哈哈大笑起来。原来窗边已摆了精美的琉璃屏风，是密不透风的。这下，满奋尴尬起来，如何脱困，巧化僵局呢？于是他开始顾左右而言他：您听说过"吴牛见月而喘"吗？南方的水牛怕热，白日在日头下热得发喘，夜里看到月亮，误以为是太阳，也忍不住喘起来。

满奋没有直接辩护，反说八竿子打不着的南方水牛，巧妙地寻个台阶下了。比起正向迎刃，顾左右而言他的侧面解围，也不失为一种智慧。

顾左右而言他，常常被认为是故意跑题，拿不相干的话搪塞。其实，如果话不投机，顾左右而言他未尝不是曲线救场。

明明说不到一处，却又不得不应付面对面的寒暄，不说也不好，冷了场也难为情，那就顾左右而言他吧。各说各话，彼此也就懂了，也就长话短说了。

有时，顾左右而言他别有一番曲径通幽的妙处。

悼念亡妻，元稹不夸她貌美德贤，却说"曾经沧海难为水，除却巫山不是云"，顾左右而言他，可不比直白的夸赞更动人嘛。

长安城内一片月光，寒冷的秋夜，在家的妻子格外思念远征在外的丈夫，担心着边城寒风彻骨难挨。这份牵肠挂肚，李白是怎么写的呢——"万户捣衣声"！你听，千家万户，老妻少妇，为了赶制冬衣，把布帛铺在砧板上，用木棒捶敲，以求柔软，一下，一下，捣得仔仔细细……不说思念，思念已如潮！

《诗经》里，情窦初开的少年邂逅一见倾心的姑娘，爱要怎么说出口呢？既然羞于启齿，那就顾左右而言他吧，"关关雎鸠，在河之洲。窈窕淑女，君子好逑"，你看洲头的那两只水鸟，相互交鸣，温柔恬静的姑娘该是多么美好的伴侣啊！不着一字，却字字爱慕不已。

又如李峤写风，"解落三秋叶，能开二月花。过江千尺浪，入竹万竿斜"，每一句都看似"文不对题"，可妙就妙在这份"顾左右而言他"，不见风，又处处是风啊！

可见，顾左右而言他，竟还有一种百转千回的浪漫呢。

晚熟时代正在来临

□ 简单心理

你是在什么时候意识到自己是个"成年人"的？18岁的生日？不再有宵禁？去外地上大学？入职第一份工作？再或者，是压力很大找人倾诉的时候，收到的那句回应"你已经是个成年人了"？

跟长大成人的喜悦相比，这句话更多的是让人感到惶恐。你开始听到越来越多这样的声音：

20多岁，最好的时间啊！

有些事情年轻的时候不做，一辈子都不会做了。

30岁之前得完成……不然你就……

这些话语让你觉得你正处在一个特殊的年纪：它美好，短暂，充满紧迫感。你必须马上变得足够好、足够优秀和强大，才配得上它。

但你总是做不到。

你感到挫败、无力，开始问自己：这不是"最好的时间"吗？为什么我这么焦虑？是不是我有问题？

你没有意识到，也许，你跟太多人一样，正在掉进"成熟陷阱"。

官方宣布"你成年了"，但你的脑子还没准备好

很多研究表明，当你被官方告知"你已经是个成年人了"的时候，你的脑子很有可能还没准备好。

在我们大脑的前半部分，有一个容量接近大脑三分之一的神经组织区域：前额叶。它负责大脑的大部分"理性"工作：管理情绪，举止得体，进行复杂推理，思考，计划，做出重要决策，解决问题……

可以说，让你成功扮演一个"不动声色的大人"所需要的工作，基本上是要由前额叶完成的。

但让人难过的是，这个对我们非常重要的前额叶，是大脑中发育最晚的部分。哈佛大学脑成像中心的神经学家黛博拉·尤格伦—托德表示，前额叶一般要在20多岁才能发育成熟。

俄亥俄州立大学医学中心教授加里·文克博士认为前额叶的成熟时间可能比20岁更晚：女性大约在25岁，而男性要到30岁。

也就是说，在我们名义上"成年"之后，还要等很久，才能有足够的脑力去达到真正的"成熟"。

18岁就成年？这个设定可能有点草率

回头想想，我们好像只是被动地接受了"18岁成年"这个事实，没人对它提出过异议。但为什么18岁就是成年了？有什么研究证明18岁是一个人成熟的节点？

事实上，答案可能是：并没有。这个决定很有可能就是，随便定下来的。

拿美国来说。在很长一段时间，美国都是借用英国习惯法规定的成年年龄：21岁。至于英国为什么把成年年龄设定成21岁，也没有很充足的理由。

有一种说法是，英国的乡绅在21岁就有了成为骑士的资格。但这更像是个推论，历史上有很多不到21岁就成为骑士的反例。

不仅缺乏足够严谨的设定依据，"成年年龄"还经常变动。2018年，日本《民法修正案》就通过了一个条令，把延续了142年的20岁成年年龄改成了18岁。

美国在抄英国作业之后的几十年里，"成年年龄"一直随着政治运动和各州的不同情况发生变动。1971年，第26条修正案把全国投票年龄从21岁降低到了18岁。

这个变动，很大程度是出于政治上的考虑。当时处于冷战时期，18岁的青年可能会被强制应征入伍参加越南战争，但因为还没有投票权，他们对自己的国家要不要加入战争并没有发言权。很多年轻人强烈反对战争，那些同样反战的政客就极力希望让这些年轻人拥有投票权。

后来，这个修正案以压倒性的优势通过，18岁成年就沿用到现在。这个"成年年龄"更像是基于当时的政治形势做出的调整，而不是基于真正意义上的身体和心理的成熟。

中国古代对成年年龄的设定还有性别差异：男子20岁行加冠礼（就是把一直留着的头发盘起来，戴上一顶代表成年的帽子）表示已成年；女子15岁束发加笄（戴簪子），表示成年。

为什么男女成年年龄差了整整5岁？这跟当时社会对男女两性的角色设定不同有关：

男性成年是要承担社会责任的，"修身齐家治国平天下"，能力门槛很高，需要一个比较漫长的准备期。

而女性的主要任务是繁衍下一代，不需要参与社会公共事务。所以她们的成年年龄跟性成熟年龄是差不多的。

晚一点成熟，其实挺好的

即便这样，要打破社会对某个年龄赋予的任务和期待，也是很难的。之前网络上有一句很火的话，"每个人都有自己的时区"，其实就是年轻人对"什么时候做什么事"这种标准的抵抗。

这样的抵抗在历史上一直存在。就拿"结婚"来说，中世纪曾有法律规定男孩在7岁就可以订婚，女孩在12岁就可以结婚和拥有性生活。

太早了？但当时的政策制定者觉得，只要到了性成熟的年龄，就可以称得上成熟了。精神成熟什么的，没那么重要。这样的设定，其实是出于鼓励生育的目的。

但根据现在能找到的记载，当时的人们并没有按这个标准来。美国马萨诸塞州1652至1800年的记录显示，女性第一次结婚的平均年龄在19.5到22.5岁。

英国、法国和德国收集的数据显示，1750—1799年，女性初婚的平均年龄高达25.1岁，1800—1849年为25.7岁。

到19世纪末，美国女性首次结婚的平均年龄在22至24岁，这一趋势一直持续到20世纪40年代。

美国的最低平均初婚年龄出现在婴儿潮时期——下降到了20.5岁。有趣的是，在这之后的十几年里，美国的离婚率达到历史上的顶峰。纵观美国历史，初婚平均年龄推迟之后，离婚率一直大幅下降。这也能说明：

你越成熟，越了解自己，越清楚自己的人生方向，就越能在选择伴侣上做出正确的决定。

对科研人员来说，20多岁正是学习和准备的时期。生物学家颜宁在接受《人物》采访的时候，就表达过这样的观点：三十而立对现在的人来说太难了，应该改成四十而立。

越是高级的生物，在真正独立前就有越长的准备期：小羊羔在出生后的第二天就能站立行走了，人类却要慢得多。随着人类寿命的提升，"准备期"变长也是自然而然。

从这个角度说，"晚一点成熟"也许是大势所趋：我们可以有更充足的准备来面对人生的挑战，不管是生理上的还是心理上的。

段子铺

考试

一次考试，我后面的同学问我："关于长江的诗句有哪些？"我说："滚滚长江东逝水。"后来试卷发下来时我笑喷了，因为上面写着："滚滚长江都是水。"

阴谋

前些日子，爸妈因为小事吵了起来，互不理睬，爸爸说不吃我妈做的东西，妈妈说不吃我爸买的水果，只有我买的，他们两个才吃，昨天终于把我的工资花完了，他们居然和好了。我怀疑这是一个阴谋。

即使他不是英雄

□ 槃宁

一

说出来可能没人信，智力正常、一家三口一直住在一起，甚至爸妈都很少出差的我，小时候不太认识我爸。

代表事件发生在我七八岁时。那日天气晴朗，万物被日光笼罩，我难得离开我妈的视线，去学校上新报的培优班，而我换好衣服，被勉强从被子里爬起来的爸爸带出门吃早餐。我们从家走了足足半小时，来到了一家豆浆店。

后来据我爸说，他觉得步行街最热闹，那次是专门带我去玩的。很可惜我辜负了他，因为路远，他又没有牵着我，我一直跟在他屁股后头走，脑袋里忽然冒出一个念头："我要跟这个有点陌生但不是坏人的叔叔去吃饭了。"

那时候我年纪小，脸皮薄，既然是"叔叔"，点餐时也不敢放开了点，只礼貌地说："我吃什么都可以。""那跟我一样吃豆浆油条吧。"他说出中老年人的标配，我望着旁边桌上小朋友正大快朵颐的炸排骨饭垂涎欲滴，终是点头答应了。

如果再给我一次机会，我定要在那时大胆并肯定地说："我要炸排骨饭。"不给我就发脾气。

对此则离奇的记忆，我妈笃定是因为我爸当时一下班就回书房打游戏，完全不关心我。我爸当然不认。而我其实无所谓，反正我和我爸的关系本来就很淡。

我讨厌我爸是有理由的，而且这个理由刻骨铭心。那时候我已经读初中了，我爸戒掉了烟和游戏，我跟他也熟悉了起来。

在一个普通上学日的晚上，我爸不知道是因为藏了几天的臭袜子没洗，还是说错了什么话，被我妈揪住不停地数落。我听不下去，"拔刀相助"："哎呀！多大的事，我爸这不是挺好的？"

话音未落，我妈就把枪口转向了我："还不是因为你不好好学习。""对，都是因为你！"半天没吭声的我爸，居然瞬间和我妈统一了战线，并且在发现战火不会再蔓延到他身上后，溜回卧室，舒舒服服地躺在了大床上。一旁弱小又无助的我愣了很久。

从那天起，我发现但凡我不影响到我爸，他就能对我和颜悦色；反之，他面容一狞，数落起我来，战斗力比我妈有过之而无不及。为此我十分心凉，揪着这一点数落了我爸无数次。每次我提，他就露出一副又气又无奈的表情。

二

从初三起，我开始觉得他这样也挺好。毕竟小孩子才需要疼爱，大孩子只想着玩。我和我爸的关系就是从那时开始逐渐缓和的。

初三面临升学压力，每个家长都恨不得按着孩子拼命地学，包括我妈，但除了我爸。那段时间姥姥摔断了腿住进医院，妈妈又不放心我，每天辛苦地两头跑，晚上10点看着我上床睡觉才出门。而我妈一走，我爸就会来敲我的门，我从床上一跃而起，催他用DVD给我放他偷偷帮我买的《哈利·波特》，姥姥住了6天院，我没心没肺地看完了前6部。

有时他会陪我一起看，但大部分时间他都坐在旁边玩，好像我和我爸的相处模式一直都是这样。比如，我妈让他带我出去散步，他就趁机在小摊上喝牛肉汤，而我坐在他旁边吃我妈深恶痛绝的油炸食品……到了高中，我变本加厉。彼时因为学业紧张，我爸已经彻底沦为我的"车夫"——每天早上6点多送我，晚上8点整接我。

于是每天7点30分上晚自习时，我就偷摸着在座位上给他发短信："我想吃某某家的比萨。"

"怎么又吃？""哦。"

要说我爸的优点，也是有的，他跟得上潮流，读得懂这个"哦"字代表我要生气了，于是晚上饥肠辘辘的我拉开车门，就能闻到比萨的香味。

他不仅给我买，回家我吃不下我妈做的那些健康的、保留着食物本身味道的煮菜，他还要帮我编瞎话："奶奶做的包子，我给她带了两个，她吃过了。"我偷笑，他看到就冲我做鬼脸，我白他一眼，就回屋里看小说了。

那些小说也是用他给我的零花钱换来的，有时候他还得替我藏着，不只小说、杂志，还有喜欢的少年给我写的情书和我写的故事。可能是我爸不爱管我，我对他便不藏着掖着，我的感情史他一清二楚。高二学校让家长进课堂监考，我还一心给他指："你看第3组第4排。"

那段时光真温柔，好友特别羡慕："你跟你爸真亲近啊，我和我爸都没话说。"我立刻反驳，因为在那时的我眼里，我和我爸只是合作关系：我需要家人分享少女心事，而他是为了息事宁人，怕我妈骂我的同时殃及他。他不是真的爱我。

三

我的猜测很快就得到了验证。上大学后，我一直兼职赚生活费，偶尔想要旅行才找我爸赞助。经常是我给他的微信大号发消息要钱，下一秒他就用微信小号若无其事地问我吃了没，就算只给了我几百元，几个月后也会在他口中变成我"坑"了他好几千块钱。

我不想理他，但又躲不开，谁让好多我最爱的事情，都是他陪我做的。

他陪我看过三次演唱会。我人生中第一次看演唱会是在上海，那时候我住在无锡，很近，而他在遥远的北方城市。演唱会一般都会进行到很晚，我怕来不及回学校，他便坐绿皮火车跑来陪我，舟车劳顿换我半两心安。

后来又一次演唱会临近时，一向不下雪的城市忽然雪大得拦停了数辆高铁，路上的积雪没过小腿。我爸陪我换了几趟车，折腾到晚上，我仿佛一个机器人，跟着他走到奥体中心，冰天雪地里，恍惚的我以为又到了雪乡，我进去看时，他就一直等在外面。

最后一次是我去南京某音乐节，5月的风里已卷着热浪，原本说会有免费班车，但客流量太大，主办方没安排好，一班车要等两个钟头，于是我爸又开着车跑来了。那天下着大雨，音乐节结束得不是很晚，我们回到家时却已经是深夜两点了。

那之后我再也没劲折腾了，当初视若珍宝的演唱会，现在我竟然有点想不起现场的景象和歌手唱的歌了，但所有的背景历历在目。

于是我终于找到了跟我爸和平相处又能略显亲密的方式，就是绝不提钱，只在许多个深夜，他无所事事地瘫在沙发上时，我对他说一句："我饿了。"

"这么晚了，别吃了。"

"哦。"

过一会儿，厨房就飘起饭菜的香气。这时我会有种错觉回到了中学时光。所谓爸爸的爱，是不是就是周遭一切都在飞速改变，他却一直都在那里的心安呢？

直到他偷偷摸摸地说了一句"嘘，别把你妈吵醒了"打断我，看着他这副模样，我就知道，小说里那种如山般深沉的父爱我是体会不到的。他不是英雄，就是一个有着各种缺点和优点的普通人。有他这个简简单单的玩伴陪我，靠时间一点点增加我们的感情，我再陪他到老，也挺好的。🌿

面对抑郁

□ 柏邦妮

我想讲讲自己曾患抑郁症的一段经历。这是一个比较沉重的话题，而有时候正是由于讲述得艰难，才显得它更加珍贵。

2014年春天，有段时间我一个多星期不想出门，看见什么人都讨厌。所有以前让我觉得拥有热情和快乐的事，我都不想做。

大家对于抑郁症最多的三种反应是：第一，你也会得抑郁症？第二，你为什么发愁？跟我说说啊！第三，你不开心，我们讲点开心的事好吗？

对于第一点，很多人觉得抑郁症应该是那种多愁善感，看起来浑身散发负能量的人才会有的病。可是我觉得抑郁症就像感冒和发烧一样，它不挑人。

第二点，我对2014年春天那段时间印象深刻，因为那段时间我没有任何烦心事，工作顺利，情感稳定。然而，或许就是没有问题，我才不得不平静地面临一个事实——我的情绪生病了。

第三点，难过的反面是开心，抑郁的反面并不是难过，而是有生命力。想吃、想玩，对一切充满热情，那肯定不是抑郁症；什么都不想做，没有动力和意愿做事，那很可能就是抑郁。

每个人的心就像一口井，平常健康的状态是活泼地往外冒水，你的生命之泉特别健康。但慢慢地那里塞满了石头、落叶和烂泥，你觉得泉水冒不出来了，或者这口井有些浑浊了，这很正常，但不是一天变成的。

我头一年咨询时每次都哭，老师说我的心像是有很多破洞的房子，很多洪水在流。我大概咨询了十个月，有一天出来以后觉得好饿，闻到旁边有烤串的香味儿，第一次觉得想吃东西，这是第一个我好了一些的标志。

又过了一段时间，每次我都想倾诉，有好多的话要讲，这样的情况持续了一年多。有一次我和咨询师相对无言，他说，我没想到你有一天会没话讲。我也没有想到，心里却觉得好多了。

我去的咨询室在普通的小区居民楼，周围长满了树，有很多砖红色的老房子。那是一个很干净的小房间，有蜜色小沙发，还有长得非常好的植物，冬天时阳光会一直照进来。我坐在这个地方，觉得那是一个非常安全、温暖，能让我喘口气的地方。

后来在我很累且不得不面对这个世界的时候，在我不能去咨询的时候，我都会假想我在那个地方，跟我自己待在一起。

心理咨询之后，我发生了一些变化。我改变了很多以前的观念，比如，我曾很害怕自己某天会依赖咨询，永远想躲避在小房间里不出来；我很害怕移情给心理咨询师，怕自己沉溺在这种关系里，不愿意往下走。但其实都没有，咨询三年多以后，就变成今天下午我想去美容或者逛街，那就不去咨询了。

我的另一个变化是跟父母的关系。我特别渴望自己是完美的孩子，让父母以我为荣，但婚恋这方面我没办法让父母满意。我还没有结婚，可能还没有结婚的打算。但我接受一段时间心理咨询以后，便接受了这件事。这个世界上没有完

一只成名的海豹

□ [美] 詹姆斯·瑟伯

一只海豹躺在一块平坦的大礁石上晒太阳，他想道：到目前为止，我最大的本领只是游泳，别的海豹游得都不如我好；不过，从另一方面说，他们还都游得不错。他对自己千篇一律、单调乏味的生活思虑得越多，就变得越沮丧、消沉。

当天夜里，他游着离开了以往生活的地方，加入了一个马戏团。

不到两年，这只海豹已经变成了一个伟大的平衡技巧表演者。

他可以让灯泡、台球杆、健身球、跪垫、矮凳、美元、雪茄以及你交给他的任何东西保持平衡。当从一本书中读到美利坚合众国最伟大的海豹的资料，他认为那指的就是自己。在成为演员第三年的冬天，他回到那块平坦的大礁石上探望家人和朋友。

一到那里，他就把大城市里所有的猛料带给了他们，包括最新出现的粗话、金质烧瓶中的烈酒、大大小小的拉链，以及西服翻领上的一朵栀子花。

他为他们表演平衡岩礁上能够找到的所有东西，但岩礁上这样的东西并不多。

等他表演完他的所有保留节目，他问其他海豹，他们是否能够表演他刚表演完的节目。

大家纷纷表示不能。

"那好吧，"他说，"让我看看你们能做什么我不能做的吧。"

由于其他海豹唯一能做的就是游泳，所以他们纷纷离开岩礁，跳入水中。

马戏团的那只海豹也紧跟着跃入水中，然而，他被那身潇洒的城市装束——包括那双价值十七美元的鞋给束缚住了，以至于一到水中就开始往下沉。

加上他三年没有游泳了，已经忘记怎样使用前鳍和尾鳍了。等他第三次下沉的时候，其他海豹才出手救他。他们为他举行了简单却体面的葬礼。

当上帝给了你鳍，你就不要用拉锁来瞎折腾。

美的父母，也没有完美的小孩。

去年我跟妈妈有一次长谈，她给了我很大的惊喜。她说，你不要因为我们给你压力，就勉强自己去结婚，你只要觉得幸福，我们就会很开心，你过得快乐就是很大的孝顺。我如释重负，这也是我体会的一件特别好的事。

这一两年的心理咨询和心理成长特别神奇。去年有一天坐在飞机上，我有一种很奇怪的感受，这种感受在我30年的人生中从来没有经历过：那一瞬间我觉得非常坦然，没有任何羞愧感、内疚感、焦虑感。感觉很好，但那不是自恋，就是很平静的，内心很饱满、很完整的感觉。那个瞬间就像一枚通透的水晶，照亮了我人生的前30年，也照亮了我人生中的后30年。

经常有人问我想过什么样的人生，我就想到我喜欢的一位作家，他叫卡佛，临死之前，他说，这一辈子你得到了你想得到的吗？我得到了。

你想得到什么呢？我想爱人，我想被爱，我想叫自己亲爱的。

经验主义的错误

□ 高东升

蟪是昆虫中的一大类，属半翅目，很好认，看它们的翅膀就行：一半是甲壳，坚硬如铁；一半是膜翅，轻薄似纸。它们最典型的特征是，从正面看，翅膀上有清晰的X形纹理。蟪不大，却是身手敏捷、本领高强的猎手。我无数次拍到过它们的模样，但只有一次拍到它们捕猎的瞬间。今天又拍到了，情况却有些特殊。

我是在苘麻上拍到的。苘麻是我童年时的玩具，我对它太熟悉了。它的叶子柔软宽阔，是小孩作画最好的"天然纸张"；叶柄耐弯曲，可以一根搭一根，递增编成一座"宝塔"；橘黄色的花儿自带"胶水"，揪下来可以贴在脑门上，以前我以为"对镜贴花黄"贴的就是它；柔嫩的种子可以剥开来吃；把它的茎抽掉半截儿，把皮编成辫子，就是一根鞭子……现在几乎没人种苘麻了，我看到的也都是野生的。那只蟪就在苘麻的果实和叶柄间来回爬。它的刺吸式口器上有一个猎物，但它没有安静地进食，而是不安地爬动。

我拍了几张，放大细看，才瞅出了端倪——它捕到的"昆虫"没有腿，换个角度我也没看到。后来想起，也许，它捕到的不是昆虫，只是苘麻籽。为了防止我的记忆有误，我又剥出几粒苘麻籽与照片对比，果然，我的判断没错。

这有些奇怪。我猜想当时的情形大概是：苘麻的果实成熟了，果壳微微地炸开，露出了里面的种子，蟪发现了，以为是小昆虫藏在了里面，稍作停留，便亮出自己的武器。苘麻籽非常坚硬，我用指甲使劲掐一粒干透的种子，却怎么都

掐不动。

蟪也为这次莽撞的进攻付出了代价，针头一样的嘴巴拔不出来了，刚才转来转去大概是在想办法。后来它有过短暂的停留，似乎想用两条前腿摁住种子，使劲拔它的刺吸式口器，但没有成功。它太小，我没法儿帮它，也许它自己能解决。

也许说它莽撞不太恰当。很多昆虫都有外骨骼，很坚硬，要是捕猎者没有足够的速度和力量，一刺，顶多只是把猎物顶远一些而已。攻击的时候，蟪的眼里只有猎物。而大如狮子、老虎之类的猛兽也是这样。

再想想苘麻，种子藏在壳里面，黑乎乎的，不好看清。小昆虫也喜欢在缝隙里隐身，而苘麻的小腰果状的种子也太像虫子了。这只蟪也许在心里埋怨，只怪自己眼神不好——自己以前就是这样捕食猎物的，从来没有失过手。

后来，我在一小株干枯的木芙蓉上又拍到了完全相同的一幕——木芙蓉的种子竟然和苘麻的种子如此相像。木芙蓉上的这只小蟪身子鲜红，有白色条纹，还没长出翅膀，刺吸式口器很长，几乎等同于它的身长。它受困之后，有好几个弟弟妹妹前来帮忙，但依然没有解除困局。

《伊索寓言》中曾写到一头驴子，它在驮盐的路上不小心摔倒在水中，盐溶化了不少，它站起来的时候觉得轻了许多。后来驮棉花的时候，驴子故意摔倒在水中，想重复上一次的无意之举来收获好处，结果棉花吸足水分变得十分沉重，驴子没能爬起来，被淹死了。

这两只小蟪都犯了这样的经验主义错误，不知以后还有没有机会改正。

段子铺

长寿

有一天，可乐和咖啡在聊天，可乐问咖啡："你觉得我们俩谁会较长寿呢？"

咖啡慢悠悠地回答："不知道呀，这要看你平常作息正不正常了。"聊着聊着，可乐就没气了。

我深爱"谢谢"这两个字

□张晓风

我深爱"谢谢"这两个字，这是人类共有的最美丽的语言。

凡不肯说"谢谢"的人，都是骄傲冷漠的人，他觉得在这个世界过的是"银货两讫"的日子。他是工商业社会的产物，他觉得他不欠谁，不求谁，他所拥有的东西都是他该得的，所以他不需要向谁说"谢谢"。

但我知道，我并不"该"得什么，我曾赤手空拳来到这个世界，没有人"该"爱我，没有人"该"养我，没有人"该"为我废寝忘食。

今天，我们越来越少发现发自内心的谢意，不管是对人的，还是对天的。

其实，值得感谢的岂止是天、地、日、月、星辰？天地三光之上的主宰岂不更该感谢？

在这个茫茫大荒的宇宙中，我们究竟付出了什么而这样理直气壮地坐享一切呢？我们曾购买过"生之入场券"吗？我们曾预订过阳光、函购过月色吗？对于我们每一秒钟都在享用的空气，我们自始至终曾纳过税吗？

然而我们不肯说"谢谢"。

如果花香要付钱，如果无边的年年换新的草原和地毯等价，如果喜马拉雅山和假山一样计石块算钱的话，希腊船王奥纳西斯的遗产够付吗？如果以金钱来计，一个人要献上多少钱，才有资格去观赏令人感动泣下的一个新生婴儿发亮的眼睛和挥舞的小手呢？

然而我们不肯说"谢谢"。

古老的故事里记载："汉武帝以铜人作承露盘，高二十丈，大十围。上有仙人掌，承露和玉屑，饮之以求仙。"

其实，汉武帝的手法太麻烦了，要求仙，何须制造"露水如玉屑"的特殊饮料呢？

只要我们能像一个单纯的孩童，欣然地为朝霞大声喝彩，为树梢的风向而凝目深思，为人跟人之间的忠诚、友谊而心存感动，为人如果能存着满心美好的激越，岂不比成"仙"更好？

他永远不曾知道一颗知恩感激的心才是真正的承露盘，才能承受最清洌的甘露。

中国人的谦逊，总喜欢说"谬赏""错爱"，英文里却喜欢说"相信我，我不会使你失望的"。

作为一个中国人，我更能接受的是前一种态度，当有人赞美我或欣赏我时，我会暗暗惭愧，我会想："不！不！我不像你说的那么好，你喜欢我的作品，只能解释为一种缘分，一种错爱。古今中外，可欣赏、可膜拜的作品有多少，而你独钟于我，这就使我感激万端。"

我的心在感激时降得更卑微、更低，像一片深陷的湖泊，我因而承受了更多的雨露。

到底是由大地来感谢一粒种子呢？还是种子应该感谢大地呢？

都应该。感谢会使大地更温柔地感到种子的每一下脉动，感谢也会使种子更切肤地接触到大地的体温。"谢谢"使人在漠漠的天地间忽然感到一种"知遇之恩"。"谢谢"使我们忘却怨尤，豁然开朗。

让我们从心底说一声："谢谢！"——对我们曾身受其惠的人，对我们曾身受其惠的天。

不能打我之后,她学会了翻白眼

□ 朱小天

一

小时候,我一直怀疑一件事儿,我妈生我养我,就是为了打我。

那时我们最流行的健身运动就是爬树。夏天最大的乐趣,就是上树抓知了,装进喝完可乐的塑料瓶,观察它们从哪发声。我身体最小巧,爬得也最快。这一度从妈妈手下拯救了我。

我妈一动手,我就爬上家门前的大槐树,那树不算粗壮,但足有三层楼高,长得歪歪扭扭,密集的枝干向四周延伸,很利于攀爬。我妈又气又怕,在下面跳着脚骂我:"你个猴崽子,爬那么高不怕摔!"她骂到没力气,回房歇会儿,再出来骂。傍晚,我又累又饿,她站在树下笑眯眯地说:"下来吃饭吧,妈妈不打你。"我下了树,又挨了一顿打。

二

我试图弄清楚妈妈为什么打我。

有次我从爸爸口袋里摸出一百块钱,拿去小卖部买零食,阿姨说:"你一个小孩,拿这么大面额的钱我可不敢收。"我只好把钱折成两个拇指盖大小,塞进铅笔盒里。傍晚,我妈就发现了,打完我还罚跪了两小时,问我:"你这是小偷的行为,你知道吗?"

我梗着脖子:"我没偷,我顺手摸出来的。"她直打到我说"我再也不敢偷钱了",整个人虚脱一样瘫在沙发上。过了一会儿,她抱起我,帮我揉被打的地方:"学习不好可以原谅,品行不端就不能原谅了。"

哪里有压迫,哪里就有反抗。小学四年级,学校组织了作文训练班,还挑选写得好的同学做课堂演讲。我以相当华丽的词汇,写了一篇我妈打我的血泪史,近三千字。

语文老师大加赞赏,我于是成功入选,开始了自己的反抗,揭露妈妈的暴行。课堂演讲在每节课开头,大家要讲五分钟关于自己的小故事。我讲的,就是我妈如何打我。

有一期,我讲了自己的梦想:我要做一名记者,把我妈打我的真相曝光,让所有人都知道她是个什么样的妈妈。还有一期,我讲了自己做的梦:梦到城里的新家门口也长出了一棵大树,我妈一打我,我就爬上树,树上有白里透红的桃子,还长出了汉堡和薯条,我从此过上不挨打的幸福生活。

我的挨打故事,在班上很受欢迎。大家很开心能有一个挨打最多的同学垫底,他们惊讶之后,就开始鼓掌。因为很受欢迎,我挨打的故事连载了好多期,直到有一天老师实在听不下去了,结束了这场揭露。

不过我妈也有优点。比如力气很大，赚到第一笔钱后，她每周带我去老师家学手风琴，她能扛着重得要命的手风琴，挤四十分钟的公交车，再踩着高跟鞋，走两公里的路。我爸很少在家，妈妈能轻易抬起煤气罐换煤气；院里停水，我妈就走很远去其他院子，一个人拎着两桶水回家。

她体力也好，打我时没一下轻的，一追我就能追两条街。

三

上初中之后，我暗中报了学校里的田径队，参加百米赛跑，大概是青春期旺盛的激素带给我的力量，我的个子也蹿得跟她差不多高，跑得更快，也更有耐力。初二，我拿了全校八百米第一。在台上领奖的时候，我就想，我妈再也追不上我了。

高一的一天，记不清具体什么原因，那次我俩吵得很凶。她冲上来抓住我的胳膊，我甩开，她一个趔趄没站稳，摔倒了。

那以后她很少打我。也许她隐隐知道，她早就打不过我了。但我们有更大的冲突。

她偷翻我的日记本，发现我有交往的男孩，嚷着要去找班主任。我在家门前堵着，两人吵了将近一个时辰，她习惯性地伸出手准备给我一巴掌。我昂着头，瞪着眼睛看她，心里的愤恨快要喷出来："你来啊！"

她怔怔地看了我一会儿，缩回手，转身进厨房做饭。这件事居然就这么轻松地过去了。

我把那一刻当作反抗的真正胜利。从那天起，她对我不再那么强硬，甚至变得小心翼翼。

那天她讲了自己的初恋，讲姥爷如何反对她和我爸在一起，她又如何偷了家里的户口本跑出来跟我爸结婚，她还讲了自己的妈妈。

四

在她小时候，姥姥对她的唯一教育方式，也只有打。

妈妈12岁那年，姥姥得了肺病，病入膏肓，打起我妈来却很精神。姥姥逼她学做饭，那时做饭用柴火，我妈被呛得不行，就是弄不出火，每天就被打得很惨。

没过多久，姥姥就去世了，"你姥爷说，那会你姥姥知道自己不行了，她怕我不会做饭挨饿，每天就打着我在灶房里学做饭"。

她也像早早离世的母亲那样，相信自己可以宣告对我人生的掌控权，通过暴力控制我不往她认为危险的方向发展。她深信母亲的权威压倒一切，她有资格随意进入我的房间，翻看我的日记，决定我结交什么样的朋友。

但我推她那天，她忽然发现，我成了一根绳子上跟她对立的另一股劲儿，她越拉，我走得越远。她不知道自己要做些什么，唯一能确定的是，再也不能打我了。打我，树立了一个母亲的威严，当她决定不再打我时，她就放下了这种威严。

聊开之后，我们的相处好了很多。她会跟我聊我的朋友和初恋。她很少问我的成绩，只跟我讨论我想考去哪所大学，做什么样的职业。她偶尔会跟我撒娇，说："你也跟我说说你的事嘛。"我就凑合着讲点，一不小心讲出好些秘密。比如初中时，我屋子里的毛绒玩具大多是男孩子送的，我骗她说是我闺蜜送的。

她翻个白眼："我就知道！"不知什么时候，她跟我学会了翻白眼，就经常用这种白眼回我。

去上大学前夕，我们聊了一整夜的天。我问她："为什么我弄脏运动衣和忘带琴谱，会被打得那么惨？"

我妈想了挺久，我猜她打我的次数太多，不太记得是哪次。良久才说，她做生意赚的第一笔钱，花掉一半为我买了运动服，衣服怎么洗都洗不干净，穿过一次就作废了；至于琴谱事件，为买那台手风琴，她攒了几个月的钱，一看到我毫不珍惜吊儿郎当的样子，就来气。

"那以前你打完我就消失了，回来又一副心肝宝贝的样子，你去干吗了？"

她说好几次打完我，自己蹲在外头台阶上哭，不知道生活为什么会变成这样。有时下班的人陆续回来了，她怕丢人，再转到厨房里哭一会儿，"我那时也就像你现在这么大，还是个年轻的姑娘，除了打，压根不懂得怎么教育小孩"。

等回到屋里，看到我干号着不流泪，又委屈得不行的样子，她想，这孩子确实太小了，不能体会大人的辛苦，长大就明白了。

那段时间她刚下岗，每天匆匆忙忙地骑着自行车，接我放学后，就急着回家做饭，还要腾出工夫打我。她的皮肤被晒得黝黑，眼睛也没有以前黑亮。回家路上，我看到她经常背手风琴的肩膀，被勒出一道深红的印子。

青春若有张长痘的脸

□ 李柏林

1

高三的时候，随着学习压力的增大，我的脸上开始凸起一颗颗痘痘。我曾经梦想着长大，但我没想到，伴随着长高、长大的，是满脸的痘痘。

那些痘痘，就像雨后潮湿的墙角长出来的青苔，此消彼长，只要一上火，便会冒出几颗。而那个时候，我唯一能做的，就是用手挤。

我经常在下课后，对着小镜子拿手挤一个个脓包，可结果并不理想，反而像病毒蔓延，长了更多的痘痘。

我的额头也开始摸起来棘手，凸凹不平，混合着已经冒出的痘痘和即将冒出来的痘痘。我开始剪厚重的刘海，一直遮挡到眼睛。我开始变得烦躁，总是喜欢独来独往。

2

我以为上了大学就好了，可是上了大学后，我的痘痘并没有得到改善。同学们都开始学化妆，一张张精致的脸让人欣羡。素面朝天的我，更不敢和一群精致女孩走在一起。因为痘痘，我变得异常敏感自卑，我就像不敢过街的老鼠，总是披着一头长发，希望转移别人的注意力。

我到处看医生，中医西医都不落下，喝中医喝到整个脸浮肿。我的购物车里，永远躺着药膏，别人双11抢衣服囤化妆品，而我会熬到12点抢药膏。

我也不敢顶着大太阳出门，因为那样会让我的痘痘更加明显而刺眼。每次出去逛街，我都选择在晚上，再化上厚厚的妆。在昏暗的灯光下，一切都柔和起来。

3

这场"战痘"从高中到大学毕业都没有结束，我硬生生地把二十岁的年龄过成了五十岁的生活，保温杯里放枸杞，天天刷养生公众号，信奉"冬吃萝卜夏吃姜"等各种饮食习惯。可那些痘痘还是如雨后春笋一般，好像我把它们养得很好，一茬接一茬，这个季节治好了，没关系，它在酝酿下次来。

而我也因为试了太多药物，变成了敏感肌肤。春天柳絮过敏，夏天花粉过敏，秋天寒风过敏，冬天好不容易万物冬眠，想来一杯奶茶，结果我对烧仙草过敏。一年到头，痘痘换着不同的理由，对我不离不弃。

4

后来我想我得靠着不吃药的方式，改变自己的肤质。我在网上看到一篇文章，说人之所以起痘痘是因为排汗太少，多出汗排排毒就好了。

我于是开启了夜跑的生活，决定少吃多动，排毒养颜，变瘦变美。为此我还加了好几个夜跑的群，希望互相督促。可当我这个夜晚不爱出门的人，开始跑步后，才发现夜生活如此丰富。夜跑的路边全是烧烤摊，我每次都是饿着出门，饱着回来。每一个不食人间烟火的减肥者都会败给人间烟火。因为半夜吃了太多串，毒素没有排掉，反而上火起了更多的痘痘。

5

这个方法对我这样的人行不通，我只得另求偏方。我一个朋友说他有偏方，我迫不及待地跑到他单位楼下等他。

他告诉我，茶叶是下火的，体内上火，需要内调，可是我这个火已经在表皮外了，需要内外根治。他也曾经起痘，就是敷了茶叶，才有了现在的好皮肤。我看着他白白净净的脸，半信半疑，但是觉得证据就在眼前，不妨试一试。我找借口说回家写稿子，赶紧回了家。

回家后，我开始烧水泡茶，我从没有一次，那么虔诚地观察过信阳毛尖。看着一粒粒嫩芽在沸水中翻滚，绽放，茶汤干净清澈，我也在幻想我的脸同样可以如此，干干净净。我等待着一杯茶凉，觉得等了一个世纪。我还记得他说过，茶叶水可以把睫毛变长，于是我躺下，把茶叶均匀地铺在我的脸上，就像晒稻子一样，先扒拉平整，等着茶叶在我脸上变干。我闻着茶叶的清香，想象着我吸收着它们的营养，然后变得貌美。我闭上眼睛冥想，幻想着揭掉的那一刻，变成一个皮肤光滑，睫毛纤长的小姑娘。

取下来的那一刻，我确实感觉皮肤上的痘痘开始变得暗淡了，并不像以前那样红得刺眼。我连续敷了三天，果不其然，我过敏了。

接下来的一段时间，我只能戴口罩。再次见到朋友，我没敢告诉他，我试过他的偏方。我只是说，来的路上，柳絮糊了我一脸。

6

他又开始给我支招，告诉我过敏就要用芦荟胶啊。我吐槽道，用了很多芦荟胶，我都已经对芦荟胶免疫了。他告诉我，那芦荟胶含量少，一瓶子也许就几克而已，当然效果不明显了。我当时立马想到超市里，那蔬菜区的顶上，挂着一株巨大的芦荟，还被人割去了好几片。

我在饭后去买了芦荟茶，芦荟的零食，然后嚷嚷着让超市的服务员割了一小截芦荟给我。我决定加大芦荟的剂量，开始抗痘。

而这次，依旧没有取得良好的效果，又是以失败告终。

7

我一次次地实验，在实验中萌生对未来的憧憬，又不断失败。那些年，我的内心就像一颗需要好好呵护的痘痘，有太多敏感脆弱。

在青春最美好的年龄，我也有喜欢的男孩子，我也想像所有的偶像剧情节一样，踮起脚尖，昂着头对他笑。而我却不能，我没有一张光滑的脸。每次见到他，我都要在心里丈量两米的距离，对他说你好，然后假装有事地跑开。

我不敢太出类拔萃，甚至凡事不敢太优秀，我害怕别人说，瞧，就是那个满脸痘痘的。我在学校的校刊上发表文章只敢用笔名，我害怕有人会因为文章关注到我，进而破坏他们对一个作者的幻想。

甚至面对别人随口的一句，你怎么起痘痘了，我都会不知所措。像我在青春的路上，做错了什么事。

8

直到有一次，我在路上看到一群穿着校服的学生，其中不乏长着青春痘的孩子，可是他们身上散发着令人欣羡的少年意气。我突然有些遗憾，想起那个青春时期都低着头独自走路的女孩。也许，她曾美丽，却不自知。

虽然那些年错误的偏方让我留下了痘印，但是我渐渐地不再关注自己的外在，我也学会了接受自己的不完美。反正改变不了这个现实，就修炼内在吧。

我不断地充实自己，我的文章也一篇篇被印成铅字。我用一个个故事虚构了另外一个我，时而多愁善感，时而幽默热情。而在阴晴不定的青春里，长痘成了我一段特殊的经历。我喜欢和喜欢我的人啊，虽然我没有那美好的容颜，但希望他能在书中发现一个有趣的我。

我想，如果我早知道青春有张长痘的脸，我一定要绑起高高的马尾，穿着宽大的校服，和同学们开心地走在路上，迎着朝阳，拥抱夕阳。我会站在喜欢的男孩子面前说你好，我会直视别人质疑的眼神。因为，即使是有痘的青春，也是青春的主角。

你为什么总是抓不到娃娃

□ 宛 易

为什么抓娃娃这么难？自然是背后搓着手的商家为你设下了重重阻碍。他们是怎样做到的？我们找了几份国内外娃娃机的说明书和设计专利，为你探索娃娃机的秘密。

最让人怨声载道的要数钢爪——抓的时候好好的，上来途中怎么就松了？因为从一开始，厂家就没想让它抓稳。说明书中明言：爪子的形状被完美制作成在抓住和滑落之间保持平衡，当然，让爪子抓不稳东西主要还不是靠外形设计，而是靠控制爪子的电路板。

目前市面上通行的抓娃娃机，都是用电路板通过编程语言控制钢爪和整个娃娃机的运作。钢爪是一块推拉式电磁铁，钢爪上部有一个电磁线圈，还有一个铁芯。一旦电流经过电磁线圈，线圈变为一块电磁铁，铁芯就被吸上来，带动组件提升至固定位置，爪子则会闭合，做出"抓"的动作。

如果保持恒定电流，电磁铁就可以拥有稳定的磁场，钢爪的闭合状态也应是稳定的。然而，通过电路板的编程语言可以控制电流大小，进而控制钢爪的力度。

比如，有一款娃娃机说明书显示，它的钢爪力度可以人为设置，而且可以分为抓取和拾起两个阶段分别设置。抓取的默认力度值为70，而拾起的默认力度值为50。两个阶段力度的切换瞬间，就是娃娃机的"手滑"时刻。

除了爪子的力度，商家还有很多办法刁难你，比如，限制你操纵钢爪的时间。有一款娃娃机的游戏时间最短可以设置为15秒，这对你的反应速度以及观察能力都是巨大的考验，它很可能在你还没调整好的时候纵身而下，抓个空气。

但娃娃机不能永远当坏人——如果谁都不能抓到娃娃，长此以往就不会有人光顾了。所以，娃娃机厂商发明了另一项功能，用来吊住你的胃口：让商家直接设定一个固定的成功概率。

这个成功率也是通过调节钢爪的电流，进而调整其抓取力度实现的。可以这样理解，商家先需要确认一个玩家可以成功抓走娃娃的电流AI。再设置其出现的频率，比如，每20次出现一次AI，让玩家成功一次，激励他继续投币。

一则说明书中的提示很好地暴露了商家的用心：我们强烈推荐尽可能使用自动概率功能。它能按照最准确和稳定的投入产出比给出奖品，让你的用户保持开心，让他们重复玩。

当然，如果你是万中无一的娃娃机奇才，就能突破万难，于万军中抓住娃娃首级。目前，"最成功的娃娃机玩家"的吉尼斯纪录保持者是日本的中岛由佳，截至2010年，她总共从娃娃机里抓取过3500个玩具熊，还专门出版过娃娃机攻略。

她的成功秘诀包括仔细观察娃娃布局，用钢爪边缘推动，而不是抓取娃娃，将其挤入洞口；抓取娃娃A，让娃娃B因为抓取动作造成的震动掉入洞口，等等。

但即便你是这样的奇才，商家依然有治你的办法，有的娃娃机可以设置所能接受的最大支出限度。比如，商家设定支出百分比（玩家获得的总金额所占的百分比）为33%，一旦系统发现这一比例超过33%，机器就不再接受玩家投入硬币。也就是说，如果遇到高级玩家一下抓走太多娃娃，这款娃娃机就会开启"自动保护机制"，不让你玩了。

笨鸡腿和聪明鸡腿

□ 伊北

每个礼拜三都是我最怕面对的日子,因为那天是寝室同学们的"母亲探望日",除了我的妈妈,其他同学的妈妈都会准时到来,并带来丰盛的饭菜。

我也很希望妈妈能带来好多丰美的食物,但是作为一个单亲妈妈,她的工作已经够她忙的了。所以今天,我下定决心——礼拜三必须打三个菜!

我端着搪瓷饭缸,里面放着我刚从食堂打回来的饭和菜。这次,我颇为豪壮地打了一块炸得软软的扁平大排,西红柿炒蛋染红了躺在更下层的米饭,还有豆芽炒肉呢!

"回来啦!"孙治妈微笑着跟我打招呼。

"阿姨,来啦。"我保持微笑,此刻我必须做一个懂礼貌的好孩子。孙治妈每次必送白烧的大鸡腿,孙治比同龄的孩子都胖。我打开饭盒,我的大排在孙治的鸡腿面前,好像忽然缩小了。

"你妈没来啊?可真辛苦呢,一个人拉扯孩子。"孙治妈说道。

"孙治,把鸡腿分出一只来。"孙治妈发号施令。孙治慢吞吞地,用筷子头夹住鸡的小腿长条骨,我像触电般,立刻端起饭缸躲避,嚷着:"不要不要,我不喜欢吃鸡腿……"我一用力,那只鸡腿"啪"的一声掉在地上,滚了一圈,沾满了灰。

"他说不吃就别给他吃,你这孩子怎么这么死性。"孙治妈对孙治嚷。

大家投来的目光让我难堪无比,真是恨死孙治的鸡腿了。

晚自习,我坐到孙治旁边。不到九点,孙治就趴在桌子上睡着了,我用胳膊肘拐了他一下,这家伙醒了,嘴角还流着哈喇子。

"你这么睡可不行。"我摇着头,好像个老夫子,"科学家研究表明,轻度的饥饿感有助于大脑运作,你啊,就是吃多了。"

"那怎么办?"孙治似乎相信了。

"让你妈给你少送几顿饭就行了,尤其那只鸡腿,不能再吃了,太长肉。"孙治点点头。第二个礼拜,孙治妈果然没来。

"鸡腿对智力发育不好。"我们寝室卧谈,这是我永远的观点。

"是不好,我不吃鸡腿之后,这次月考我上升了三十名呢。"孙治现身说法,支持我的论点。

"那意思是,我们这里的鸡,吃了笨笨丸?"李曹发挥想象。

"笨笨丸是什么东西?"年睿好奇地问。

我一听他扯远了,便说:"没有什么笨笨丸,过去的鸡也是聪明的,因为它们每天会出去看世界,现在基本都是人工饲养的,这种鸡被关在笼子里时间长了,脑子呆滞,吃它的肉,也就会变得呆滞。"

孙治蹬了一下床,恍然大悟。

就这样,我清除了孙治和他妈的笨鸡腿。有一天,我和孙治在食堂窗口排队打饭。李曹跑过来,急匆匆地说:"你妈来了。"

我脑子里一片空白,立刻端着饭缸朝寝室跑。撞门进去,看见我妈站在屋内,一身水红色衣服,比孙治妈漂亮多了。

我放下饭缸,里面空空如也。

孙治、李曹、年睿他们也回来了,端着刚从食堂打回来的饭。老妈从包里拿出两个一次性饭盒,解开塑料袋,打开,摆在我面前,一盒里是饭和木樨肉,一盒里躺着两只红烧鸡腿,黄褐色,并排放。

三个同学盯着我和鸡腿看。

多么好的妈妈啊!我眼眶发热,可我终究没忘记自己当初对鸡腿的定义。我指着盒子中的两只鸡腿,看了他们三个一眼,说:"嗯,这是聪明的鸡腿,是聪明的鸡腿。"

老妈不解:"什么?"

"没什么,没什么。"我低头哭了,眼泪滴在了鸡腿上。

婚礼上的一张羊皮

口 王 族

图瓦人说，鸟儿高兴的地方在天空中，牛和羊高兴的地方在长满绿草的山坡上，人高兴的地方在结婚的房子里。

图瓦人结婚的时候，羊皮是最重要的东西。到了一对青年男女结婚的时候，双方的家长都要早早地备一张羊皮。迎亲那天，男方到了女方家，女方便拿出一张羊皮让男方来迎亲的人争抢，众人各抓住羊皮的一角奋力往自己的怀里扯，羊皮的韧性好，所以众人只是放心地扯，不担心羊皮会被扯破。慢慢地，便有人因体力不支或意志不够坚定，手腕一酸就脱了手。只要手一离开羊皮，就不能再去抢了。抢羊皮只是为了活跃婚庆的气氛，抢得者并不将羊皮拿回家，而是献给在场的长者。将新娘迎回男方家后，男方也要拿出一张羊皮让女方送亲的人抢，同样，得羊皮的人也要将羊皮送给长者。

要是选择在冬天结婚，抢羊皮便有好看的一幕。两个人扯着羊皮抢来抢去，有时候会摔倒在雪地里，雪把两个人弄得面目全非，但谁也不会松手。最后，两个人变成了雪人，手中的皮子变成了白色，围观的人发出的笑声一浪高过一浪，但他们就是不松手。到了最后，两个人拼的就是狠劲，其中一个人迅猛用劲，皮子就到手了。围观的人对胜利者报以热烈的掌声，他既赢了对方，又得到了人们的赞赏，他是双重胜利者。待婚礼结束，总有两位长者腋夹羊皮兴高采烈地回家去。村里人很快都会将羊皮卖出去，不在家里长时间存放。若不卖，便挂在门前。但还有一种情况，就是参加婚礼的长者们为了喜庆，要将得来的羊皮在门前挂更长的日子。这是长者对年轻人的一种祝福。

有一年，有一对年轻夫妇杀了两只羊，因为没有人来收羊皮，羊皮便在门前挂了很长时间。有一天，夫妻二人外出时锁上了门。那天村里有人杀羊，羊肉煮好后，便按村里的规矩给每户端一碗羊肉，端到他们家后，见门前挂了两张羊皮，以为他们家有两位老人参加别人的婚礼了，便回去又端来一碗放在门口。晚上，夫妻二人回来，见门口有两碗羊肉，乐不可支地倒进锅里一热，美美地吃了一顿。

我曾在村子里见过一位妇女卖羊皮的情景。收羊皮的人骑着摩托车在村子里驶过，她将他喊住，进屋去拿了羊皮出来。那张羊皮不知有多大，被她折成几叠，方方正正地挟在腋下。她不出院门，走到栅栏边"唰"的一声将羊皮抖开，对收羊皮的人说，好皮子，五十块。收羊皮的人与她讨价：四十块，今年阿勒泰的皮子多，不好卖。她二话不说，拿起皮子就走。收皮子的人忙把她叫住，递过来五十块钱，收走了那张皮子。后来才知道，图瓦人视羊为上天所赐，从不将羊皮从大门里拿出去，有人来买，也是从栅栏上递出，这样，就好像羊仍在家里一样。

我在村子里也遇到了一场婚礼。那天，人们经过了男女双方争抢羊皮后，将新娘迎进新房。男方为婚庆杀了十几只羊，羊肉已经煮好，院子里飘满羊肉的香味。新娘刚进院子，便要举行一个仪式：新郎将宰杀的第一只羊的耳朵从锅中捞出递给新娘，新娘用双手接住认认真真地吃下。图瓦人和哈萨克族人一样，对吃羊耳朵颇为讲究。家里来客人了，将羊耳朵递给客人中年龄最小的一位，意即你年龄最小，要听话。新娘刚入家门，让她吃羊耳朵，也有让她听话，好好做媳妇的意思。我想起自己的一次经历。我已经到了这年龄，几年前居然有幸在一群客人中当过一回年龄最小的客人，吃了两只羊耳朵。羊耳朵吃起来细脆，非常香。

那天，我被人们热情挽留参加晚上的闹洞房。图瓦人闹洞房和汉族人大相径庭。天刚黑，有人吆喝一声，闹洞房便开始了。昏黄的油灯不够亮，有人便点起了"松亮子"。松亮子是火把的一种，是从有油的松树上直接劈下来的，绑在一起，点着便可燃起熊熊火焰。屋内灯光绰约，人们因为已经喝了一天的酒，此时都带着酒气。而正因为饮了酒，人们便都很兴奋，一声声高喊着什么把新郎新娘推来搡去，颇为热闹。有人还备了树枝，啪啪地直抽新郎新娘，每抽一下便有一声痛叫响起。我刚挤进人群，想看一眼漂亮的新娘，只见一个人飞也似的撞了过来，我双手一挡，这个人才没有倒下。待我仔细一看，是新娘，她尽管因为出嫁好好打扮了一番，但此时满脸痛苦状。我看见她穿了很厚的衣服，大概是为了防枝条抽打，但怎么防得住呢？此时的抽打已经变成了喜庆不可少的东西，所以，即使再疼，她也得忍着。

我一扭头看见了新郎的父亲，此时他才有时间吃饭。锅内的羊肉已经所剩无几，他用勺子捞了半天才捞了半碗，一个人蹲在那儿急急吃了起来。一个图瓦男人到了这时候，才像所有的父亲一样闲了下来。从结婚生子，到养子成人，再到为儿子张罗着娶媳妇，一忙就是几十年，而在闲下来的这一刻，却只有半碗羊肉等着他，不知他能否填饱饥饿了一天的肚子。

洞房仍热热闹闹地在闹。我与他聊天，他说，哪怕自己吃不上一口羊肉，也要让村里人热闹起来，如果人们不闹，不把羊肉吃光，反而是一件没面子的事情。

后来，我又听说了村里的一件事。有一年一户人家娶媳妇，先是羊皮显得小，没有人去抢，后又因为羊肉太少，大家没吃饱，喜庆的气氛一下子便冷了下来。到了晚上，人们不约而同地散去。新娘觉得是男方小气，怠慢了村里人，一气之下跑回娘家去了。娘家人见女儿回来，便向男方提出了退婚。

一张羊皮，一顿羊肉，就这样把一对夫妻给拆散了。

未来文字能力不重要了吗   □罗振宇

昨天说到互联网的一个特征，不是抢占高地，而是抢占洼地。所谓人往高处走，水往低处流嘛！

最近我和同事在聊一个话题，你看现在短视频流行的趋势，未来的人，输入信息主要靠视频，自我表达也主要靠视频。

文字能力在未来是不是就不重要了？过去100多年，教育家、政治家们好不容易让大众学会了认字、阅读和写作，这份努力未来是不是也就没价值了？

哎，我不这样看。互联网确实放大了洼地的价值，但是，这个世界归根到底是要有高地的。文字作为过去人类文明最重要的载体，它的价值不仅在，而且会因为掌握的人变得少了，价值会越来越高。

打个不恰当的比方，当白话文成为主流，这是好事，但那些熟练掌握文言文的人，能够阅读古典文献的人，你说他们的竞争力是降低了还是提高了呢？当然是提高了。

为欲望套上枷锁

□ 清风慕竹

宋徽宗的艺术天分很高,特别喜欢玩,踢球、赏花、写字、画画,当然也少不了风花雪月、邂逅心跳的感觉。不幸的是,宋徽宗被推上了皇位,当上了皇帝,他不羁的心一下子被套上了枷锁,让他浑身不自在。

古代皇帝看起来风光无限,其实也挺辛苦,一般五六点钟就要起床,七八点钟就得坐朝上班了。工作时间长倒在其次,皇帝虽然说一不二,但也要受许多礼制的约束,违背了就会受到大臣的批评、劝谏,吏官也会记录在案,让后人都知道你的污点。

刚当皇帝那会儿,宋徽宗还是想有一番作为的。他曾发布诏书,情真意切地说:"其言可用,朕则有赏;言而失中,朕不加罪。"意思是,你给我提意见或指摘朝政,可用的有赏,说得不对,我也不怪罪。事实证明,徽宗还是有这个气量的。一次,一位老臣因为一个问题,情急之下竟然拉扯徽宗的衣袖,崭新的龙袍被撕了个大口子,他也没追究那位老臣的罪过。从这点说,徽宗相比当年唐太宗的气度不在以下,可时间一长,他就有些耐不住寂寞了。

爱好高雅艺术并不是坏事,但艺术越高雅,品位越高端,往往越需要花钱。宋朝的皇帝从太祖始就非常注意节俭,祖训不能不遵从,宋徽宗有些束手束脚,直至蔡京给他找出可以花钱的理由。蔡京在艺术上也是个有品位的人,他引用的是再正统不过的四书五经中《易经》上的一句话,即"丰亨豫大",说白了,就是太平时节皇上要敢花钱,花钱越多越证明国家实力雄厚,这样才能够震慑番邦,小里小气的会给国家丢人。徽宗一听就高兴了,这个理论的高明之处,就是把花钱玩乐这样很私人的活动,一举上升到了给国家壮门面的高度。

有了理论支撑,徽宗在皇宫设宴,大胆地摆出了几件玉杯玉碗,这些都是藏在内府多年,几任皇帝都没敢用的。看着这些玲珑剔透的艺术品,想着先帝们那么节俭,徽宗还是没法理直气壮起来。蔡京看出了皇上的心思,开导他说:"我当年出使辽国,出席他们的国宴的时候,辽国皇帝就是用这样的玉杯玉碗。他们还扬扬得意地问我,你们中原皇帝用得起这个吗?所以咱要是不用这个,不是让番邦给比下去了吗?"

徽宗说:"道理倒是不错,可辽国皇帝用的玉杯玉碗,大臣们谁也没看到过啊。"蔡京回答说:"只要事情做得对,管别人说什么呢?《周礼》中不是说'惟王不会'吗?天子的花费不能计算,花多少钱都是应该的,因为天下都是他的嘛。"这些话说到了徽宗的心坎上,他一下子高兴起来,大手一挥,"好,那就用吧!"

找到理论支撑的宋徽宗从此走上了奢华生活的高速路,一发而不可收拾。作为一种艺术,徽宗爱好收藏奇石异木,正是他的这个爱好,引发了举国骚动。有人在太湖发现一块两丈有余的奇石,为了运输它,专门造了大船,组建了船队。巨石抵京后,由于城门的高度有限,最后竟把城门拆掉,将石头

默写6本数学书

□ 杨 颖

一个朋友问我,在你的人生中,有没有特别关键的时刻,做对了关键的决策?

我想了想,想起高二暑假的事。

高二暑假,我家经常停电。停电时,我想看书,就得点煤油灯,煤烟会把墙熏黑,因此,我只能去贴满瓷砖的厨房看。

经常一看就是一夜,起码到下半夜;我看的是数学书,然而,我并不爱数学。

我的所谓关键决策就是这件事,在那个暑假前,我的成绩一塌糊涂。

我记得,暑假前公布成绩,我的数学是29分,满分150分。暑假开始,有一次补课,我借后座男生的作业抄,他只有一个得数,问他过程,他当着很多人的面笑:说了你也听不懂。

那就是少女的至暗时刻。

我直到今天都记得那一瞬间的难堪、崩塌、自卑、惭愧、无能为力、无法反驳。

我在痛哭一场后,认真研究了如何让那些感觉都消失,答案是你得自己强大。那一刻,我忽然意识到,我要为将来做打算了。

我妈是会计,我拿一张我妈用废的增值税表的背面列我未来能做的事,发现每一件,都要通过高等教育才能实现。

我又分析了我的成绩,分科后,其实只有数学是核心的难题。怎么解决呢?我根本看不懂数学书,但是我记性好,要是把它们全部背下来呢?

凭直觉,我这么做了。没人告诉我对不对。我在厨房的煤油灯下一夜一夜一页一页抄数学书时,其实不太肯定能有效果,但那是我能想到的唯一办法。

那个暑假,我一会儿小声对自己说:没问题。一会儿又冒出一个声音:怎么可能?一会儿流泪,一会儿流汗。

事实上,暑假过去,当我把那6本数学书默写完、吃透,我发现所有题都是例题变化、组装而成。

新学期开始,我的数学已经能及格了,高考时,我数学考了118分,比前一年的摸底考,多了近90分。

以上就是我的奇迹,我本科只上了一所普通师范,但那已是我的全力呈现。命运是公平的,没有更多奇迹,也不会辜负每一份努力。

这件事起码后来产生一个结果:在背数学书并验证方法有效的过程中,自己判断、自己执行、自我激励、磨炼意志。从此,我只相信自己,不太相信别人给我的办法。

运了进来。徽宗看了非常高兴,给这块石头亲笔题名,钦赐玉带,并赐予进献的官员高官厚禄。一时间,人们看到了升官发财的捷径,运送奇花异石的队伍不绝于路。二十多年间,被运到东京汴梁的石头,多达十多万块,其中,最贵的一块石头的运费花了三十万贯,相当于一万户中产阶级家庭一年的收入。

当然,最终为徽宗买单的是整个国家,他奢侈无度的生活,掏空了国库,民不聊生,金人的铁蹄一经踏入,曾经强大无比的大宋王朝像一面纸糊的墙,轰然倒塌。

一个人想要做什么,总能找到理由,皇帝也不例外。理由不是问题,问题在于内心的欲望,如果不能节制自己的欲望,任何理由都可以成为行动的借口。所以,当内心因想法滋生而蠢蠢欲动时,真正需要的不是为理由盖一座宫殿,而是为欲望套上枷锁。

为什么明明是别人的选择，最后却变成你自己的了

□ 菲尔普

你是否有过这样的经历：

三两好友一起出去逛街的时候，看见好友们都围着一个产品讨论该买什么颜色的，其中一个人转脸问了你一句："你要买哪一个呀？"你看了一眼后，犹犹豫豫地说："蓝色……的吧。"然后同伴们就自觉地帮你把它放到了购物篮里。等付完账你才反应过来自己明明不需要买这个，一开始也没想买这个呀。

有时候，明明是别人的选择，最后却变成了你自己的，为什么会出现这样的现象呢？

美国心理学家阿希在1951年曾经做了一个著名的心理学实验，叫作"从众实验"。阿希特别设计了七个实验室，找来了七组大学生，给他们每个人看两张图片，两张图片上是一样长的两根绳子，然后问他们哪张图片上的绳子比较长。为了实验效果，阿希事先在每组中选择了一个对象，并与其他组员打好招呼让他们说假话，也就是说，众人合起伙来"骗"一个人。

实验开始了，在每个实验室里，前几个托儿都说第一幅图片里的绳子更长，那个真正被测验的人一开始还坚信两根绳子一样长，但是在其他几个人的统一口径下，他开始怀疑自己。最后竟然有三分之一的人直接跟随大众选择了"前者更长"的错误答案，另外三分之一在选择了正确答案后，经过再三犹豫又改了答案，依然选择了大众的意见，只有三分之一的人一直坚持自己的选择。

这种从众效应叫作"羊群效应"：草原上的羊群没有组织、没有纪律，但是一旦头羊行动起来，其他羊就会毫不犹豫地跟着头羊行动。形象一点来说，如果你放一个障碍物在它们面前，第一只羊走到这个地方会跳过去，第二只也会跳过去，第三只、第四只同样如是。但是当你把障碍物搬走之后，后面的羊仍然会跳着过去。

"羊群效应"就是用来表示在群体的影响下，个人的观念或行为向与多数人相一致的方向变化的现象，就好像赶时髦，走在大街上随便一抓就是同款一样。对于一些新兴的潮流和思想，人们会追随大众所同意的，甚至否定自己的观点，并且不会去思考事件主观上的意义。群体观点会影响动摇那些持有怀疑态度的人，这种盲目的从众往往会使人失去理性的判断，陷入骗局或者遭受失败。

我们有时候会发现，市场上流行的新生商品，并不是大家必不可少的，有些甚至是不需要的，但就是有很多人前仆后继地去购买，然后放在角落里堆积着，积了一层灰。这就是商品要做广告的原因了：为了造势，为了唤醒消费者的从众心理。只要能培养出一部分消费者，跟从的人就会越来越多，商

为了治疗"想要想要病"

□ [日] 松浦弥太郎

新东西也好,好东西也罢,总会源源不断地出现,如果你总是目不暇接地这也想买那也想买,就会很苦恼。还经常会有一看到别人拥有的东西就想买的人。

这就是"想要想要病"。如果你放任它不管的话,那就没完没了了。以为只要买到这件东西,就会开心幸福,但其实一买到这件立马又想要其他的了。这就难办了。那么要治疗"想要想要病",应该怎么办才好呢?

治疗方法之一,可以尝试着多想想现在拥有的东西,而不是老去考虑想要的东西。想一想你买这件东西时喜欢它的理由,或者想一想它的优点。

冷静下来,环顾四周,会发现不知什么时候又增加了这样那样的大件。像这样,意识到一件一件东西的增多是件好事情。这样一来,周围的东西与自己的关系会上升到一个前所未有的高度,它们会给你带来很多的快乐与幸福。

人际关系也是如此。那种总也满足不了的心情,可以通过改变一种情绪来充盈它。

同时,挑选东西需要谨慎。拥有少量优质物品,和它们长久交往。如果可以从这样的改变中获得愉悦,那么"想要想要病"自然会平息。不是心系想要的东西,而是将目光转向现在拥有的东西。

前几日,我在整理东西多得合不上盖子的工具箱时,产生了以上想法。

也知道要更加珍惜现在拥有的东西。

品就有了市场。

几年前特别流行的一种叫作"掉渣饼"的食物不知道大家还有没有印象,这其实是一个湖北姑娘发明的快餐食品,在短短几个月内,风靡大江南北,颇有星火燎原之势,甚至被称为"中国式比萨"。

掉渣饼最火的时候,仅仅在北京就有一千多家卖掉渣饼的小店和流动摊点。掉渣饼这种烧饼店的投资很少,只需要一台烤炉、一个和面机和一个操作台就行了,连门面房都是可有可无的,几万块的投资就能开起一家店铺。可是,没多久,掉渣饼就在大众的视线里无影无踪了。说到底,是因为掉渣饼这种产品制作方法太过简单,没有过高的技术含量,看几遍就能学会,容易仿制,而且成本低,门槛低,所以盲目加入的人越来越多。但是市场总会饱和的,加上管理混乱,这个品牌渐渐倒下了。

然后在品牌倒下的过程中,又是一个学着一个,看到别人不做了,就跟风放弃。试想如果聪明一点的人当时咬牙坚持下来,说不定如今是另一番风景了。

每一只鸟活着都是奇迹

□ 傅 菲

近乎天使的鸟,一生充满苦难、不幸和悲壮。

母鸟自产卵下来,鸟惊心动魄的一生便已开始。许多动物喜欢吃鸟蛋,如蛇、黄鼬、蜥蜴、山鼠、野山猫等。猎人因此以鸟蛋为诱饵,设置踏脚陷阱,捕获黄鼬。

同类相残,更隐蔽。鸟有一种繁衍习性,叫巢寄生,指某些鸟类将卵产在其他鸟的巢中,由其他鸟（义亲）代为孵化和育雏的一种特殊的繁殖行为。大部分巢寄生鸟,生性凶残。恶名昭著的是大杜鹃。即使没有鸟寄生,也并不意味着不会"手足相残"。加拉帕戈斯群岛有一种鸟,叫纳斯卡鲣鸟,它通常产卵两枚,两次产卵相隔6天。第一只雏鸟会把第二只雏鸟驱赶到阳光暴烈之处,母鸟也不再给它喂食,任它活活脱水而死或饿死。

这就是鸟世界著名的"杀婴现象"。这是鸟世界最残忍的繁衍方式,也是最残酷的选择。如哈姆雷特所言:活着,还是死去。自然的法则让每一个物种经受生命垂死的考验。

生命诞生,并不意味着拥有生命。拥有生命,也不意味着延续生命,这就是鸟。鸟,从破壳开始,它们的每一天,都活得惊心动魄。除了捕食者,雏鸟还要面临无法抗衡的自然灾害。东方白鹳是中国特有的鸟类,属大型涉禽。己亥年九月,我在进贤的三江口近距离观察到了东方白鹳。一对东方白鹳把巢

营在高压电线铁塔上。东方白鹳一般营巢在高大的樟树、苦橘树等阔叶乔木上,但在河岸或湖岸边,这样的地方树木稀少,它们便在铁塔营巢,巢呈盘状,比大脚盆还大。繁殖期正是南方雨季,也是暴风雨最猛烈的季节。暴风会把鸟巢掀翻下来,或者把雏鸟吹落下来。落下铁塔的雏鸟,很难逃脱被摔死的命运,所谓倾巢之下岂有完卵。

关山路远,始于翅膀。一次试飞是路途对飞翔者的第一次生命检阅。

低空飞,中空飞,高空飞。山越来越小,河越来越长。关山飞渡。

候鸟,或旅鸟,一生都奔波在旅程中。它们的一生,都与远方有关。它们是远方的探寻者和征服者。它们依据星座、地球磁场、月盈月亏、风向、气候、草枯草荣、水涨水落,寻找远方的终点。它们的翅膀剪开暖流冷流,剪开雨雾霜雪,剪开白天黑夜。它们将忘我,它们将忘记生命。只有强者,唯有强者,可以驾驶帆船一样的翅膀,长途奔袭。候鸟用翅膀求证生命的长途,求证远方到底有多远。候鸟迁徙的时间、途径年年不变。迁徙时,候鸟必经之路,称为鸟道。

种群数量越大,在鸟道上越是危机四伏。空中掠食者（游隼、雕、鹗等鸟）组成了阵列,肆意截杀。最残忍的是,在候鸟迁徙途中补充食物时,少数非法之徒架网、投毒,大量捕杀。鸟飞越了自然的屏障,却逃脱不了人的网。

距我家不远处有一个葡萄园,葡萄丰富的果糖让人迷恋,也让鸟迷恋。葡萄园是鸟类最丰盛的餐桌,但每天有很多鸟,粘在铁丝网里出不去。鸟为食亡,它听命于食物。鸟无辜死去的,远远多于活着的。死去的鸟,塑造了活下来的鸟。鸟遵循活的法则,也遵循死的法则。

旷野之中,一只云雀高高在上,一对对大雁南飞,一行两行三行白鹭上青天。——它们在飞翔,它们在鸣唱。它们所经历的九死一生,又有谁知道呢？

5 这世界很好，但你也不差

我不想再做"别人家的孩子"

□ 潘超

01 "它立马就着火了"

我很小就喜欢唱歌。两三岁的时候，人家在广场上搭一个台子，请小朋友上去表演，那时我话还说不清楚，上去就开始唱，给家里挣了一堆洗脸巾、挂历、雨伞。

初中的一次政治课上，我特别明确地把想当歌手这件事写在纸上。这个场景我印象非常深，那张纸上有一个表格，写着你希望做什么职业、你是怎样完成这个职业的、你的工作状态是什么样的。我写我希望能够唱歌，能够挣钱养家，还能旅游。那时候可能很幼稚，但说明我可能很早以前就想唱歌，那个东西一直在心里，最后有机会敲它一下，它立马就着火了。

我妈妈一开始还是有很传统的想法，认为孩子成绩挺好的，就应该走特别平稳的道路，这是他们对我的设想，尤其是当我成绩还不错时，他们就觉得吃那么大苦干什么，所以我一直没有机会专业学习音乐。到北京上大学后，我发现有非常充足的时间和机会去接触、实现这件事情，包括可以去更大的舞台，接受专业老师的训练。

当时是研一，那年周围的朋友和我都很沮丧，觉得特别难。为了释放情绪，我有时一个人去KTV唱歌，那些歌给了我很大力量。那时我参加了清华校园歌手大赛，唱的是一首朴树的歌。唱完之后，我收到好多人给我发的私信，都说被这首歌深深打动了，那一刻，我觉得自己特别有价值。

其实那时候，还只是一种尝试，因为你不知道合不合适，对将来能不能成为一名专业歌手，还没有把握。直到2017年国庆假期，我在录音棚里录歌，连着七天都是高强度的录唱。等到结束时，灯也关了，我就躺在录音棚的地毯上听。那一刻，我的身体告诉我已经有点透支了，但是我的脑子告诉我，它很兴奋，它还可以继续唱。那个瞬间，我觉得这件事情做得值得，我精神上不会感到疲劳，所以它可以是我的职业。加上这件事情我从小就特别喜欢，所以在做职业选择的时候，我在想，如果我可以把自己喜欢的事情变成职业，去挣钱养活自己，那不是一件特别幸福的事情吗？

相对于一些职业歌手来说，我起步比较晚，一直念到大学才接触到专业的声乐训练，这个可能是比较大的阻力之一。也没办法，我们见招拆招，为了克服它，只能下功夫。

我做事就是这样，没办法坐在那里闭着眼睛等。要成为一个歌手，我很清楚自己没有受过专业的训练。所以那时每个周末我从北京到南京上两天课，然后回北京上学，时间特别紧张，但觉得特别开心。

02 "符合别人的标准不会让我快乐"

我学的是环境科学工程。高考后，妈妈觉得我是理科生，就该学一个正经的、踏踏实实的、技术性的专业。最后我抗争失败，就选了环境科学工程。

刚上大学的时候我很迷茫，所以不是特别开心。在学校，你的学习、科研和工作都是有压力的。我当时不知道该怎么办，也不知道以后会怎样，所以会焦虑。

后来很多媒体说，清华学霸不快乐。其实我想表达的意思是，人总有快乐和不快乐的瞬间，它和清华没有必然的因果联系，只是那段时间发生在了清华。我不快乐的真正原因并不是清华，而是我意识到一直按照非常传统的评价标准努力学习，到了特别好的学校，符合别人的标准并不会让我快乐。

我选择做职业歌手，最大的阻力来自妈妈对这个行业的看法。我妈之前不理解我，就是觉得我为什么要选择一份这么累的工作，她觉得这对我的身体是一种消耗，还不稳定。但节目播出后，她反而支持我了。

我从来没有跟她讲过我的那种不快乐，在节目里听到后，作为一位母亲，她理解我了，她希望我快乐，她现在很支持我，很多时候甚至会在声乐上给我一些点评，她会说这个地方你是不是唱得太紧了。

之前在我妈的同事和好朋友眼里，我特别省心，很像大家描述的别人家的孩子，我确实也不太给爸妈添麻烦。有一天她给我打电话，说节目播出之后，她和同事聊天，说到我为什么做这个选择，她的同事以为是音乐好挣钱。我妈回答说："我非常了解他从小就非常喜欢舞台，他就喜欢音乐，只是他一直没有机会而已。"她跟我说："我相信你可以做到的，你从小到大可以认真地把你想做的每一件事做好，所以妈妈相信你。"那一天，我的情绪又波动了一下。

有不少家长可能会认为，男生学理科会有更好的出路。但现在已经越来越开放了，我觉得家长可以帮助孩子做的事情是，一起去发现孩子真正喜欢什么。

03 "我想要唱歌，我就去唱"

职业没有高低之分，因为它本身没有评价标准。如果要比创造的价值，是什么标准，是钱吗？至少我不认可这个价值评判，我不认可用金钱来衡量这件事情。什么是对这个社会的贡献？我觉得也有很多讨论的空间。

我周围的同学，他们有去互联网行业的，有去教育行业的，有去金融行业的，有去政府机关的。大家可能都没有搞科研，也不会有人说他们浪费了他们的学识。但当你选择艺术的时候，大家就会说你浪费了你的学识，很奇怪。

外界对我们并不特别了解，我们自己更清楚一点。所以节目播出后，也有很多清华同学跟我讲，从本质上说，我们跟普通人没有任何差别，就是跟大家一样的人。

我从不认为歌手这个职业是对我知识的一种浪费。音乐、歌手本身也是需要知识底蕴的，这件事情没有人会否定，只是它可能不那么外显。

清华对我们每个人的思想塑造，确实有非常深刻的影响，但清华从来不会狭隘地告诉你，你必须选择某个职业，必须去做某件事情，它会强调说，你要去做一个对社会有价值的人，做一个快乐的贡献者。我们的育人体系，把你培养出来，教给你知识，教给你技能，核心是教会你怎么做一个人。所以落到我身上，我从来不认为唱歌没有任何贡献。

我在校歌赛上唱完那些歌，很多人告诉我他们产生了共鸣，他们被治愈了，我觉得这件事情很有价值，那个价值跟闷着自己、治愈自己，还不太一样，这件事情让我很开心。一定是它让我开心，我才会起心动念去做这个尝试，这是很重要的原始动力。可能这个想法听起来蛮幼稚，至少我现在还这么认为，我不知道未来五年十年之后会有什么变化，也不知道这个变化会来得多快，但我此刻的想法，就是要做让我开心的事情。

有些媒体在写这件事情时，会倾向于制造一种冲突，在娱乐行业和科研行业之间。其实这就是三百六十行里面的不同职业，有人做科研，有人当老师，有人做金融分析师，有人做程序员，有人去当公务员，大家都是一样的，我就是做了我想做的选择而已。我已经想清楚了，当下，我想要唱歌，我就去唱。

段子铺

夸奖

如何夸一匹马——这马真牛。

如何夸一头牛——这牛好大的马力。

真相

每种生活在水中的哺乳动物都有一层脂肪，这是为了防止体热流失到水中，因为水会把体热吸收掉。

因此，如果美人鱼真的存在，那么她们都是胖子。

书读不下去怎么办

□ 张佳玮

假设，您已经拿到一本读不懂的书了。读了几句，发现读不懂，怎么办呢？我推荐的法子是：别强读了，算了吧。

听着有点简单粗暴是吗？那，其实也没问题。

一直以来，似乎我们总被鼓励：读书也要迎难而上，披荆斩棘。人生有那么多必读书，读完了才算完整。读不懂也得用心啃、拼命读，读出微言大义来才过瘾……然而玛格丽特·杜拉斯就很直白地说，她看不下去罗兰·巴特的书。她对巴特没偏见，甚至有过一段友谊，但，"读不下去"。

类似地，海明威的书被认为简洁，然而雷蒙德·钱德勒嫌他写得啰啰唆唆。还有变心的真爱读者，比如福楼拜年少时，读雨果的小说读得如痴如醉；后来年纪大了，读雨果的作品，产生了巨大怀疑，觉得雨果的作品不够科学。他看不起的还不是一般小说，而是传奇巨著《悲惨世界》。福楼拜大叫："我有生以来，一直赞佩雨果，现在却感到愤慨！我要爆发出来，怎样！这部小说，既不真实，也不伟大。论文笔，作者故意写得不伦不类，不登大雅，以取悦庸众……各种人都死死板板一种性格，像悲剧中的人物！生活里哪有像芳汀那样的妓女，像冉·阿让那样的苦役犯？……都是些假人，糟人……大篇说理，讲的都是题外之事，没有一句切题的话……后人不会饶恕的，他居然想当思想家，跟他本性也不合呀！"这话如果您在课堂上道来，大概足以让老师大惊失色吧。然而出自福楼拜之口，似乎就也……可以理解了？

实际上，世上没多少作品是完美的，也没多少作品是非读不可的，更没多少作品是必须读完的。世上已经有太多"过于有名以至于你读完了不敢说不喜欢只好人云亦云夸两句"的书了，然而那并非必要的。

许多人读不下去，会归为自身的问题，觉得自己没耐心之类。然而一本书和一个人，得讲投缘。一个人已有的知识结构、对这个题材的兴趣，都会影响读书的进度和乐趣。与此同时，实际上，写得处处完美均匀、从头到尾都让人读得开心的书，并不多。读不完也没什么。诸葛亮所谓读书"观其大略而已"，就是个很好的习惯。

加西亚·马尔克斯提过一个说法，作为写小说的人——比如他自己——读小说时难免带着另一种心态。不为了读个故事让自己爽快，而是"剖解这本小说，看它是怎么写成的"。大概类似于一个厨子吃宫保鸡丁不为饱肚，而是琢磨宫保鸡丁是怎么做的；一个教练看足球不为了琢磨输赢，而是看双方技战术是怎么排的。这种内行看门道式的剖解，已经属于案例分析、技术学习的范畴，算是学习了。这是很值得赞赏的心态，但并非必要。毕竟大多数非专业者，未必需要抱着学习的心态，兼容并蓄地强行学习什么。

现代人的生活已经过于琐碎了，真正是生也有涯而知也无涯。逆着心思一路追逐，其实什么都得不着。所以，除非必须读教科书预备考试，或者存心从事这个行当，否则，世上其实没太多非读不可、读不下去也得咬牙死磕的书。

就读一本也许不那么高雅、读完了也没法放到社交平台吹牛、然而自己喜欢的书好了，这比咬牙强啃、回头就忘掉某本自己不喜欢的书更快乐，也更容易养成阅读的习惯。如你所知：持续不断地读各种书，比强读一本书，要有意义得多。

海德里克的眼泪

□靳雪明

演出完毕，海德里克卸完妆，换了一件提前准备好的，跟舞台帷幕一样颜色的斗篷，躲进了巨大的帷幕里。五分钟后，海德里克听到踢踢踏踏纷乱的脚步声，在走廊里，化妆间，舞台上。

"他到哪里去了？到哪里去了？"

"是呀！前门后门都有人守着。"

脚步声渐渐地远去，海德里克在帷幕里又待了半小时才出来。他知道，他们没有恶意，只不过是想从他这里收集几滴他的眼泪。

海德里克提高斗篷，裹在头上，只留出两只滴溜溜乱转的眼睛。他蹑手蹑脚，小心地观察着周围的环境。一个清洁工在走廊上打扫卫生。他慌忙藏到拐角处。

海德里克记得这个清洁工也跟他收集过眼泪，他很开心地送给了他。后来，清洁工家里的人也让清洁工跟他收集眼泪，他也给了。再后来清洁工的邻居、亲戚朋友也托清洁工收集眼泪，他勉为其难，一一满足了他们。可是他们邻居的邻居、朋友的朋友、亲戚的亲戚同样托清洁工来收集眼泪，他只好逃走了。

作为城市仅有的还能拥有眼泪的人，他曾经以为这是至高无上的荣誉。于是，他被允许在城市最高级别的剧院表演各种悲伤的、痛苦的、撕心裂肺的哭声，包括兴奋的、喜极而泣的哭声。

当人们还沉浸在他精彩的表演中，响起雷鸣般掌声的时候，坐在前排的一个漂亮的小女孩，捧着一个透明的玻璃瓶子走到他面前。

"亲爱的海德里克先生，您能让我收集一些眼泪吗？我奶奶躺在病床上，快要死了。她说来到这个世界的时候，上帝赐给她一切，走的时候她要把上帝赐给她的一切还给上帝，可是她没有眼泪。她说如果能拥有几滴眼泪，上帝就会宽恕她，不会降罪于她。"

小女孩眼巴巴地看着海德里克，他不禁悲伤地流下了眼泪。

"请上帝宽恕她吧！"

海德里克接过女孩的玻璃瓶，把刚才残留在脸上的泪珠收了进去。

"愿上帝保佑你！"小女孩高兴地走了。

围观的人们议论着什么，海德里克不关心。他很开心能帮助一位即将离世的老人完成心愿。

"愿上帝宽恕她吧！"

他又一次向上帝祈祷。

第二天演出前，领导给他一个玻璃瓶。说在舞台上表演时的眼泪属于剧院的公共财物。

海德里克觉得自己一边深情投入表演，一边收集眼泪很滑稽。可是这丝毫没有影响观众的热情，他们仍然报以雷鸣般的掌声。海德里克看见领导捧着玻璃瓶兴高采烈地离去。他知道接下来是经理、同事，然后是他们的亲戚、朋友、邻居。

观众们把海德里克堵在剧院门口，跟他收集眼泪。他不得不重新调动一次刚才已经使用过的泪腺，满足几个人的愿望。更多的人每天等在剧院前门。他不得不从后门溜走。可是后来后门也有人守候。他又把自己化装成再普通不过的市民，混在人群里逃走。可是最近被人发现。他又不得不变化成帷幕的一分子，一动不动，等候他们离去。

终于，剧院里空无一人。海德里克虚弱地坐在地上，从紧裹的斗篷里拿出一个玻璃瓶。他酝酿了许久，终于从眼角流下几滴眼泪——最近他发现，他的眼泪越来越少了。他把眼泪收集进玻璃瓶，放进斗篷，紧紧地裹起来。

这是属于他自己的眼泪。

美食片看多了，可是会让你变胖的哟

□天线　邓潇斐

越来越多的年轻人，会在吃饭、睡前的闲暇时间，打开手机、电脑，浏览自己喜欢的视频。其中有一类视频，会让观看者心跳加速，口水直流，身体发热……那就是美食视频。

一口一个金黄的鸡腿是青春的散文诗，酥脆的脆皮在嘴里迸射出生命的火花，混合着鲜嫩的鸡腿肉爆发一场欲仙欲死的革命——咬下去了！鸡肉裂开了！

很多人一定都有这样的感觉：原本平平无奇的食物，到了美食视频中，会变得特别有诱惑力。其实一切都是套路……

以炸鸡为例，为了让它更具魅力，专业摄像师会一层一层把它剥光：第一层是金黄酥脆的外衣，第二层是薄如蝉翼的包裹，第三层是一个爆浆的、火辣的近景。此外，超高清的像素、艳丽的滤镜、繁复的光效、讲究的景深，配合着ASMR（颅内高潮）般的录音体验，都在给食物视频一层一层加码。

脆皮混着鸡肉，咔嚓咔嚓，散发着愉悦的卡路里之歌，这无尽的味蕾缠绕，这奔腾的美食旋律……每一帧画面，每一口咀嚼声，都令人心痒难耐。这谁顶得住啊！

如果只是喜欢看吃播也就算了，但请低头看看自己腰上的肥肉……事情并不是这么简单。

齐默尔曼和贝尔在2009年进行过一项研究，他们想知道为什么爱看电视的小朋友会容易变胖。研究结果发现，这些孩子体重指数上升的主要原因是——广告看多了。

有心理学者做了一个实验，将参与者分成两组，A组观看10分钟的烹饪节目，B组观看10分钟的自然纪录片。并为参与者提供了三种可供选择的食物：健康的（胡萝卜），有点不健康的（奶酪卷）和不健康的（巧克力糖果）。

结果看烹饪节目的参与者，明显比看自然纪录片的人吃了更多的巧克力糖果。这表明，观看与食物有关的视频时，我们更有可能选择并吃下更多不健康的食物。

为什么在看那些热辣的美食片时，我们会更想吃可乐、薯片、蛋糕、烤串、炸鸡呢？

就吃东西而言，视觉和大脑总是搭配出现的。

视觉的一项核心工作，就是帮助人类找吃的，而大脑可以对找到的食物做出评价：安不安全、有没有营养、好不好吃……甚至可以从记忆里提取出它的味道。

当人类首次接触某种美味的食物（例如炸鸡）时，大脑奖赏—动机系统的核心区域之一伏隔核，负责快乐的多巴胺水平会上升。

这意味着大脑会把这种食物当作一种快乐的奖励，并牢牢记住这种食物的样子。以后再看到它的图像，我们就会产生冲动：这个好，我要吃这个！

而会让我们留下快乐印象的食物，通常都是高油高糖的。

2012年的一篇脑影像学研究发现，被美食图片

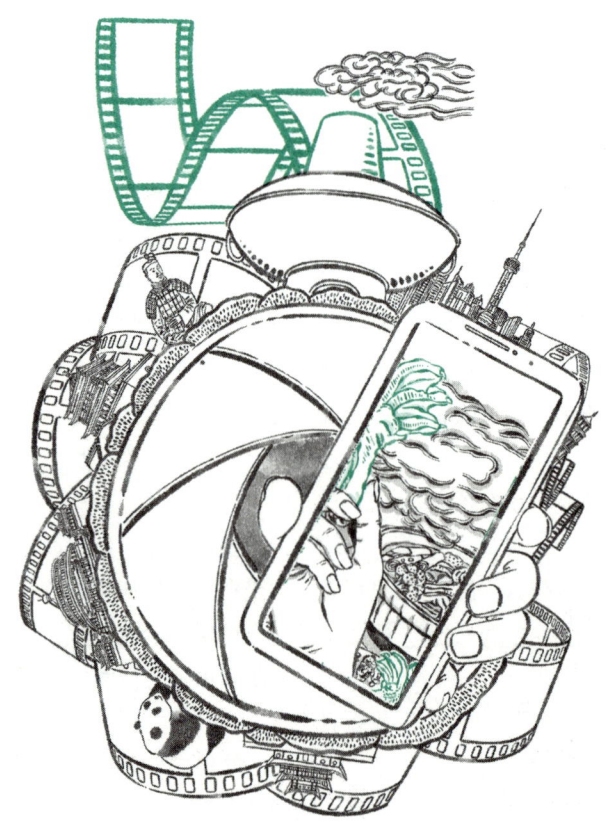

不学不开心

□ 吴淡如

日本有一位身价千亿（这是以台币计算）、没有负债的富豪，是个白手起家、叱咤股市的传奇人物，叫作系山英太郎。

他一向最懂得在别人悲观的时候投资，在别人乐观的时候收成。30岁那年，他已经富可敌国。现年60多岁的他，资产更在不断地增加。

他的财富，看来好像都是投机财，但事实上，与他不断学习有关。

"当我的脑海里出现'这把年纪了，已经懒得再学新事物'的时候，我就想办法激励自己，因为只有新的知识，才能拓展新的事业。"

58岁的时候，只有高中学历的他，已经以董事会最大股东的身份当上日本湘南工科大学的校长。他觉得，虽然自己什么事都可以一声令下就有人做好，但活到这个时代，如果连电脑都不会的话，实在说不过去，于是请了个资讯科系的年轻人来教他使用电脑。

这么有求知心的董事长可不太多，我认识许多非高科技产业的企业家，至今还是以大声说"我是个电脑白痴，员工会就好了"而自豪。

第一堂课，年轻的电脑专家问系山："您的问题在哪里呢？"好强又心虚的系山气得想大骂："好大胆的小子，敢问我的问题在哪里！我连电脑开机都没开过，怎么会知道问题在哪里？"直觉反应是把这个太不会察言观色的年轻人赶出去。但他还是克制住自己的恼羞成怒，虚心求教："我什么也不会，还是你来帮我发现问题吧！"

没多久他就成为电脑的惯性使用者，利用电脑和学生沟通、大炒股票、管理公司。电脑在手，他的企业版图拓展得更大了，他更发挥"一夫当关，万夫听令"的神威，也被日本人引为"终身学习"的典范。

一般人在年过半百时只会想我累了、我要退休了，要好好含饴弄孙，他还想在明日世界大展雄风呢！

新把戏开拓生活领域。很多成功人物都有这样的特质：好奇、有行动力、不为自己找怠惰的借口。

当学生的时候，我曾经把每个寒暑假都浪费在无所事事地睡大觉、发呆和看电视上，然后带着罪恶感开学。自从领会了"新把戏可以开拓新的生活领域"后，每年，我会规定自己学一样东西。未必学得很拼命，未必得到什么成就，但总希望，自己不要变成老狗才好。

诱发的激活水平与参与者6个月后的体重变化呈相关性。也就是说，看见炸鸡后伏隔核越活跃的人，越可能长胖。

总之呢，前赴后继的科研工作者都非常努力，在各大核心期刊发了无数篇顶级论文，来论证看美食影片会影响我们的进食量和食物选择，并且最终论证了，没有人能抵抗美食视频带来的诱惑，那是热量的呼唤，是大脑的快乐源泉！

如果你真的想享受吃播的同时，逃避长胖的宿命——试试那些看起来就不太有食欲的沙拉吃播、豆汁儿吃播，或是一个用料昂贵的吃播。

为什么聪明伶俐，却学习困难

□ 豌豆

苏航不笨，甚至可以算得上聪明伶俐，可学习成绩一直在班级吊车尾。

做作业时，他不是漏题、串写，就是在计算上犯一些低级错误，按时完成作业这件事，对他来说简直比登天还难；上课时，他总是坐立不安、随意插话，干扰课堂纪律；和同学相处时，他又常常控制不住自己的脾气，甚至与同学发生肢体冲突。

因为上述行为，苏航的父母经常收到来自老师的投诉。面对老师三天两头的"约谈"，苏航的父母感到非常难堪。但打也打了，骂也骂了，苏航的表现始终不见起色。

苏航的日子自然也不好过，父母对自己一味指责和抱怨，让他感到自己成了父母的包袱，他怀疑自己一无是处，进而产生了厌学情绪。不断堆积的负面情绪，让苏航一家人变成"行走的高压锅"，随时都有"爆炸"的风险。

工作繁忙、心力交瘁的苏航父母最终决定给他转学。苏航转到了外婆家附近的一所学校，离开父母，住进了外婆家里。

转学，对苏航而言，意味着远离熟悉的环境和面孔，意味着新秩序的开始，对苏航的父母而言，是不得已，也是解脱——照料苏航学习、生活的接力棒，从他们手上，传到了苏航外婆的手上。

幸运的是，这次转学竟然真的带来了转机。

苏航的外婆是一名退休教师，凭借着经验和直觉，她意识到苏航的种种表现，不仅仅是"不爱学习""调皮叛逆"那么简单，心思敏锐的她带着苏航来到医院接受检查。经过医生详细了解病史及客观评估、分析，苏航患有注意缺陷多动障碍，也就是人们常说的"多动症"，主要表现为注意力不集中、多动、容易冲动、做事拖沓、不听话、情绪控制不良。

经过两年多的药物治疗和行为管理，苏航仿佛变了一个人。看到儿子的转变，早已心灰意冷的苏航父母重新燃起对生活的热情，调整好心态和儿子重新出发。苏航和父母之间紧张逼仄的关系慢慢走向宽松和谐，一切都在向好。

从前那个脾气暴躁、上蹿下跳的"急猴子"变得越发稳重，学习也在一点点取得进步。

苏航给我们的启发是，其实，有些学习困难的孩子可以不再被贴上"不爱学习"的标签，他们也需要开导和治疗。大多数人之前都不了解甚至不知道，不爱学习也能被称为一种"病症"，不能一味地指责他们学习差、学习分心，因为他们可能遭受着"疾病"的折磨。

苏航的主治医师胡医生介绍，"学习困难"笼统地指学习能力低、学业表现不佳，其病因受到多种因素的影响，除了智力问题所带来的学习能力不足，还有很多因素与特定认知能力缺陷有关。多动症孩子大多存在明显的注意缺陷，部分孩子还具有特定的学习技能障碍。

许多学习困难的孩子智力正常，但个人潜力和实际成就之间通常存在较大差距，长此以往会造成学习动力不足，学习兴趣差，情绪易波动，亲子冲突加剧，容易出现

努力不成为负担

□ 曹 顿

我去哥伦比亚大学的社会工作学院学习，在第一节课上，教授让每个人写一篇短文，讲讲自己来纽约念书的感受。没想到我的文章被退了回来，教授在批语里写道：你的文章全是陈述，始终不谈自己的喜怒哀乐，请重写！

大概从小学三年级开始，我就不再以"今天很开心"作为作文的结尾了。我开始像小学生一样，重新学习写作，学习如何用最直白的词语写下自己的恐惧、脆弱和从不愿谈及的悲伤。

我儿子上兴趣班的社区中心里，放学后总会剩下十几个孩子没人接。他们的家长来去匆匆，表情冷淡。有一天，我终于鼓起勇气与家长们搭腔，得知他们都在很远的地方上班，工作的地方是便利店、餐馆、药房等。我渐渐知道他们并非不愿意把生活节奏放慢，而是根本做不到，每天在柜台前站了十小时之后筋疲力尽，还要接小孩，只能在路边买份便宜的炸鸡果腹。

有个常常坐在我家门口的高二男生说："我知道吃快餐不健康，我应该多吃沙拉、寿司什么的，但好贵，又不抗饿。"他不打算上大学，因为他妈妈有糖尿病，弟弟妹妹还小。

我说大学里设有奖学金，他说他更需要一份全职工作。说这话的时候，他的脸上并没有遗憾的表情。我想象得到他成为一名邮递员，穿着蓝色制服挨家挨户送信的模样，或者站在柜台后为顾客打包食物的情形。但他不会坐在巴特勒图书馆里研读天体物理。

我不为他感到惋惜，因为这是他凭理智做出的选择。

每个人都在拼尽全力地生活，没有多少人是因为懒、蠢、自我放纵或者不愿意上进，故意把生活过得很糟糕。我亦渐渐知道，有些事即使有清楚的目标，又有明确的手段，剩下的也远远不止努力。

比如我们欢迎所有年轻人去联合国参加会议，但你至少得有飞去联合国的机票钱。很多人生活的地方极偏僻，物质不发达。并不是每个人都非得有个宏大的理想，不一定要读个好找工作的专业，然后为家人换座大房子。

只要不成为社会的负担，已是值得尊重的活法。

自卑心理等不良后果。

现在一些医院专门开设了"学习困难门诊"，为各种原因导致学习困难的孩子提供诊断、评估、干预训练与药物治疗等综合干预服务。

学龄期、青春期的孩子，受到来自家庭、社会等方面的压力，不容易愉快学习。因此，治疗孩子的学习困难，也需家长配合。父母的个性和情绪、教育方式也会影响到孩子学习。

作为家长，首先要管理好自己的情绪，尝试接纳孩子的现状。其次，无论家长还是学生，要摒弃狭隘的学习观念——不要单纯以成绩论英雄。

同时，家长应该适当调整对孩子的期待值，根据孩子的具体情况设立阶段性的学习目标，共同分享学习的乐趣与意义，来增加他们的自信心。给孩子多一些鼓励，将关注点挪一挪，找到孩子的优点、可爱之处。当父母能够轻松愉快地对待生活和孩子，而且经常表扬、关心孩子的时候，孩子的学习效果就会好很多。

青年励志馆 披荆斩棘，方能所向披靡

爱里含着一把刀

□ 尤今

16岁的蓝勤学，是中四班的学生。名字唤作"蓝勤学"，真是名副其实啊！她安静得像一堵不问世事的墙，用功得像一头耕耘不休的牛。她在学校里是个独行侠，当同学们聚在一起嬉哈大笑时，她却捧着书，与自己灰黑单薄的影子长相伴。

在家长会上，我见到了她的母亲——满脸都是要融化的棉花糖，然而，圆圆大大的眸子却不自觉地藏着一对又尖又锐的爪子。温柔与跋扈，就如此奇异地融合在她那张五官精致的瓜子脸上。我注意到，每回她看蓝勤学时，眸子里的爪子便收起来了，流泻出来的，是一片爱的清辉，坦坦荡荡，无遮无拦。当她俯首细看蓝勤学的成绩单时，脸上好像开了千百盏灯，流光溢彩。

我心想，蓝勤学有这样一个全心全意地爱着她、无微不至地关心着她的母亲，难怪能心无旁骛地学习，年年鳌头独占啦！

这年的年尾考试，蓝勤学由于物理考得不是很理想，拉低了总分，退居全班第二名。

当她从我手中接过成绩册时，一脸的恓恓惶惶，仿佛有祸事迎头砸下。我心想：成绩进入前三甲，原是值得敲锣打鼓大事庆贺的啊！然而，蓝勤学只要第一，不要第二，未免太好胜了。我必须找个时间好好辅导她，学习应该注重过程，不要过于计较名次的高低；否则，一天到晚患得患失的，最终必然得不偿失。实际上，只要尽力而为，便无愧于心了。

放学后，归心似箭的学生们鱼贯离开校门，我留在学校写报告，一个多小时后，我去找校工，想请他帮我搬动一些桌椅。行经校园一个偏僻的角落时，突然听到啜泣的声音，循声望去，赫然看到蓝勤学坐在石级上，把头埋在双膝间，双肩不断地抖动着。我蹲下来，把手搭在她肩膀上，她吓了一大跳，猛然抬头，脸上斑斑驳驳的，全是泪水。

"勤学，为什么哭啊？"我明知故问。她忙着擦拭眼泪，可是，遏制不住的泪水却在她的五脏六腑无序地爬动着。

"你是为了考第二名而哭吗？"我这一问，又勾出了她汹涌澎湃的泪水，泪水里，有着让人费解的痛楚。教学多年，我从来没有看过一个考获优异成绩却伤心如斯的学生。然而，此刻，不是讲道理以让她开窍的最好时机。我伸手拉她，温和地说："勤学，来，我载你回家吧！你母亲可能在家等急了呀！"

没有想到，她居然猛烈地摇头说道："不，我不想回家。"

我耐心地劝她："你母亲肯定会为你考获优异的成绩而高兴的呀！她那么爱你，你这样哭，会让她伤心的。"

她垂下头，神情抑郁地说道："老师，您不了解我的母亲。我就是知道她会发脾气，才不敢回家的。不管读书还是参加比赛，她样样都要我争第一。上回您派我去参加校际作文比赛，我拿到第三名，她大发雷霆，连晚饭也不许我吃。"说着说着，她忍不住又哭了起来，而两句惊心动魄的话也憋不住地从她嘴里蹦了出来，"我母亲给我的爱，是含着刀子的！"

"含着刀子的爱！"

这话，重重地在我耳膜上撞出了一个窟窿。

蓝勤学经年累月地被这份阴阴地闪着刀光的爱包裹着，就算赢取了整个世界，依然是一个不快乐的人。

这样的爱，对于不管处在任何年龄的孩子来说，都沉重得难以负荷！

打开张之洞父子的"盲盒"

□ 韩峰

张锳六次会试不第,可谓老落榜生了。好在朝廷有规定,三科以上会试不第的举人,可在六年举行一次的大挑(国家挑取优等的举人)中录任知县等职。道光六年(1826年),老落榜生张锳便借此机会入黔,历任安化、清平、威宁、贵筑等地的知县。因廉洁奉公、善听诉讼、严治盗匪而声名鹊起。后,张锳又升任安顺、黎平、遵义、兴义等地知府。咸丰四年(1854年),又升贵东道,直至病逝于任上。

张锳到黔地赴任时,只带了几箱书、几盆荷花。在贵州长达30年的为官生涯中,书和荷花始终陪伴着他。他看到荷花出淤泥而不染的高洁品性,决意像荷花一样,保持"中通外直,不蔓不枝,香远益清,亭亭净植"的气韵和节操。

到威宁上任后,他首先在衙门外的堰塘栽种荷花。在兴义任知府时,他又在招堤遍植荷花。政事之余,他喜欢沿着堤岸一路观荷赏荷。这不仅是放松心情,更是让荷净化心灵,防微杜渐;让荷扎根在心田,葳蕤成一种精神。

俗话说:"一年清知府,十万雪花银。"对张锳来说,却是捉襟见肘。到威宁任职的第二年,他准备回河北老家过年,想带些地方特产看望亲人,奈何囊中羞涩,手中的银子只够买点荞酥、火肘。他灵机一动,与东门一孙姓商人说,我屋里的箱子随你挑,换1000两银子。孙姓商人心想,知县大人的箱子不是一般人的箱子,里面的东西肯定超过1000两银子的价值。于是,孙姓商人挑选了一个最大最重的箱子。结果,箱子打开,里面竟是砖头。他这才知道上了知县大人的当,只好哑巴吃黄连。

其实,已任知县多年的张锳是有些俸银积蓄的,可他都不时捐给了当地的文化教育事业,所以才出此"下策",以解燃眉之急。

《孔丛子·居卫》曰:"有此父斯有此子,人道之常也。"张之洞出生在兴义,从小就随父亲张锳或老师张国华一起到招堤观赏荷花。自幼聪明好学的他,通过赏荷,了解荷花的生长习性,吟诵前人咏荷的诗词,品咂荷花的寓意,因而也对荷花情有独钟。

步入官场的张之洞,继承了父亲为官清廉的作风,时时以荷花自警。他喜欢古董字画,自掏腰包;他资助远近亲友,自掏腰包;他支持"新政",仍然自掏腰包。所以,他时常囊中羞涩,常把家中的东西拿去典当。

在他任湖广总督之时,曾有这样一件趣事:当时,武昌的一家大当铺有个规定,凡总督衙门的皮箱,无论里面装的是什么东西,每个箱子均可当200两银子,开春后再由总督府赎回箱子。这年年关,张之洞缺钱过年,就让仆人抬着9个箱子到当铺,当了1800两银子。箱子打开,与他父亲当年如出一辙,每个箱子里都是砖头。

据《清史稿·张之洞传》记载:光绪二十八年,张之洞出任督办商务大臣,再次代理两江总督。有一个道员偷偷代替商人送20万两银子给张之洞祝寿,请求在海州开矿,张之洞立刻上疏弹劾罢免了这个道员。另记载:张之洞"任疆寄数十年,及卒,家不增一亩云"。

软心记

□ 殳俏

朋友写煮得软到恰到好处的东西，有"汤里的冬瓜，无论鸡汤还是鸭汤，炖到好处，似有似无，几近雾里看花"。脑海里立刻呈现的，倒不是他所描绘的冬瓜鸡汤或冬瓜鸭汤，而是家里经常做的火腿冬瓜汤。火腿切片放到汤里，与冬瓜同炖，乍看依然是一锅清汤，殊不知放了时间这种料下去，往往是悄无声息施魔法。火腿这样的食材，久炖之下，唯香味和咸味传递出去，而一身筋肉，依然保持硬朗风骨。冬瓜则恰恰相反，热气之中，将化未化，吸聚了火腿的鲜气，涨足了汤之淋漓，自己反倒懦弱起来，变成了个说话气若游丝的好好先生。最后这锅汤端上来，原先的三种食材，早已三体合一，汤为魂，火腿为骨，冬瓜为肤。大家喝着热汤，在赞魂叹骨之余，也怜惜着冬瓜的软。

软和暖，在味觉上，有时是夹缠不清的东西。软是暖的齿感，暖则是软的温感。有些热量很足的东西，给人的感觉不是暖，而是烫，便因为食材是铁骨铮铮的个性。有些本身要冷吃的食物，却不会给人刺骨的感觉，也是因为，食材够软、够温和，那样就不会造成太极端的温度感。

在中国人心目中，说到软，第一总会想到豆腐。其实豆腐是有筋骨的吃食，无论是老豆腐、嫩豆腐、冻豆腐、油豆腐，判断豆腐优劣一个很重要的标准就是，在火力作用下，无论蒸还是煮，看这豆腐容不容易散。好的豆腐，虽看着柔弱，却久烹不泻。差劲的豆腐，生时看着样子还坚挺，一上灶台，便现了本相，散成屑，碎成渣，一脸的煳塌样。所以说，豆腐之软，诚如中国人心目中软的最高境界：不攻击，却有抵抗；不争执，却有原则；这样的软，不是瘫软，而是气质上的谦和，心底的慈悲。豆腐就算煮成羹，舀一勺与米饭同吃，也是润物细无声地钻入了饭粒之间的每一个角落，而不是狼狈地四处流窜，这便是豆腐之以柔克刚：一个自由自在的温和派，代表着中国逻辑的中庸之软。

水果中，很多是质地软的，但真正的软还得包括味觉之软。比如某些酸浆果，嚼着绵软，酸味却足以刺激人到眼睛发绿，也就不够达到温润之意。

蔡澜曾说，熟透的榴梿是最好的牙疼食物。榴梿确是至软之物，但须是熟的，吃到嘴里，口感犹如天然乳脂一般顺滑浓厚，其味道也是润泽的甜。榴梿中的上品，带点醇酒的香，又微微泛点持重的苦，当然柔肠百转，最后还是会回甘。这就是为什么，就算冰冻过的榴梿，吃着仍会给人以温暖的感觉。

与榴梿一样，以大气稳重之"软"胜出的，还有一样水果，那便是柿子。柿子分软、硬种，两者给人的印象截然不同。我小时候吃软柿子长大，所以至今说到柿子，仍有一腔软浆的甜美心境。柿子成熟时，几近软烂，家里人总给我一把特别小的勺子，把柿子皮朝四个方向，剥成一朵方方正正盛开的花，就用勺子在花心里舀着吃。每一口，都甜得丝丝入扣，软得流光泻玉。但最好玩的，还是在软中找那稀有的脆。每个甜烂的柿子，内里总能拨到二到四个小而扁圆的"瓣"，紧绷绷的，嚼起来生脆弹牙，是柿子之软的点睛之笔。

软的食物，一时说不完。更多时候，软是一种通感，而非简单的质地之软。世人饥肠辘辘之时，总追

虚假同感偏差

□ 张文成

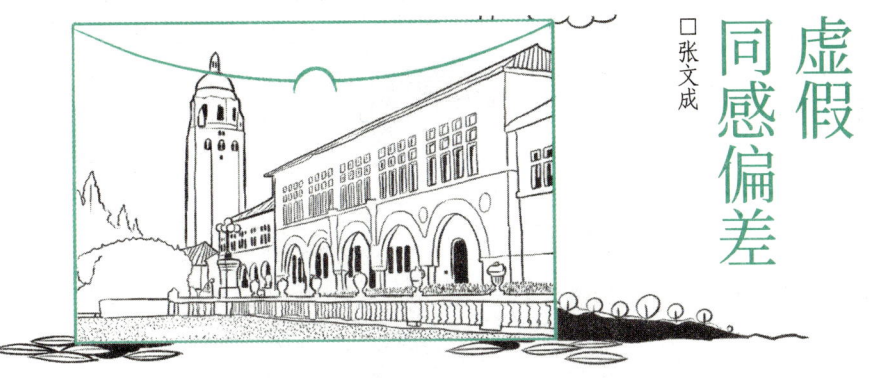

1977年,斯坦福大学的社会心理学教授李·罗斯进行了一项实验。首先,他让志愿者做出一个选择:是否愿意挂上写着"来乔伊饭店吃饭"的广告牌在校园里闲逛三十分钟。罗斯选取的志愿者中,有大约一半的人同意挂上广告牌,另一半则不同意。

然后,罗斯让同意的和不同意的志愿者分别猜测其他人是否会同意挂广告牌,同时会选择哪种方式,并且猜测那些与他们选择不一致的人的特征属性。

结果,在那些同意挂广告牌的志愿者中,62%的人认为其他人也会同意这么做,并且说:"那些拒绝的人是怎么回事?这有什么不好?假正经!"而那些拒绝这么做的志愿者中,只有33%的人认为别人会同意挂广告牌,并且说:"那些同意挂广告牌的人真是古怪至极。"

李·罗斯的这项实验是为了论证"虚假同感偏差"。"虚假同感偏差"又叫"虚假一致性偏差",指的是人们常常高估或夸大自己的信念、判断及行为的普遍性,人们在认知他人时总喜欢把自己的特性强加在他人身上,假定自己与他人是相同的。

通俗一点说,即我们每个人都觉得别人和自己想的一样,而那些和我们想法不一样的人,无疑都是某些方面的"怪胎"。

虚假同感偏差就是一种典型的缺乏换位思考的心理表现,即我们常说的"以小人之心度君子之腹"。也就是说,在人际交往中,我们习惯用自己的标准去衡量别人的行为,衡量周围的事物,并把自己的感情、意志、特性投射到其他事物上,并未想到将自己摆在对方的位置上,用对方的视角看待世界,所以才会觉得别人的所作所为无法理解。

我们不仅不能把自己的想法强加给别人,而且,必须学会从他人的角度思考问题。沟通大师吉拉德说:"当你认为别人的感受和你自己的一样重要时,才会出现融洽的气氛。"我们需要多从他人的角度考虑问题,如果对方觉得自己受到重视和赞赏,就会持以合作的态度。如果我们只强调自己的感受,别人就不会与你交往。

生活中,很多人都非常努力地试图改变别人,却事与愿违,其原因就在于不会换位思考。无法深入体察对方的内心世界,自然就解决不了对方的问题。

然而,值得注意的是,真正的换位思考是一个移情的过程,需要你发自内心地体谅别人,并真正站在他人的立场,像感受自己一样去感受他人。

不幸的是,许多人的换位思考缺少了移情这一根本要素。他们或是站在自己的位置上去猜想别人的想法及感受,或是站在一般人的立场上去想别人应该有什么想法和感受,或是想当然地假设一种别人的感受。这样的换位思考,其实,仍局限于自己设定的小圈圈之中,而根本无法体会他人真正的感受和思想。

而只有真正地移情,真正设身处地为他人着想,换位思考才能起到积极的作用。

求"硬菜",吃肉喝酒,解决欲望必须热辣烫口。但到我们累了,老了,疲乏了,不再敏感而坚持了,甚至麻木到了饥饿感都不太明显的时候,我们都会心心念念着那些"软"的食物。

而软,究竟是什么,这问题问谁,都会有不同的答案。而这答案,也只是征兆着每个人心底最柔软的部分。于我而言,软的东西,是海胆、豆腐、芝麻糊、熟透的柿子、热汤里的冬瓜、放在口袋里忘记了的巧克力,以及小孩子的吻。

青年励志馆 披荆斩棘，方能所向披靡

我就是个普通人，这有什么好羞愧的

□木 大

"我硕士毕业了，现在看门。"在豆瓣"普通学"小组中，许多"普通人"正在说出他们的故事。

"现在看门"的这位研究生，网名叫月冷川寒。他介绍当下的自己："每天走路上下班，下班以后就回家，周末有空就在床上躺着……我现在已经彻底放弃读博和去大城市发展的念头，也没其他长远理想，就想在家附近这个单位普普通通过下去……"

这种放在以往必会被定义为"一眼望到底"的生活，今日却让无数网友向往。

人间清醒，我只是个普通人

创立于2021年3月底的"普通学"小组，如今已有两万多名"正在，或是已经与自己和解"的组员。

组长写下了建组的初衷："我们早已习惯了被教育如何努力追求成就，做个成功者。却鲜有人告诉我们，在此之前，如何接纳自我，如何做一个珍贵快乐的普通人。"

"普通学"小组的出现或为一种信号，在声浪汹涌的"内卷"和躺平之间，普通人开始努力自洽，并以此自救。

数据显示，每年高考会将全国6%的学生送进一本高校，其中能进985高校的只有0.79%，考进清北的仅占0.03%。

这也意味着，剩下大概99.97%的学生，会在意识到上清华还是上北大不会是自己该有的苦恼时，收获人间清醒。

普通属性的觉醒，也并非都这么"幻灭"，在一些人看来，普通也可以是"解脱"。

一位知名女学者曾说，她作为一个母亲的座右铭，就是要坚信自己的孩子会长成一个普通人。

有了这样的心理建设，她便成功将自己从"虎妈"的战车上解绑，且获得了做母亲的自由。

可以看出，在"普通学"下，快乐、释怀、和解，才是网友们普遍追逐的终极目标。

不普通的人都在做什么

"你只有不断奔跑，才能停留在原地。"这本来只是《爱丽丝梦游仙境》中红皇后的一句带有现实写照的台词，却逐渐"进化"成了进化论法则，"不进即是倒退，停滞等于灭亡"。

直至今日，这句话又常常以一个极简又精准的动词，普遍作用在我们身上——"内卷"。

目前最被广泛认可的"内卷"释义也许来自人类学家项飙。他将"内卷"比喻成"一种不允许失败和退出的竞争"，其起因是"人们的目标和评价体系高度单一，竞争方式也高度单一"，从而导致"进入其中的人只能在日趋白热化的竞争中，继续向前"。

每当夜深人静的时候，还总有人不忙着思考人生或做梦，而是沉浸在自己朋友圈的凡尔赛包装中。可他们一旦看到别人分享出更高配的生活，误认为那也是他应得的，等再回到"一无所有"的现实中，便只落得一身焦虑。

这样的焦虑大概率不会出现在心虔志诚的成功学信徒身上。毕竟这批人对世间万物都可套用同一条公式这事深信不疑，口号与鸡血在手，成功我有。

"坚持不渝""锲而不舍"这些美好的词语，都被诠释成了痛苦的麻醉剂，就好像只要他们不停下来，就不会有失败的一天。

我想普普通通地待着就这么难

对成功学的盲目崇拜，使人都变成了打工人、工具人。率先躺下的那批，本该属于他们的资源，会被"内卷"人迅速瓜分。

所以在这期间，一大批"假躺人"也正在猥琐发育，他们看似卧倒，实则时刻绷紧了腹肌，就等着别人放慢脚步那刻，好一个鲤鱼打挺翻身。

一个极度残忍的恶循环由此产生。而"普通学"更像是人们在主动跳出这一循环后，发出的冷静思考。

冷静想想，小时候上兴趣班，究竟是因为我们真感兴趣，还是因为小伙伴也报了？大学选专业，究竟是因为我们喜欢、擅长，还是因为这专业容易就业？你找现在这份工作，究竟是因为自己满意，还是因为家人满意？我们究竟是在为自己活，还是为许多其他人而活？

2020年11月，一场谈及"教育价值"的公开演讲提到："人生的目的并不是越高、越快、越多，而是找到适合自己的位置。"

反之，如果我们每个人都依照他人的标准，来找寻自己的位置，一味地逃向大众观念中"更安全的地方"，那势必会造成"踩踏式的竞争"。

项飙也提出过相似的观点："在比较成熟的社会里，人们会努力根据自己的特长和兴趣，找到安放自己的位置。"

他在2021牛津中国论坛上直白地告诉大家，打破"内卷"的方法，便是"去拥抱自己的生活"。

"如果我们接受的教育仅仅是为了去表演，去展示，去证明我比别人行，那我们活该'内卷'。"

换个角度想想，总是不得不站到舞台C位表演的，时刻都必须证明自己比别人行的人，不正是我们传统价值观中那些"别人家的孩子"吗？

北大研究临床心理学的教授徐凯文曾做过调查，北大四成新生认为活着没有意义。人为什么要活着？对于我们来说最重要的东西是什么？这些都是常年郁结在空心病患者心中的无解难题。

空心病，也叫"价值观缺陷所致心理障碍"。

或许，只知道一腔孤勇地往前冲，无法克服面对不完美自己的恐惧，只是因为我们找不到自己作为普通人的定位。或许，我们都成了演员，却仍是对配合演出的真正的自己视而不见。

更可怜的是，我们的孤独感和无意义感正变得越发强烈，表现出的情绪与症结也和抑郁症无异，但空心病目前对药物免疫。

或许，我们都应该放过自己，试着做回普通人。

犹 豫　□王鼎钧

风来鼓帆之前，勿忘划桨。

"犹豫"本是一种野兽，生性多疑，只要听见一点风吹草动，马上爬到树顶避难。可是，这棵树保险吗？如果敌人不在地面而在空中怎么办？它回到地上，东张西望，惴惴不安，忽而认为时间紧迫，赶快爬上另一棵树。它的生活方式就是整天爬上爬下，结果累死，或者累得筋疲力尽，被猎人捉去。

这种兽族早已灭绝。它们的名称能够流传下来，是因为人们要拿它们的多疑寡断引以为鉴。一种生物，只有别人"以此为戒"时才有一提的价值，未免太悲哀了！

青年励志馆 披荆斩棘，方能所向披靡

如果有心灵鸡汤，那一定是胡辣汤

□ 黄关垒

在来郑州喝到方中山胡辣汤之前，我一直以为河南胡辣汤只有两大流派。

一个是北舞渡，汤浓肉香，层层辅料加持后浓郁的牛肉汤鲜味依旧脱颖而出。一个是逍遥镇派，善用香料，看似汤底薄，喝起来香味一层又一层，相得益彰，回味无穷。两派可谓势均力敌，各擅胜场，外观内容，差距不大。

方中山简直就是异类了，放弃传统清汤，棕黄的浓汤极具视觉冲击力，汤中少了常见的粉条、黄花菜等，只留木耳、面筋，专一用胡辣味撞击味蕾。第一次入口简直口中冒火，有误饮辣椒水之感，等到三四勺入口后，牛肉浓香冲上来，胡椒之味散开去，辣椒味打底把关，额头汗水微微渗出，感觉到胡椒辣椒小分子在口腔里四处轰击，将牛油香爆炸开，居然有一种口腔被麻醉的舒爽。此时夹一个刚出炉的泛着油光的水煎包浸入汤中，饱蘸浓汤后放入口中，让水煎包表皮的酥脆和内里的柔软与胡辣浓汤充分糅合，你会把整个早晨的阳光都拥入怀中。

多少个冬日的早晨，一碗方中山下肚，大汗淋漓，口舌微颤，感觉四肢百骸无一不通畅，被温暖的被窝所捕获的精气神一下子又如盛满胡辣汤的那口大锅上氤氲的蒸汽一般冉冉升起，而这碗汤，往往能暖和你的胃和心整整一上午。

方中山的口味如同一匹烈马，不适的大有人在，然而不管哪种口味，在河南，每一个地方的早餐排队最长的一定属于胡辣汤的摊位，而每一家都有自己的绝密配方。

很多人的胡辣汤口味都是打小培养起的。从我懵懂记事起，每一个赶集的清晨，穿戴整齐后，母亲都会带着我穿过两个村子，到达固定的集市，在逛到一半市场的时候，母亲会在那个挨挨挤挤的胡辣汤摊位前帮我等出一个小小的空位，留我一个人等待，她接着去买菜。我紧张而又兴奋地在条凳上晃着双脚，像大人一样焦急等待着自己的那碗汤端到跟前，迫不及待地大口喝下。然后看着热闹非凡的摊位人来人往，等着母亲拎着买来的菜归来。清晨的老街人人都裹在睡眼惺忪的疲惫中，唯有这一碗胡辣汤，让一条街有了活气。

等到一年一度的庙会或社戏，家家呼朋引伴，我们这些小孩子原也看不懂戏台上的咿咿呀呀，心里想的多半是那碗胡辣汤。往往就在十字路，围着那口大锅摆着一排长凳，欣喜若狂地坐下，看着老板用特制的长柄木勺在汤的表面兜圈浮动，将已沉淀下的汤的内容搅动浮起，潇洒地筛出一碗，送与跟前，瓷碗白勺，冒着热气，久违的鲜香啊。旁边往往架着油锅，薄薄的面片一条条下去，眨眼就焦黄酥脆，内里却保留着小麦的筋道，趁热浸入汤中，实在是天生的绝配。而下一碗的滋味，需要一整年的漫长熬制。

等到离家读书时，则需要一周的等待。学校旁边的小吃街上，名气最大的胡辣汤馆只做早上的生意，附近地市的老饕驱车几十公里而来，我们只能在早操时看着那升腾起的烟雾，偷偷吞下口水，等到我们周六下午有时间接近，早已门闭灶熄……

走出校门多年后，我们终于可以弥补当年的缺憾，在清晨的校园外，有人排队，有人占位，将配套的煎包、油饼、千层饼……一一尝遍，再也没有当时五毛钱的犹豫，在遍地的狼藉中，能一起坐下喝碗胡辣汤的，都是时光淘洗，多年来渡尽劫波的兄弟朋友。

不光是街边摊位，每一个妈妈都有自己的独家配方。为了这碗汤，妈妈会用小半个上午的时间，将一盆面粉反复淘洗，最后只剩下巴掌大小的一块儿淡黄色的面筋，这是那盆面粉的精华所在。妈妈会将面筋小心地撕成小片，一过热油，面筋就蓬松成蜂窝状。热锅炒肉后放入自家磨制的五香粉，以及木耳、黄花菜、粉条、花生、海带等，这时提取面筋后剩下的那盆粉汤就派上了用场，加以面筋点缀，熬制半小时后，热气腾腾的胡辣汤就出锅了。

最好吃的当然是面筋了，蓬松如蜂窝的面筋充分吸取了汤的精华，加上本身油糯喷香，简直妙不可言，而最妙的是，它居然浮在汤锅的最上方，任你捞取。而妈妈每次都留给我们最多的面筋。当然，每次做胡辣汤，也是我们胃口大开的时候，每次都是喝完两三碗才肯罢休。长大后几乎每次回家，妈妈都会给我们用时用力地做出这碗纯朴的胡辣汤，如果问家的味道是什么，那一定少不了胡辣汤的味道。

离家越远，离年少青春越远，我们也越多地开始做当年学校外那些当时看起来很蠢的事——驱车几十公里去喝一碗胡辣汤，而且经常是没有由头的。

等到了远方，如同一种信仰一般，无缘无故地想起胡辣汤的味道。也许是小时候的味道，也许是一种纯粹的快乐的味道，也许是拼搏读书时的记忆，也许是冬天严寒中最温暖的感觉，那也是青春的味道，热气腾腾地在空中和心中翻滚，重重地在口中留下不灭的味道让人不停品咂，带着家乡的味道，回味悠长。

友情有它的微妙之所在

□ [葡萄牙] 费尔南多·佩索阿

今天，日久年深的忧虑偶尔涌上心头，我感到像是生病了。在我维持生命的那个餐馆的二楼餐室，我比平时要吃得少。我正要离开时，侍者注意到那瓶酒还剩一半，转身对我说："再见，索阿雷斯先生，我希望你能感觉好点。"

像一阵狂风驱散了天空的阴霾，这句简短的话像一声号角抚慰着我的灵魂。我发现一些自己从未想过的东西：有了这些咖啡馆和餐馆侍者，有了理发师和街头的送货员，我享受着一种自然的、自发产生的默契，我不能说我恐怕还能有比这亲切的东西。

他们现在怎么样，未来的小镇就怎么样

康瑜首次去支教，是2015年的夏天，当时，她是中国人民大学经济学院即将毕业的大学生，并且已经顺利拿到保研名额，在财政部下属的研究所工作。工作忙碌的她，不得不放弃从大一到大三坚持的公益活动，然而，整整一年，她都觉得"哪里不太对劲"。

那一年，康瑜经过一番考量，最终决定参与支教项目。康瑜当时在朋友圈里发了一条动态，放弃保研资格，前往漭水——云南省昌宁县中部一个经济落后的小镇。

康瑜对于支教的热情源于奶奶。她的童年是与奶奶一同度过的，奶奶常教诲她："人有很大的能量，不仅可以让自己活得好，也要让别人活得好。"而支教的康瑜也抱着一种使命感："通过教育，帮助孩子们走出大山。"

然而，能够走出大山的孩子只是少数，大山里"留守儿童"很多，陪伴的缺失，让这些孩子在成长过程中更加叛逆。一开始，康瑜做了种种努力，没想到孩子们并不领情，男孩子翻墙逃课，让她气到跺脚。有很长一段时间，康瑜寄期望于班里的优等生，直到有一天，校长问她："你知道这个小镇最后的主人是谁吗？就是这些最终留在山里的孩子。他们现在怎么样，未来的小镇就怎么样。"一番话，字字敲在康瑜心上，那天她想，我是不是可以多做一些什么。

此后，康瑜开始花时间建立与孩子们的沟通和信任。男子篮球赛，她跑去做喊声最大的啦啦队

□北 沐

我们也许成不了太阳，但是可以始终向着光

队员，有人说长大想做明星，她帮忙列举成为明星的条件。康瑜还会随身带着一个"心思盒"：孩子们有任何烦恼，都可以写成小字条塞进去，到了晚上，她就会打开一一回信。

会写诗的孩子不砸玻璃

2015年秋季的一天，康瑜正在上书法课，突然下起雨来，雨点落在窗台上，班上孩子不约而同往窗外看去。这时，康瑜突然有了一个念头："既然大家都喜欢下雨，那咱们索性不写字了，听听这雨声，看看这雨花儿，给它们写一首小诗吧！"

那是康瑜的第一堂诗歌课，她看见一个坐在角落的女生写着诗，忽然吧嗒吧嗒掉起眼泪。那首诗是这样写的：我是个自私的孩子/我希望雨后的太阳/只照射在我一个人的身上/我会感到温暖/我是个自私的孩子/我希望世界上有个角落/能在我伤心时空着/安慰我/我是个自私的孩子/我希望妈妈的爱/只属于我一个人/让我享受爱的味道。

小姑娘"自私"得让康瑜心疼。"山里面的小孩就是这样，他们经历着我不曾经历过的苦。在这样的情况下，他们对世事的悲悯、单纯、热爱，更加弥足珍贵。我不

需要唤醒什么，他们本身拥有。我需要做的就是，肯定，还有一再地肯定。"

当年少的情愫无处安放时，孩子们会写下："我愿和你自由地好着，像风和风，云和云。"

独处时，孩子们会写下："大风吹着我和山岗，我面前有一万座村庄，我身后有一万座村庄。千灯万盏，我只有一轮月亮。"

支教第二年，康瑜开起了固定的"四季诗歌课"，每个季节上两堂课，分别叫春光、夏影、秋韵、冬阳。康瑜希望改变大众对大山里的孩子的认知，不是"求知的眼睛"，不是"悲惨的命运"，而是"充满想象力"。

更令人惊讶的是，自从初一开设诗歌课以来，孩子们比其他年级的孩子变化更明显：违纪情况大幅减少，砸玻璃的现象也少了很多。

我们也许成不了太阳，但是可以始终向着光

"是光"，是一个诗歌教育公益项目团队，由康瑜于2017年9月创立。

2017年教师节的那个包裹，那首小诗，那四个字，最终改变了康瑜的人生轨迹。她选择回到大山投身于乡村教育，成为一名公益创业者。

康瑜很喜欢一本书，叫《牧羊少年奇幻之旅》，书里说，每个人都有自己的天命。康瑜觉得，在贫瘠寂静的大山里，她找到了自己的"天命"。

2017年12月31日，康瑜带着来自云南大山里的18个孩子参加了一场2000人的诗会，看着舞台上的孩子们勇敢地将自己写的诗歌演唱出来，康瑜一瞬间泪流满面。那天是她的生日，孩子们的"绽放"是给她最好的生日礼物。

"是光"团队的项目也在不断发展，不到两年，"是光"已为云南、山东、河南等地区609所中小学的5万多名孩子带去人生第一堂诗歌课。

偶尔，康瑜也在思考，诗歌还能带给孩子们什么？如果他们不能走出大山怎么办？最近，康瑜去大山里拍摄一部公益纪录片，她找到了答案。

拍摄期间的一次夜间诗歌课，康瑜组织孩子们在外面燃起篝火。这堂课结束之前，康瑜说："以后再遇到这样的夜晚，有这么多星星，这样一堆篝火，你们会不会也带自己的孩子写诗？"孩子们举起了右手。康瑜接着问道："如果以后没有篝火，你会不会带着你的孩子写一首取暖的小诗？"孩子们举起了双手。影片最后，康瑜认为，诗歌或许并不能改变什么，但是当这些孩子有感情的时候，他们能够通过诗歌表达出来。

在孩子们写的诗歌里，康瑜最喜欢的是一首《星河》："黑色的夜晚星星在闪耀，我在河边无忧无虑地散步，当我回头看我身边的河水时，只见无数的星星在河里流动。"康瑜说："也许有些孩子永远走不出大山，我们也许成不了太阳，但是可以始终向着光。"

弥补定律

口黄小平

医学研究者发现，患心瓣堵塞症的患者，心脏会奇迹般地增大，好像是在努力应对心脏所带来的缺陷；如果肾病患者摘去了左肾，那么右肾的生命力在术后往往十分强盛。

于是，医学研究者得出这样一条规律：一个人一旦身体上有缺陷，必然会产生一种弥补的机理与心理。

我觉得，这条"弥补定律"不但适用于身体，而且适用于人生。冥冥之中，似乎总有一种力量在给苦难不幸中的人弥补着什么：它给贫穷者一颗不甘贫穷的心，给卑微者一个高贵的灵魂，给不幸者一份特别的恩宠，给受挫者一份执着的追求，给失败者一份额外的收获。

袋装薯片的胜利

□陆小雨

如果问你，什么口味的薯片最好吃？每个人的心中都会有不同的答案。

有人钟情于原味薯片的土豆清香，有人偏爱黄瓜薯片的咸甜口感，也有人永远乐此不疲地追逐着奇葩口味，比如美式可乐味、原谅抹茶味、软萌樱花味等。

但是，如果问你，喜欢吃袋装还是罐装，我想大多数人的答案大概率都会是前者。在多数人眼里，袋装薯片相较罐装口感更脆、吃着更香、捏着也更薄。

销售数据似乎也印证了人们对袋装薯片的偏爱。在电商平台，同一品牌、同一价格的薯片，袋装月销量为7000+，而罐装仅为3000+。同样是薯片，为什么袋装的就是要比罐装的好吃？

实际上，问题的答案就藏在配料表里。

查看乐事袋装和罐装薯片的成分配料表，不难发现，袋装的主要配料写的是马铃薯，而罐装上则写的是马铃薯雪花粉。为什么会有这样的区别呢？

以马铃薯为主要配料的袋装薯片，也被称为原切薯片，它是由新鲜的土豆直接切成薄片油炸而成的。不过，在下油锅之前，每一片土豆，都需要在清水中充分沐浴，这能防止土豆片暴露在空气中氧化变色，同时洗去薯片表面的游离淀粉。

漂洗完后，它们还需要在不低于70℃的护色液中烫漂1～3分钟，这个过程可以破坏土豆中酶的活性，排除组织中的空气，同时脱除水分，让土豆片表面淀粉凝胶化，以减少薯片在油炸时吸油。

最后，经过充分的干燥，这些土豆片才会被送往炸锅，完成它们的使命。

相比之下，罐装薯片则省去了这些烦琐的步骤。它不需要用到新鲜的土豆片，而是用马铃薯全粉为主要原料，经过马铃薯淀粉、谷粉的混合，压制成椭圆薯片形状，直接进行油炸。

所谓的马铃薯全粉，是用新鲜马铃薯经过去皮、捣泥、干燥等一系列工艺环节所制成的一种产品。根据加工工艺、产品性能以及理化指标不同，马铃薯全粉可以分为两种，一种是颗粒状的，一种是薄片状的，后者因形似雪花而得名"雪花全粉"，乐事罐装薯片用的就是它。

不过，雪花全粉在生产过程中的细胞破坏率可达21%，只能保持40%～60%的原有养分以及风味物质，因此口感和风味都不如颗粒全粉。

但不管颗粒全粉还是雪花全粉，严格意义上说，我们吃到的罐装薯片，都只是一种经过油炸与混合的"土豆泥面团"。

由于原料不同，袋装和罐装薯片的最佳油炸时长有着较大的差异。东北农业大学的学者通过实验发现，厚度为1～2毫米的原切薯片油炸的时长以2分钟为宜。而相比之下，复合薯片只需要20～50秒，就能达到较好的品质。

一般来说，油炸的时间越长，意味着风味物质生成得越多，薯片中的含油率也会更高。

薯片带给我们的快乐，很大程度上得益于这种高油脂的口感，它能刺激我们脑内奖赏系统的关键结构——伏隔核，让我们一片接着一片，吃到停不下来。

除了含油量，袋装薯片与罐装薯片在脆度上也有着很大的不同。有国内学者曾通过模拟牙齿咀嚼的过程，对不同包装的薯片进行力学测试，结果发现，袋装薯片的硬度要比罐装的大，韧性更好，脆度也明显要更高。

2016年，有3名国外学者对薯片脆度与风味感知之间的关系进行研究。他们发现，对脆度更高的薯片，人们能更快感知其风味，并且会认为脆度最高的薯片，味道最强烈。

有一种解释认为，这可能是因为脆度高的薯片更易碎成小块，有效地增加了接触的面积，因此让挥发性的风味化合物能够更加迅速地被吸入鼻腔。

在口感上，袋装的原切薯片似乎已经全方位碾压了罐装的复合薯片。但如果一定要说出一个袋装薯片的缺点，那一定是它过于占地方的包装。

一名纽约的视觉艺术家曾对一系列膨化食品进行体积测试，结果发现，一包原味的乐事薯片，86%都是气体。

为什么要在袋装薯片里放这么多气体？放入罐装不香吗？

实际上，由于袋装薯片的切片属性，它无法像复合薯片一样被压制成整齐划一的形状，放入直径只有六七厘米的薯片桶中。把它们装进无色无味的氮气包装袋，一方面可以在运输途中起到缓冲作用，另一方面能防止薯片在空气中氧化受潮，延长保质期。

相比之下，罐装的复合薯片虽牺牲了口感，但在抗压方面的确有着更大的发挥空间。例如，以罐装出名的品客薯片就被设计成了马鞍形状。这种特殊的几何形状，在数学上又被称为双曲抛物面，它能在推力和拉力之间达到微妙的平衡。

所以，哪怕是一片小小的薯片其实都承载着不少的心机与设计。不过，它们最终的目的是一致的，就是让你买得更多，吃得更胖。但你也不必过分责备自己，毕竟在强大的食品工业面前，弱小的我们要抵挡住诱惑，实在太难了。

好朋友

□邓　笛

我家附近有一块地，那儿总是会出现两匹马。

从远处看，两匹马并没有特别之处。但是，如果你靠近观察，就会注意到其中一匹马双目失明了。

如果你继续观察，就会听到铃声，循声去找，会发现铃声来自另一匹马。这匹马的笼头上挂着一只小铃铛。小铃铛一响，它眼盲的朋友就能知道它的位置，也就可以跟着它，不至于走错地方。

进一步观察下去，你会发现，戴着铃铛的马不时要看一眼眼盲的马，似乎在确认它是否听到了铃铛的声音。

每天晚上，回马棚时，戴着铃铛的马也会几步一回头，看一看它眼盲的朋友，以免后者跟不上来而不能听到铃铛声。

好朋友就是这样，你也许见不到他们，但是你知道他们总在那儿。

细节是人内心世界的旁白

□ 张勇

宋朝的吕元膺在任东都留守时，一次与一位掌管钱粮的下级弈棋。当吕元膺抽身去处理紧急公务时，这位钱粮官趁机偷换了一颗棋子，最后赢得这盘棋。吕元膺当时对此虽有察觉，但并未吭声。过了一段时间，吕元膺借故把此人调离身边，并预言此人终将因贪污而获罪。后来果然不出所料。

北宋神宗时的名臣韩琦出镇永兴时，各地幕僚纷纷来投奔。这天，来了一个人，一见之下，韩琦的脸就沉下来了，始终不愿意跟他说话。几个月过去了，韩琦再也没有搭理过这个人。大家都觉得

这不太像韩琦的风格，因为韩大帅向来平易，很少冷落下属。有人偷偷问韩琦："他不过是个小小的幕僚嘛，能有什么大不了的错，再说你原本不认识他，他怎能惹你老人家这么不高兴？"韩琦说："你仔细瞧瞧，他的额头上是不是有个隐隐的青包？""是啊是啊！""这是长期给人磕头磕出来的，像这样的人，有事的时候，怎么靠得住呢？"韩琦通过头上的包来识人，倒也别致。但这种辨别，一定是有效的，随时随地磕头的人，很难称其人格健全。封杀一个这样的人，其实就是封杀了一群这样的人。因为只要他头上有包，一旦得势，他就会让手下所有人头上都长包，就像一群磕头虫。

苏轼与朋友谢景温出游，两人且说且笑，一路相谈甚欢。就在这时，一个黑影突然从树上跌落下来。两人定睛一看，才发现黑影不过是只受伤的小百灵鸟。苏轼凑过去，发现百灵鸟的腿上有伤，可能就是因为这伤才使它从树上坠落而下。苏轼想将鸟捧起来，谢景温却大步走了上来，抬腿就踩了一脚。"兄弟何必为一只惊吓了我们的飞禽耗费心思？我们继续向前走吧！"苏轼面色凝重，却一言不发，继续和谢景温向前走。一路上，谢景温高谈阔论，指点江山，好不潇洒。而苏轼只是偶尔应两声，全然没了兴致。郊游回来之后，苏轼便与谢景温断交。有朋友问苏轼为何如此，苏轼语出惊人，"轻贱生命之人，不可为友"。朋友不信，以为另有隐情，苏轼却摇着手说道："如果此人得势，一定不会把人的生命放在眼里，很有可能做出损人利己、祸国殃民的事情来。"友人微笑着摇头，仍旧不相信苏轼的话。多年后，谢景温成为一代权臣，杀戮无数，苏轼也险遭毒手。谢景温成了北宋有名的奸佞小人，时人皆叹苏轼果能识人。

清人易宗夔在《新世说》中记载了这样一件事：曾国藩驻军安庆的时候，他的一个亲戚来投奔他，打算在他这找点事做，曾国藩就留下了他，准备日后给他一份差事。一个多月以后的一天，两个人在一起吃饭，饭里有一粒稗子，那个亲戚就把稗子挑出来扔到了地上，然后才吃那碗饭。曾国藩看到以后，就给他准备路费，打发他回家。那个亲戚就问曾国藩为什么打发自己走，曾国藩说："你平时不富裕，又没有在外面做过客，放弃种田来我军营一个多月，吃饭的时候就把稗子挑掉了才肯吃，我担心你将来会见异思迁，要是留下你，我反而会受到拖累。"从吃饭挑稗子这样一件小得不能再小的事上，就由

完美无味

□ 小来

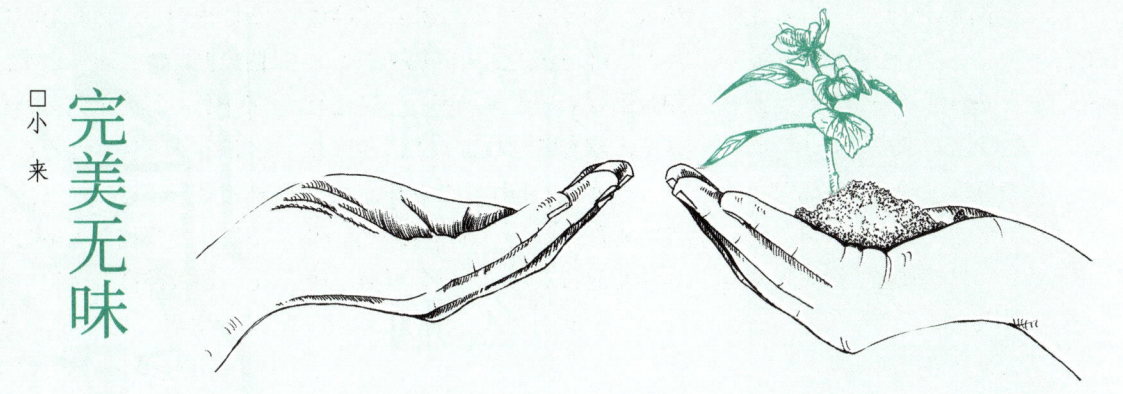

网上曾有这样一个提问:"提升幸福感最快的方式是什么?"点赞最高的回答是:"降低对别人的期望值。"没有完美的别人,只有看开的自己,心简单了,人就不累了。

我认识一对夫妻,结婚多年,仍然相看两不厌。妻子说,起初她和丈夫也有矛盾,只不过后来学会了各退一步。还记得有一阵子,她特别喜欢吃丈夫公司楼下的卷饼,丈夫连续几天下班后都会买一份回来。

可有一次,丈夫因为加班忘了买,妻子就发了脾气,觉得丈夫连自己这点要求都做不好,两人一晚相顾无言。

第二天,妻子静下心来一想,的确是自己要求太高了。即使是夫妻,也不能逼迫另一半来满足自己的期望。

那天晚上,丈夫依旧加班,妻子这次却没有让他买卷饼。丈夫下班后,发现卷饼摊已经关门了,便转身走进一家花店,为妻子挑选了一束玫瑰花。

有一句话是这样说的:"当你学会降低期望,生活中反而处处是惊喜。"放弃对他人的高要求,别人轻松,自己也舒服。

表姐身边就有一位至交好友,两个人平常都忙着上班、带娃,很少有时间聚会。而为数不多的几次见面,全是在对方人生中的重要时刻。表姐家孩子出生,朋友就算买站票也要来道喜。表姐也曾经请了一星期的假,帮朋友陪护病危的父亲。两个人的交情,到现在已经足足维持了二十年。

表姐说:"我俩从不抱怨对方有好事怎么不想着自己,反而是,有用得上我的地方,一定要开口说。"

和频率相同的人在一起,无须过多言语,对方就能知你心酸;不必委曲求全,就能收获万般自在。不懂你的人,交往越久越心累;懂你的人,交往越深越温暖。我们终其一生想遇到的,不过就是一个知晓自己的不完美却仍愿意包容的人。人生百味,若是要求事事圆满、件件如意,只会索然无味。

追求完美,身心俱疲,万事求缺,更显大智慧。与人相处,如果感到格外轻松,在轻松中又感到真实的受益,那一定是遇到了自己的同类。唯有和这样相处舒服的人在一起,才无须伪装自己,不必计较得失,心安舒坦。

小见大、由近及远地看出这个人有见异思迁的趋向,曾国藩对人的观察力非常人可比,他日后能做出那么大的成就,和他擅长观察人有很大关系。

分辨一个人,就看细节吧,细节是人内心世界的旁白。一些人善于伪装,有时会戴了假面具。不过,当品性变成习惯后,常通过言行举止中的细节不经意地流露出来,细节常常会泄露人内心深处的秘密。这些细节,是一串密码,能够解读人的习惯和品格。心怀叵测之人,总是眼神阴暗,举手投足猥琐;相反,内心坦荡的人,必定神色镇定,举止磊落。

学神的大脑究竟有什么特别的

□ 赵思家

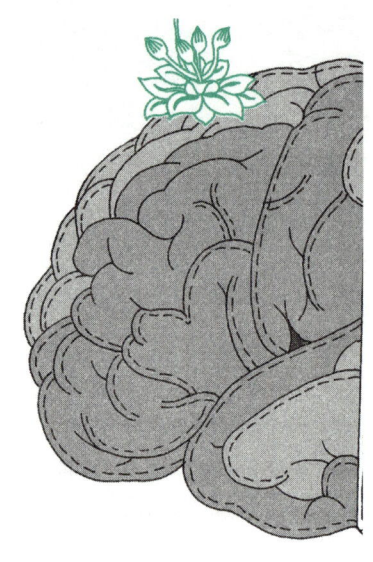

江湖上，比"学霸"级别更高、更具传奇色彩的，是那些把高难度的习题考卷当作游戏的大神。他们被称为学神。学神让我们这些"凡夫俗子"羡慕嫉妒恨，但最让人好奇的是，聪明人的大脑真的有什么特别之处吗？

想要回答这个问题，我们要先下个定义——聪明是什么？

学习成绩好是不是就是聪明？如果是，成绩最好的是不是就是最聪明的？确实，成绩能代表聪明的一方面，成绩好的人往往在许多方面相当出色，包括且不限于计算能力、语言天赋，还有一些更宽泛的能力，比如思维敏捷、意志力强、记忆力好，以及在高压情境下（比如考场上）保持冷静的能力。但成绩最好的人不一定是最聪明的人，因为影响学习成绩的因素太多了，很多时候勤能补拙，过于聪明的人有时也会觉得学习太容易而忽视平时的积累，导致考前临时抱佛脚，分数不理想。

那聪明是不是就是智商高，在智商测试中能获得高分？智商测试确实是专门设计用来衡量一个人聪明程度的，更准确地说，是用来测量一个人的智力的。智力是衡量解决问题能力的一个指标，包括八方面：推理、理解、计划、解决问题、抽象思维、表达想法、语言能力以及从经验中快速学习的能力。你可能会问，语言能力也是智力的一个关键成分，这是否意味着文科好的人在智商测试中也会占优势？没错！很多人还有一个误解，认为聪明的人往往偏科，因为人无完人嘛。然而，科学家发现，无论是数学，还是语言、音乐，聪明的人往往在不同的领域都有很好的表现。你可能会用许多科学家的故事反驳我，比如现代物理学之父阿尔伯特·爱因斯坦小时候就偏科呀！其实很多故事都是误传，爱因斯坦确实有"失读症"（这是一种大脑疾病，会使人阅读有障碍），但实际上他的语言表达能力很不错，人也很幽默，他还有音乐天赋，小提琴拉得非常出色。他读书时也不是差生，相反一直在班里名列前茅。换言之，虽然智力是分领域的，但与此同时，智力又代表着大脑完成各种任务的综合能力。

智商测试并不是一种能够完美地测量智力的方式，但比学习成绩更为合适。有了智商测试这一工具，我们就能在"聪明人的大脑是怎样的"这个问题上更有底气一些。欧洲的"人脑计划"就做了这样一项研究，研究发现在智商测试中获得高分的人，他们的大脑确实有些共同之处。

2018年，一群来自荷兰的神经科学家和神经外科医生合作，邀请了46位患大脑肿瘤的病人参加实验。这些病人需要做开颅手术移除大脑中的肿瘤，而在手术过程中，医生必须从他们的颞叶里提取一部分健康的大脑组织（也就是神经细胞）来做检查。科学家们获得病人们的允许，在做完检查后，继续研究这些大脑组织，测量神经细胞的大小和其他特征。

我们的大脑中有860亿个神经细胞，绝大多数的神经细胞都有很多"长手"，叫作树突。这些手又与其他成千上万个神经细胞相连，组成一个巨大且复杂的网络。

科学家发现，智商测试成绩越好的人，神经细胞越大，神经细胞上的树突越多、越大。这样一来，传递信号的速度就越快，人的反应也会更快。这与之前一些基因研究的发现不谋而合。

换言之，聪明人的脑筋"转得更快"。这虽然是意料之中，但令我惊讶的是，智商高的人会在神经细胞这个级别上与常人有异。相比于一般人的大脑，聪明的大脑不是某个大脑区域大一些，而是每一个神经细胞都有细微的差别。

你可能会觉得，神经细胞这么小，它大一点，树突多一些，传递信号速度快一些，又会有怎样的区别呢？别忘了，大脑有800多亿个神经细胞呀！虽然每个个体的差别较小，但乘上800多亿，那就完全是两个概念了。

这个"硬件"带来的最直接的变化就是，它提高了大脑的工作效率。我学一门新语言，可能需要一年才能入门，而拥有这样大脑的人只需要几个月，甚至更少的时间，就能达到同样的水平。有趣的是，这样的优势在简单的任务上更为明显，而任务越难，这样的优势越不明显。所以，像我们这样天生不太聪明的人也不要沮丧，智商的优势不是无敌的，而且我们一辈子又能遇到多少个真的比我们智商更高的人？

同时，"勤能补拙"在神经细胞上也管用。我们每个人的大脑，无论年龄大小，都不是一成不变的。大脑会随着我们日积月累的训练产生变化。你想在哪个方面变得更为出色，就不断训练它。

智商测试可能会说谎，但日积月累的努力不会说谎。

鹿　殇

□王　族

鹿表面温和，但猎人每每猎捕，很费工夫。

有一只鹿，被猎人围住，转身飞出后蹄，那猎人巧妙闪过，身后的树被那蹄子踢出一洞。

鹿的蹄子有多厉害，狼一清二楚。一只狼追赶一只鹿，那鹿见逃脱不掉，遂转身将屁股对着狼，如果狼敢进犯，它一蹄子踢到狼身上，便可制造出一个血洞。那狼被鹿吓住，掉头而去。

另一只鹿，被一群狼围住，它纵身一跃，从狼群头顶跳过，然后飞奔逃脱。狼群许是从未见过这等情景，愣怔片刻，怏怏然离去。

鹿有勇有谋，猎人便动心思，用计谋对付它们。某一日，猎人们又将一只鹿围住，但他们既不击打，亦不用绳套去束缚，因为他们知道那样无济于事，终会被鹿一举击败。他们要做的，是让几只猎犬出击。那猎犬每蹿出一只，便往那鹿腿上撕咬一口，然后迅速返回，以防被鹿用蹄子踢中。猎犬就那样频繁出击，一口接一口咬那鹿腿，终于让那鹿轰然倒地，再也无力站起。

鹿之凛冽，在情感上更甚于行为。阿勒泰有两只鹿，因大雾误入村庄，雌鹿逃脱，雄鹿被围住打死，其肉被分于各家，其皮被挂于栅栏上，等干透后卖好价钱。

那雌鹿在黄昏潜入村庄，欲将雄鹿皮弄走，不巧被发现围住，它无望逃脱，遂一头撞死在栅栏上。它倒地而亡的一刻，那雄鹿的皮落下，盖在了它身上。

普通人的生活，原本就很艰辛

□ 蒋勋

01 贾芸的卑微

贾芸关说王熙凤，其间有很多的动作，很多的语言，很多的人情。

其实读小说最大的好处，是能让我们对世间的各种关系多一点了解。如果都像宝玉那样在养尊处优的环境中长大，是无法了解生存的艰辛，也没有什么生存能力的。

王熙凤一出来，贾芸赶快过来给她请安，王熙凤连看都不看他，继续往前走。要想让她停下来，一定要想办法打动她。

要打动王熙凤这么精明、见过大阵仗的人可不是件容易的事。这里面要有对人性、人情的深切了解，贾芸这孩子很乖巧，特别懂得如何与人相处。

王熙凤一边走，一边只是说："你母亲好吗？怎么不来我们这里逛逛？"这明显是客套话，表示她知道贾芸是来干吗的。还有一层意思是，你不要再打扰我了。

贾芸说，我妈妈"只是身上不大好。倒时常记挂着婶子，要来瞧瞧，又不能来"。

凤姐笑了，还在继续往前走。她说："可是会撒谎，不是我提起他来，你就不说他想我了。"在这种一往一来的客套话里，两个人都没有真情，王熙凤早就知道贾芸在关说贾琏，并不愿意搭理这个人。贾芸这个时候就讲话了，他说："侄儿不怕雷打了，就敢在长辈前撒谎。"这个话虽重，却比较乖巧。

"昨天晚上还提起婶子来，  妈妈说婶婶身子生得单弱，事情又多，亏婶子好大的精神，能够料理得周周全全。"这话一出来，王熙凤一定会停下来，因为王熙凤一生最喜欢的就是人家捧她，现在听到有人说她聪明能干，尤其是贾芸最后加了一句"要是差一点的，早累得不知怎么样呢"。

贾芸太了解王熙凤了，她是个好强的人，这是她的软肋，她忽然觉得这话有点儿意思，大庭广众的让她很有面子。所以，凤姐听了满脸是笑，不由得就止住了步，这是成功的第一步。

你如果去求职，经理在你面前站都不站，肯定没什么希望了，你总要想办法让他停下来听你讲话，贾芸已经做到了。

02 不放过任何机会

王熙凤停下来问："怎么好好的，你娘儿两个在背地里嚼起我来？"她觉得很奇怪，你们两个人怎么会忽然说起我来了？"嚼"的意思是你们是不是在讲我坏话？

贾芸就编了个故事说：我有一个朋友，家里开了一个香铺。因为有钱，捐了个"通判"，要到云南去做官，连家眷都要带去。香铺就要关张了，之前要把所有的货物清理，该给人的给人，该卖的卖掉。因为我跟他要好，他就送了我一些冰片、麝香。

我就跟我母亲商量，若要转卖，不但卖不出原价来，而且一般人家里不会买这个。若说送人，也没个人配使这些，因此我就想起婶子来，意思是这些东西谁都不配用，只有婶子你配用。

贾芸绕了半天，才说到主题——我今天等在这里就是要把这个东西给你。送礼是个大学问，你要送到既能让对方开心，又心安理得地收下。

贾芸说："往年间，我还见婶婶大包的银子买这些东西呢……想来想去，只有孝顺婶婶一个人才合适，方不算糟蹋这东西。"一面说一面就将一个锦匣举起来。

直到这个时候，我们还很紧张，不知道王熙凤会不会接。

贾芸这个孩子真是聪明，凤姐正要采办端阳的节礼，恰好需要买一些香料、药饵之类的，他连这个都算准了。所以凤姐"忽见贾芸如此一来，听这篇话，心下又是得意又是欢喜"。

话说到节骨眼儿上了，没有让对方觉得这个东西是不能要的。凤姐就叫她的丫头丰儿接过贾芸的东西，交给平儿。

接下来可以看出王熙凤很开心，说："看着你这样知好识歹的，怪道你叔叔常常提起你，说你说话儿也明白，心里有见识。"王熙凤开始赞美他了。

贾芸听这话入了港，"便打进一步来，故意问道：'原来叔叔也曾提我的？'"凤姐见他问，正要告诉他贾琏曾希望把十二个道士、十二个小和尚的工作交给他做，却又觉得不太对劲。

刚收了人家的一点香料，马上就讲这个话，有点下作。

王熙凤也在动心思，这个心思是作为一个总经理，人家刚送了一盒月饼，你就马上说刚好有件事让你去管，彼此都很难堪，所以王熙凤对工作的事只字不提。

贾芸的成熟也表现在这里，他要找更适当的机会再张口说工作的事，两个人都把分寸拿捏得刚刚好。

03 普通人的艰辛

"那贾芸一径回家。至次日，来至大门前"，他是每天都来报到的。因为他也不可能跟王熙凤约，只能站在那里等，要是王熙凤不出来，他根本连说话的机会都没有。

这天贾芸的运气不错，遇见凤姐往那边去请安，才上了车，看到贾芸来了，马上就叫人停下。你看，凤姐对贾芸已经有印象了，当然是昨天说的那番话起作用了。

凤姐隔着窗子笑道："芸儿，你竟有胆子在我跟前弄鬼。"她的意思是，她回家以后才知道他已经求过贾琏了。你昨天送我冰片、麝香，原来是为了找工作。

这时候才戳破，两人一来一往关系很微妙。可贾芸太聪明了，马上就说："求叔叔这事，婶婶休提，我这里正后悔呢。"

这明显是在奉承凤姐，就是我没想到你们夫妻两个，太太这么强势，丈夫那么窝囊，下面是王熙凤最愿意听到的话："早知这样，我竟一起头求婶婶，这会子也早完了。谁承望叔叔竟不能的。"那凤姐就笑了："怪道你那里没成儿，昨儿又来寻我。"

贾芸就说："婶婶辜负了我的孝心，我并没有这个意思。若有这意思，昨儿还不求婶婶？如今婶婶既知道了，我倒要把叔叔丢下，少不得求婶婶好歹疼我一点儿。"

贾芸有点在撒娇了，意思是你这么有势力，这么能干，能罩住那么多人，多少也帮我一点点吧！如果我们今天要去找工作，肯定不能讲这样的话，可在中国古代社会，讲的就是人情，特别习惯用这种语言。

凤姐就冷笑说："你们要拣远路儿走，叫我也难。早告诉我一声儿，什么不成了。"

贾芸赶快趁势说："既这样，婶婶明儿就派我罢。"为了找份工作，贾芸熬了多久？现在终于看到希望了，可是凤姐非常厉害，隔了半天才说："这个我看着不大好。等明年正月里……"

现在才三月，要等到来年正月，这真要把贾芸急死了，因为家里已经没米下锅了，贾芸说："好婶婶，先把这个派了我罢。果然这个办的好，再派我那个。"

意思是他两件事情都想干，凤姐就笑了说："你倒会拉长线儿。罢了，若不是你叔叔说，我不管你的事。我不过吃了饭就过来，你到午错的时候来领银子，后儿就进去种花。"

读到这里，大家会不会有点心酸？一个十八九岁的孩子为找工作，竟然经历了这么多的煎熬。

我一直觉得《红楼梦》中有一种大的悲悯和同情，年轻的时候读《红楼梦》喜欢的多半是风花雪月的部分，可年龄越大就越喜欢这些有关卑微者的部分。

它会让你看到身边平常不怎么注意的人生活的艰辛，他们不像我们这样可以看画展，听音乐会，过闲云野鹤般的日子。🌱

煮一锅冬天

□ 曹春雷

朋友问我这个冬天最想做的事是什么，我说，是在乡下，夜晚，与家人，或与二三知己，守着一炉火，吃我娘做的水煮菜。

这个愿望不难实现。因为在乡下，娘至今仍是守着火炉过冬的。刚入冬时，我买了两吨煤送回去，再将家里的火炉、烟筒都清理了一遍，娘很高兴，说，这个冬天再冷也不怕了。

是呢，有火炉呢，再冷也不怕。想一想啊，守着寒夜里的一炉火，该有多温暖——屋外寒风刺骨，树都冻得瑟瑟发抖，而屋内炉火正旺，一家人围着，说说笑笑。红红的火苗舔着锅底，锅里的菜咕嘟咕嘟炖着，热气氤氲着香味，缭绕在灯光里。

锅里炖着的，通常是大白菜。这是乡下冬天最常见的一道菜，但我百吃不厌。大白菜是自家菜园里的，入冬后都放进了菜窖里。想吃时，就下到菜窖里，拿出一棵，剥去外皮，鲜鲜的，就像刚从地里拔出来。水呢，是山泉水。村子跟前是座小山，山上有处泉。村里人集资买了水管，水便流下来，流入各家各户。水很甜，我在异乡喝过很多种矿泉水，但都没有我们村里的水好喝。

炖白菜时，还会掺上粉条、粉皮，这是用红薯造的。一到冬天，卖粉条的小贩就会来村里吆喝，不用拿钱买，只需拿出自家在秋天晒起来的红薯干换就行。泉水炖出来的白菜粉条，吃起来美不可言。

有时候，锅里的菜也会换些内容。譬如水煮豆腐，譬如水煮鱼。鱼现吃现捞，想吃了，就在白日里带着渔网，到村南已经封冻的河上，用石头砸出一个洞来，投下网去，再撒下鱼食，那些鱼便闻香而来。将网一收，提着鱼回家去，一番收拾后，投进沸腾的锅里。山泉水煮出来的鱼，鲜而美。这样煮着时，家里的大花猫会立在炉下，仰着头，一个劲地喵呜，撵也撵不走。不怪它，只怪这香味太诱人。

菜在炉里，边炖边吃，一家人围炉而坐。这是真正的吃"火锅"。你一筷子我一筷子地吃着，你一言我一语地说着。一顿饭，吃得热气腾腾。父亲在世时，通常是要喝上一茶碗酒的，酒在茶碗里，而茶碗在大海碗的热水里，温得热热的，散发着香味。

最美的时候，是在雪天。屋内，炉子里的火苗呼呼响着，锅里的菜咕嘟咕嘟炖着，屋外，雪扑簌簌地落着。守着一炉火，什么也不说，什么也不去想，只是静静地听。这样的冬夜，不管外面的世界有多热闹，或有多寂寞，此刻都与我们无关。

乡下的冬天，就是这样一道热腾腾的水煮菜，平淡，但并不乏味；悠长，但并不寂寥。慢慢品味着，细细咀嚼着，然后在某一天里，只是转眼间，面前就春暖花开了。

段子铺

没见过世面

电梯里，小孩看了我一眼："叔叔好！叔叔，你真帅！"

我心想，咦，这孩子家教真好，正美着呢！

小孩妈说："那个，孩子没见过世面，就会瞎说，看谁都说帅，真不好意思。"

6 学习力，就是我们的超能力

顶尖高手都是利他主义者

□ 兰陵王

"价值交换"是一个我很早就听过的词。那时常常有励志鸡汤文说，不要把太多精力放在人际关系上，因为人际关系的本质是价值交换，所以应该把更多精力放在自我提升上。

但我最近才发现，如果只把它当作一句鸡汤来用，那么我们对这个思维模式的理解实在是太过肤浅。

我经常收到很多读者的留言，有的留言看了非常想给他答疑解惑，而有的看了心里就很不舒服。我开始思考，这种现象的本质是什么？于是，我把让我不舒服的留言全部看了一遍，发现了一个共同的特征：他们的心里只有自己。

那些留言经常用的语言是："对我有很大的帮助""对我很重要""我读不进去，能不能为我做个视频"。这些留言的背后，都有一个大大的"我"字。他们的逻辑都是"这件事对我很重要，所以你务必帮我"。可是对你来说很重要的事情，跟我有什么关系呢？每个人都倾向于利己，都希望向他人索取更多价值。那么，他人为什么愿意给你提供价值呢？

我曾经加入过很多优秀社群，但是很少主动发言，只在需要帮助的时候才在群里说几句。明白"价值交换"这个思维之后，我惊出一身冷汗——如果人人都像我一样只会索取价值，那么谁来提供价值呢？没有人愿意单方面提供价值，除非你同样提供价值给别人。现在我只要有空，就会在群里踊跃发言，帮了很多人；有的群友为了表达感激，也给我提供了很多有用的帮助。我们必须给别人提供价值，别人才可能给我们提供价值——这就是价值交换。

你可能会想，万一我给这个人提供了价值，这个人不给我提供价值怎么办？这就涉及一个心理学理论，叫作"互惠原理"。心理学研究发现，大部分人在心理上都有一种不愿意亏欠别人的感情倾向。我们一旦受惠于人，就会有一种亏欠对方的压力。如果能够及时回报，则会从这种心理重压下得到解放。因此，不用太担心别人不给你回馈。

价值互换的法则几乎无处不在，养成价值互换的思维，你的路才会越走越远。不过，光有价值交换的思维还不够，你还要做一个主动给予的人。

举一个让我印象深刻的例子，有一次，我在文章里写到希望有机会和大家一起学习穿衣搭配。文章下面大多数留言都是问我如何学习搭配，只有一条留言异常醒目——他分享给我一个男生如何穿衣搭配的14节视频课程。对，他在主动向我提供价值。

但如果你是一个普通人，不能给别人提供太多有用的价值怎么办？这里也有几点建议。

第一，加入优秀社群，多输出，多服务。比如，在一个学习社群里，每次老师讲完课都有一位小伙伴主动把语音合在一起，甚至有小伙伴主动把语音转换为文档发给大家。这是一个非常聪明的做法：优秀的圈子本就难得，在这里建立你的人脉，是最划算的提升人脉的方式。

第二，提供财富价值。比如，给作者的文章打赏，去报某个优秀博主的课……很多人会说，这种行为不纯粹了，难道人与人之间就不能不谈钱吗？可以呀，你能提供其他价值也可以，问题是你能给对方提供对等的价值吗？不要觉得这很俗，财富价值是最实在的价值，没有人会拒绝。

如果你既无法输出价值，又不想支付金钱，还有一个技巧非常管用。很多牛人到了一定层次已经不缺钱了，这时有一件事他们非常在意，就是自我实现。如果你能给牛人提供这个价值，他也会欣然帮助你。

怎么做呢？千万不要摆出一副"你就应该帮助我"的架势。谦卑一点，夸奖一下对方，然后表达自己的疑惑，这种求教的姿态其实人人都很受用。在我的文章留言里，很多读者就是这样做的。他们首先肯定了这篇文章的价值，然后告诉我这篇文章对他们有哪些启发，最后提出自己的一些困惑，含蓄地索取价值。我就会"自我膨胀"，毫无保留地分享我所知道的一切。

著名商业咨询顾问刘润说得好："顶尖高手都是利他主义者，他们总是想方设法地给，而不是想方设法地拿。"愿你好好思考这一点。

守株待兔式捕猎

□ 倪西赟

在非洲南苏丹和埃塞俄比亚西南部的淡水湿地，生活着一种叫鲸头鹳的大型水鸟。鲸头鹳身体庞大，尤其头部巨大，是现存头最大的鸟。它有一张"鞋拔子脸"，有犀利的眼神和神采飞扬的小羽冠。它喜欢拔下自己的羽毛送给人，有时还会鞠躬。它神情呆萌，有人称它们是"鸟中的哈士奇"。

鲸头鹳每天要吃大量的食物。但是人们很少看到鲸头鹳主动出击，四处觅食。

鲸头鹳靠什么获取大量的食物？人们通过观察发现，鲸头鹳靠"静"生存。

鲸头鹳常常站在一条有食物的小河里一动不动。它把张开的嘴巴放在水里，等河中的鱼儿、乌龟、水蛇等自己上钩。可它们并不傻，一次又一次地试探、挑逗，谁也不愿意轻易上钩。然而，鲸头鹳有的是耐心，它在一个地方一站就是几小时，无论刮风下雨还是艳阳高照，它静止地像睡着了一般。看上去毫无威胁感。但就是这份安静，一点也不呆萌，更是杀机四伏。

当鱼儿、乌龟、水蛇们放松了警惕，在鲸头鹳嘴边游来游去或者休息的时候，鲸头鹳就会合拢嘴巴，迅速出击，捉住它们。鲸头鹳除了吃鱼儿、水蛇、乌龟，还吃小鳄鱼。鲸头鹳吃食物的样子并不是狼吞虎咽，而是极其优雅地慢慢吞下。当鲸头鹳吃完一个食物，它又会安静下来，像标本一样等待下一次食物的到来。

像鲸头鹳这样静止捕猎的方式，在自然界并不多见，但是鲸头鹳很成功。

在我们的生活中，静，并不是傻、呆、笨、拙；静，有时是洞察一切，运筹帷幄。

高雅摆谱

□ 黄亚明

鱼翅高贵，却并不比粉丝好吃多少。皖西南乡下有一种廉价粉丝，用绿豆制作而成，放在肉汤里煮，一会儿捞起来，绵软、筋道，味道好极了！《武林外传》里，吕轻侯也承认，鱼翅"跟粉丝差不多"，这很让邢捕头抓狂。

抓狂的还有袁枚。他在《随园食单》中介绍了鱼翅的做法，要配上气场十足的火腿、冰糖、鸡汤、鲜笋。唐鲁孙写北平翠盖鱼翅、谭家菜做翅子的良方，比袁枚又旖旎几分。照这法子对付一根木棍，估计也是名菜。犹如一个普通女子被高明化妆师浓墨重彩，再经过修图，立马风华绝代。

袁枚其实很有趣，写鱼翅，妙在"往往以三钱生燕窝盖碗面，如白发数茎……真乞儿卖富，反露贫相"。文人狡猾，软刀子杀人，杀的就是吃饭摆谱者。

北宋时，开封特繁华，酒肆遍布，门前都扎着欢楼，一个大男人要是觉得独饮寂寞，就在楼内走廊里吆喝一声，马上有美女载歌载舞。哪怕只有两位客人对饮，小二都会端上十几只茶碟酒器：注碗一副，盘盏两副，果菜碟各五片，水菜碗三五只。你知道，这都是银器，价值近百两银子。然后上来另一位小二，请客人点菜。开封人好摆谱，大呼小叫，冷盘、热盘、温酒、精肉、瘦肉等，都不缺。

凤姐曾调戏刘姥姥，先说一个鸽子蛋值一两银子，再把茄鲞说得天花乱坠，"倒要十来只鸡配他"，最后是一套木头杯子。

大仲马的《基督山伯爵》中讲了个段子。基督山把天南海北的两条鱼搁在一个盘子里，然后轻描淡写地陈述，说最爱的是想象"这两条鱼如何天南海北聚一起"。唐格拉尔不信，基督山就叫人把活鱼端来给他看，以示"兄弟我有的是钱，一买就是两条，一条吃，一条看"。显然，凤姐和基督山的终极目的一致，口腹之欲退居次席，耍酷摆谱牵着人玩才是第一要务。

吃饭摆谱是门大学问。钱钟书写唐晓芙面对方鸿渐叫的一大桌子菜，笑道："这不是吃饭，是神农吃百草了。"你以为女人真不喜欢男人摆谱？只是方鸿渐摆得不大对而已。一部香港搞笑电影里，曾志伟给王祖贤划拉一大堆日式料理，与相扑手吃饭何异？而对面的单立文，风雅地请姑娘吃柳川锅，眼角眉梢风情万种，两者高下立判。

说到底，吃饭的谱偶尔要摆，但要看怎么摆，要摆得风雅、恰当，否则真是"真乞儿卖富，反露贫相"。黄蓉要偷艺，狂巴结洪七公，做了道"玉笛谁家听落梅"，系羊羔左肾、小猪耳朵、小牛腰子、獐腿肉加兔肉五种小肉条拼

君子豹面

□ 华 姿

终于看到了豹子。在一片茂密的树叶下,这只豹子正趴在一根树干上睡午觉。这根横向伸展的树干非常粗大,所以豹子趴在那里睡得很安稳。它侧着头,把左前肢蜷在颈下,把右前肢和两只后肢都挂在树干上。尾巴也是挂着的。当酷夏的阳光穿过枝叶落在它的尾巴上时,我还以为那是一根藤蔓呢,原来却是豹子的尾巴。

虽然相机的咔嚓之声此起彼伏,但它根本不在意。有一会儿,它似乎觉察到了,微微睁开眼睛,朝着咔嚓声起伏的方向,漫不经心地看了一眼,而后转过头去继续睡。

睡眠中的这只豹子,安静、柔软,宛若一只慵懒可爱的猫咪。怎么看,也不像那威名赫赫的猛兽,更看不出王者的威严和力量。

但是,日落之后,开始活动的豹子就完全是另一副模样了。在月光下捕猎的豹子是无可挑剔的,它不只是一个老练的猎手,还是一个魅力四射的猎手。它目光犀利,步伐矫健;它皮毛美丽,气质高贵;它奔跑起来犹如闪电;它还会游泳和爬树;它不单胆大、机警,还特别善于隐藏自己。

不仅如此,它还具有一种可贵的美德:节制。

有一首古诗就写道:"饿狼食不足,饿豹食有余。"意思是说,一只豹子不管捕到了多么丰美的猎物,也不管多么饥饿,它都不会像狼那样,大快朵颐,吃完了事。它绝不允许自己因为贪吃而影响身材的健美和奔跑的速度。

但豹子并不是生来就是这样的。恰恰相反,豹子在小的时候是很丑的,既没有美丽的皮毛,也没有高贵的气质。有人甚至说,小时候的豹子就像一堆烂泥。

但长大之后,豹子发生了惊人的改变。只是,这个改变并不是一天发生的,也不是一月发生的,而是在整个成长过程中,一点一滴、不知不觉地发生的。

所以《易经》中说:"君子豹面。"意思是,一个君子——一个德行高尚的人,是一天一天地、一点一点地炼成的,是在不知不觉中炼成的,就像豹子从烂泥蜕变为完美的猎手一样。

成,五般肉味组合,合五五梅花之数,起码有25种变化,谱摆得大,但名字取得妙,所以成了神菜。

最高雅的摆谱,通常是以素寒衬奢华。广东的艇仔粥,以寻常的姜、葱、芫荽和生菜丝等,配合海蜇、鱿鱼丝。川味里有"开水白菜",菜名俗极,菜、汤、色、味则鲜极,在味觉领域里,紧锣密鼓、急转直下、起承转合,这种谱摆得大气。

史上最心酸的摆谱,发生在南宋。话说有位俞姓四川举子,千里迢迢到杭州赶考,不幸落第,只好当"南漂"。腰包干瘪,无钱回乡,狂胸闷,打算海吃一顿慰劳自己,再跳西湖了却余生。招呼小二拣好的尽管上,满桌各色时鲜水果海鲜,他从晌午一直吃到傍晚,结账要五两银子,相当于现在的1500元。谱是摆了,吃是吃了,却没死成,因为精气神上来了,他突然觉悟,好死哪如赖活着。

愤怒，需要被看见

□ 文君

今天你愤怒了吗？回想一下，很多时候答案是肯定的，因为愤怒实在是太常见了。

我们最容易对谁发火？

首先，我们易对最亲近的人发脾气，关系越亲近，越无所顾忌。

有一天，孩子在屋里抛球玩，不小心碰到天花板上莲花形吊灯的玻璃叶片，叶片落地瞬间摔了个七零八碎。他爸爸听到声响，跑过来看到自己最为珍贵的艺术品吊灯就这样残缺了，顿时怒目圆睁，一把夺过孩子手里的球，恨恨地咆哮道："你究竟在做什么！不许玩了！"孩子吓得不知所措。事后，我问他爸：如果你的同事来家里做客，和孩子做游戏，不小心弄坏了你的吊灯，你也会这样大吼吗？他没有回答我。我解释说："我想你难过和遗憾的情绪应该大于愤怒，而且你会故作轻松地安慰同事——没关系的，不用放在心上；另一个声音会说服自己——坏了就坏了，已经这样了，岁岁平安。对不对？下次想对孩子发火时，你可以换个角度想想，如果是朋友、同事做了这样的事，你会如何想，如何反应。"

其次，我们很容易对陌生人发怒，基于互相不认识，我们倾向于将陌生人的行为解读为针对"我"，于是"小我"立马汗毛竖起，精神战栗地自我防御起来，摆出一副本人也不是好欺负的架势。

"路怒症"是典型的与陌生人互动时情绪的肆意宣泄。驾驶时的环境满足了让人爆发愤怒情绪的很多条件，一方面，驾驶时人的情绪状态是中度或是高度紧张的，即便前方车辆一个简单的变道不打灯行为，都可以向驾驶人释放出"对方威胁了我的生命安全"这样的应激信号；另一方面，大家都坐在车内相对密闭的空间里，无法了解对方的状态，也缺乏任何有效沟通，我们的"小我"就会演化出很多的故事和判断："这人懂不懂开车啊，上路简直就是害人害己！"

接下来的惯常剧本很有可能是这样的：你怒气冲冲地找了个机会，追上这辆车，与其处于平行位时，看到车内有名陌生中年男子在驾车，对刚才的行为若无其事的样子。你会摇下车窗，对其一番言语攻击，之后一脚油门把对方甩在后面，那时的心情才觉爽快几分。

当然，故事也可能会有另一个脚本：你怒气冲冲地找了个机会，追上这辆车，与其处于平行位时，看到驾车的是你小区的邻居，且是你孩子同学的妈妈，对方似乎已经意识到自己刚才忘了打灯，主动摇下车窗，笑眯眯且谦恭地跟你打招呼。你那一冲而上的怒气，瞬间烟消云散，你礼貌地点点头，就像什么事也没发生过一般。

这让我想起《庄子·山木》里

记载的一个故事。河中有两条船，其中一条是空船，碰撞过来，这个时候即使是心胸很狭隘的人也不会发怒。但如果有个人在那条船上，那就一定会引来大声呼喊，呵斥来船后退，如果对方不回应，那很可能导致骂声不绝。之所以刚才不发脾气而现在发起怒来，是因为刚才船是空的而现在有人在船上。一个人如果能把自己变成空虚淡漠，处世无心而自由自在地遨游于世，谁能激起你的愤怒？谁又能伤害到你呢？

都知道愤怒对泄愤者和被泄愤者都不好，那我们该怎么办？对待愤怒更好的方式是看到愤怒的源头，需要搞清楚愤怒背后有哪些根深蒂固、原本深以为然的信念。所有发泄愤怒的人，都有一颗受伤的心。如果这颗受伤的心能被看见，被探寻，愤怒就会自然化解。

回想一下，每次你感到愤怒，背后总是有一个包括"应该/不应该"与"必须"的深层信念，例如，他"不应该"用这种语气和我说话，他"不应该"怀疑我的人品，等等。找到你思想中这些"应该/不应该"与"必须"，就找到了恨与愤怒最重要的根源，接着用拜伦·凯蒂的功课去反躬自问，质疑这些我们习以为常、不假思索、不断强化的信念。

比如，前文中孩子爸爸生气背后的信念可能是，孩子"应该"知道在屋里扔球危险，可能会打碎吊灯。这是真的吗？孩子可能压根儿没注意到屋顶有吊灯，更没想到自己有能力把球扔那么高。我们也可以把这个信念做个反转——我"应该"知道在屋里扔球危险，可能会打碎吊灯。对的，我在怪孩子的同时，是不是也有对自己的愤怒？看到孩子在扔球，我怎么没想到提醒他呢？可是，指责对方显然更容易。通过对愤怒情绪背后信念的刨根究底，你会发现之前义正词严的那些想法都会松动，甚至轰然倒塌。那么，还有必要生气吗？

5% 理论

□ 李雪涛

我一直认为，社会中 5% 的人是不需要有什么规则的，这些人会做好自己所有的事情。而另外 5% 的人，即便有了明确的规定，也是不会遵照去做的。在拉丁文中有一句话："习惯引导那些愿意做事的人，而法律必须强迫那些不愿做事的人。"

也就是说，法律所规定的是剩下的 90% 的人。没有哪种司法制度不需要有一定的强迫性措施。

近日读《虚堂智愚禅师语录》，其中有云："神骏不劳鞭影。"马分三种：劣马、良马和神骏。"良马见鞭影而行"，也就是说良马不用骑马人的鞭子抽打，只要晃晃鞭子，它就会快跑如飞。而神骏（良马中的良马）连动鞭子都不需要，它会根据人的意愿加快步伐。也就是说，贤能的人，根本不需要任何规定就会努力工作。神骏和劣马就是上面所说的各占 5% 的人。

有一次我跟我的老师克鲁姆谈论有关知识分子的话题。他认为，尽管二十世纪五六十年代以后，德国上大学的人数不断增加，但真正的知识分子还是占社会总人数的 5%。所谓知识分子指的是那些不仅受过良好的教育，更重要的是对现状持批判态度以及具有反抗精神的人。除了这 5% 之外，其他上大学的人，只不过学会了一些技能和知识而已。

小时候写作文"我的理想"，每一个同学都希望成为出类拔萃、与众不同的牛顿、爱因斯坦，后来我们都明白了，90% 以上的人是注定成为小人物的。但在每个家长的眼中，自己的孩子一定是超群绝伦的。于是无数的家长，强迫着自己的孩子学习乐器，期待着有朝一日再培养出一个郎朗。实际上，所谓的"成功者"仅仅是奋斗者队伍中的 5%。

青年励志馆 披荆斩棘，方能所向披靡

古人的花样偷懒行为大赏

□ 莫笑君

"懒癌"这个病自古有之，别看有些古人在诗词歌赋中朝耕暮耘，如此勤劳，但细究起来，他们也在变着法子偷懒，只不过，论伪装，他们可比你高明多了！

一、懒得取标题的古人

先来说说陶渊明，他有个响当当的头衔"田园诗派创始人"，当时要能给他一把吉他，可能就没有泰勒·斯威夫特什么事了。当然，这也说不准——

他的首张乡村迷你专辑《归园田居》横空出世，五首作品分别起名为一、二、三、四、五。唱片公司当场蒙了，这标题……好吧，刚出道，讲究专辑概念统一，由他吧。谁知，下一张抒情大碟《饮酒》，20首原创作品居然还叫一、二、三……二十。

唱片公司心态崩了，这还怎么包装？怎么打榜？陶渊明淡定表示：此中有真意，欲辨已忘言。真情实意都在歌词里了，导致我实在不知道怎么取标题。没想到，这份真性情反而为他圈粉无数，"采菊东篱下，悠然见南山"这句歌词唱烂大街，在《中华古典曲库》里单曲循环了千百年也没过时，真是营销鬼才。

当然，懒得取标题的古人多了去了，曹操的《短歌行》也有两首，取名一和二，相对出名的是一。杜甫更厉害，写了《绝句六首》，放在今天，那不等于《短文六篇》《故事六个》吗？没办法，有才就是可以为所欲为，就算人家标题取得粗糙，还不照样写进课本，让你背得眼冒金星、舌头起泡？

偷懒偷得最高明的诗人，要算唐代的李涉。他所作《题鹤林寺僧舍》中流传最广的就是那句"偷得浮生半日闲"。事实上，这诗的开篇两句是"终日昏昏醉梦间，忽闻春尽强登山"。天天宅着不上班，春天都过去了，才起床去爬山。结果，一句"半日闲"分分钟把自己洗白了，现在的明星经纪人真该学学老祖宗的公关智慧啊！

二、懒得花心思买礼物的古人

古人的心思你别猜，他们要玩起浪漫来，就喜欢互赠些花花草草，可能还是连根带枝的那种。"涉江采芙蓉"是采了芙蓉送远方思念之人，"江南无所有，聊赠一枝春"是折梅花寄给朋友。基本都是现摘现送，不大肯多花心思提前准备。可以理解，毕竟古代快递业不发达，冷链运输还要过几百年才出现，从江里捕条鱼，或者打包江南美食，寄过去都得坏掉，送送花草，收到了还能当书签。

但有些时候，强行浪漫就让人忍不住怀疑，是古人在掩饰自己懒得买礼物的内心了。元代姚燧写了一首《凭栏人·寄征衣》："欲寄君衣君不还，不寄君衣君又寒。

寄与不寄间，妾身千万难。"有多难？舍不得老公的旧衣服，只好扯着花瓣念："我寄、不寄、我寄、不寄……"这位太太，实在不行先买件新衣服寄过去应急嘛，对自己的老公都不肯花心思，更别说对朋友了。还是张九龄比较实诚，"不堪盈手赠，还寝梦佳期"。大概意思是，月光真是美呀，但这东西我没法送你，不过也没关系，早点睡吧，梦里啥都有。只听月亮委屈道：怪我咯？

要说在送礼这方面谁最用心，那自然得点名李白的好朋友——汪伦了。李白乘船快走了，他不仅现场写了一首诗，还对其"款留数日，赠名马八匹，官锦十端"，这种"毫无人性"的做法，足以让全天下塑料姐妹酸成柠檬精。

三、懒得化妆的古人

《孔雀东南飞》里的刘兰芝，被休后"起严妆"，竟变得"世无双"，这容貌大反转暗示了啥？平日光顾着干活，蓬头垢面的，离了婚，才知道拾掇自己，重新做回精致女孩。你看，世上没有丑女人，只有懒女人吧。女人啊女人，千万别在化妆上偷懒。

可惜，古时候的懒女人不止一两个。

唐代鱼玄机的《寄李亿员外》里写"羞日遮罗袖，愁春懒起妆"，宋代孙道绚的《南乡子·春闺》写一个和丈夫异地的少妇"天气困人梳洗懒，眉尖，淡画春山不喜添"。这些都是因为男人而放弃追求、不愿化妆，连一键美颜都懒得开的女人。其实，只要你努力一点儿，在家做个美妆博主，就能去除一身沉沉的闺怨，还能顺便掌握一项赚外快的技能，从此成为不靠男人的独立女性。毕竟南北朝的《木兰诗》已经向大家证明，你稍微懂点儿化妆技术，就可以雌雄难辨、以假乱真，要能沉下心来搞点儿研究，还不分分钟成为螺子黛、玉女粉等爆款产品的"带货"小能手？

在这一点上，温庭筠笔下的女人就比较上道儿了。他那句"懒起画蛾眉，弄妆梳洗迟"写的虽然是懒，但再懒也不忘画眉毛，再迟也得扑粉上妆。一千多年后，这首词直接成了《甄嬛传》的片头曲，"小山重叠金明灭，鬓云欲度香腮雪"传遍大街小巷，成为大家对后宫女人生活的第一印象。所以，偷懒这件事，深藏学问，也讲究技巧。偷得好，便能成为经典；偷得不好，指不定就成为笑点咯。

不要留意轻松的事情
□ [古希腊] 苏格拉底

有人为了获得珍贵的友谊而辛苦，有人为了战胜仇敌而辛苦，有人为了拥有健全的身体和充沛的精力而辛苦……这些为了妥善治理家务、救助朋友、报效国家而受苦的人，不但自己心情愉快，还获得了他人的赞扬和羡慕。而怠惰既不能使人身体健全，也不会使人心灵获得有价值的知识，只有不屈不挠的努力，才能使人们最终建立美好而高尚的业绩。

如果跟恶行交朋友，能够尝到各种欢乐的滋味，一辈子不用经历任何苦难，可以毫不费力地获得舒适的生活。我们将会获得别人劳碌的果实。对你有用的，你可以毫无顾忌、轻而易举地拿到手。

但只有跟劳动为伴，你才能收获神明所赐予人的一切美好的事物。如果你想获得朋友的友爱，你就必须对朋友忠诚；如果你想获得国家的荣誉，你就必须对国家做出贡献；如果你要从土地上收获丰盛的果实，你就必须在烈日下劳作和耕种；如果你要使身体配得上人的灵魂，就必须用劳动出汗来训练。

这种通向快乐的路虽然漫长，但不肯辛苦努力，怎能体验到美好的事物？

正如艾比哈莫所说："无赖们，不要留意轻松的事情，否则你得到的将是艰难。"

途经的那些善意

□王宇昆

在卡帕多奇亚旅行的时候，我一个人报了个越野车之旅，当时是这里旅行的淡季，报名这趟旅行的只有我和一对来自巴基斯坦的夫妇。卡帕多奇亚的气候很干燥，当我们在山路上飞驰的时候，我忽然开始流鼻血了。尴尬的是，当时我们全车人都没有带纸巾，司机勉强帮我找到一块抹布后，血很快将这块脏兮兮的抹布给染红了。当时我们已经从出发之地走了有一段距离了，行走在荒山野岭之间，根本找不到一个可以提供帮助的地方。

就在这个时候，那对夫妇做出了一件让我无比惊讶的事情，他们从自己的衣服上用指甲钳扯下一小块布料，让我先塞住鼻子止血。也不知道是怎么了，无论用什么办法，鼻血就是止不住。司机说唯一的解决办法就是回到出发地，只有那里才有可以紧急救助的地方。这对夫妇提出先把我送回去，这让我非常感激，因为是有时间限制的，如果把我送回去，就意味着对他们夫妇而言，这个还没游玩的项目已经泡汤了一半。

和这对夫妇再三确认后，司机把我们三个人载回了出发点。在临时救助点工作人员的帮助下，我的鼻血终于止住。可能是因为流了太多的血，头有点晕。我走出小房间的时候，发现那对夫妇还在等我，并帮我拿了他们随身携带对于突发状况非常有效的小药箱。我问他们，是一直在这里等我，没有回去继续越野车旅行吗？他们点点头，说是看我一个人出来，年纪又不大，所以担心我会出其他问题。

他们说司机很善良，愿意再免费带我们去旅行一次。但是我当时头晕得厉害，实在无法继续坚持，就独自回到我的住处了。为了感谢这对夫妇，我留下了他们的联系方式，添加了他们的社交账号，想着在离开之前请他们吃一顿晚餐作为感谢。

在我试图联系他们的时候，却被回复说他们已经离开了卡帕多奇亚，继续向南部出发了。这个小心愿，最后只能变成了遗憾。来自这对陌生夫妇的善意，却一直被我铭记在心。因为当时是我第一次尝试只身去国外旅行，这无疑给我留下了非常好的印象。

当你在最需要别人帮助与关怀的时刻，往往一个温暖的笑容，一张递过来的纸巾，就会给你莫大的力量。可想而知，我在目睹那对巴基斯坦夫妇扯下一块衣服布料时的心情。虽然并没有立刻止住我不断流下来的鼻血，但在某种程度上给了我安全感，让我镇静地被送回了紧急救助站点。

这些我在旅途中途经的善意，虽然微小，却像夜空中的星辰，一直照亮着我成长的路途，也感染着我以相同的方式去影响别人。

亲密接触的消失

□ 颜真悦

在红灯亮着的时候，我拿起手机看新闻。突然**警察**示意我靠边停车，要查我的证件，告诉我等红灯的时候使用手机违章。我没带驾照，**警察让我用**手机出示电子驾照，然后回家用手机扫码完成扣分、交罚款。

开车不让用手机是为了保障交通安全和通畅。科学家也反对人们无时无刻不在玩手机，他们担心的是，年轻人从小就习惯于通过手机接触世界，压根不知道与世界和他人的亲密接触为何物。长此以往，自己认识的许多人都不再是有血有肉的了，可能就是一个头像。

2015年，去世的神经科学家奥利弗·萨克斯曾撰文说，技术进步带来的社会变化太快、太深远了，如今有那么多人在路上看手机，对周围的事不闻不问。最让人担忧的是，一些年轻的父母在跟孩子一起走路或推着童车的时候也在看手机，"这样的孩子，无法吸引父母的注意力，一定会感到自己被忽视了，以后肯定会显现这种忽视的影响"。

2007年，美国作家菲利普·罗斯在《退场的鬼魂》一书中写一个人在山上待了十多年，回到城市后，他感到最惊奇的是，大家那么爱用手机打电话。"怎么大家突然间都变得滔滔不绝起来——有那么多话要说吗？有那么多紧急的事情要处理吗？就不能等见面后再说吗？无论我走到哪儿，总有人不是在我身前就是在我身后对着手机叽里咕噜。看看来往的车辆，开车的人也大都在打电话。坐上出租车，司机也在打电话。人们情愿对着手机不停地嘀咕，也不愿意自由地走在大街上，享受那片刻的孤独，依靠自己动物的直觉来捕捉街道上的风景，徜徉在充满活力的都市所引发的万千思绪中……应该是人类巨大的孤独感造就了这种渴望被倾听的强烈愿望，而且即使被别人偷听去也在所不惜。"

萨克斯说，跟2007年相比，现在人们沉浸于虚拟世界的程度更深，社交生活、街头生活、对人和事物的关注基本上都消失了，人们被黏在了各种电子设备上。

早在手机和网络出现之前，人们就已经开始沉浸于虚拟世界中。1967年，法国作家居伊·德波在《景观社会》一书中写道："在现代生产条件占统治地位的各个社会中，整个社会生活显示为一种巨大的景观的积聚。直接经历过的一切都已经离我们而去，进入了一种表现。"观看景观代替了接触现实。

读了萨克斯的文章，我想真的有必要每天至少两个时段远离手机。开车时也不能看手机，因此可以多开开车，甚至在家里模拟驾驶。另外我在写这篇文章的过程中，在微信上安慰了跟人吵架的朋友，去晾了衣服，收到快递送来的水果并吃了几个。写完我就出门，说不定能看到别人遛狗、扔垃圾、取快递、赶路，各种可以脑补的画面。

要想成为厉害的人，你并非要像世界上最聪明的那些家伙一样，事事做到完美。恰恰相反，你应该学习的，是他们面临困境时的秘密武器——"胶带纸思维"。

"胶带纸思维"真的就像胶带纸一样，临时、凑合，看起来简单，却能解决大问题。

即使是乔布斯这样以完美著称的人，在第一代iPhone（苹果手机）的产品发布会上，也是靠运用胶带纸思维逃离险境的。

直到发布会前夜，用于演示的手机还总出问题，要么断网，要么打不通电话，甚至无故关机。

后来工程师想了一个办法，就是让乔布斯按照一个特定的操作顺序演示，比方说，先发封邮件，再上网，要是顺序反了，就会死机。

胶带纸思维：聪明人正在用的"笨办法"

□老 喻

还有一个要解决的麻烦是网络信号问题。于是，他们在现场放了一个移动信号塔，以保证乔布斯有足够的信号来打电话。不光如此，安全起见，工程师将所有演示机屏幕上的信号强度条全部写死，都是满格信号，管它真假。

这就是胶带纸思维。胶带纸思维的灵感，来自小说《火星救援》。

《火星救援》讲的是高科技的科幻故事，然而，里面数次救下主角性命的东西，却是貌似不那么高科技的胶带纸。

太空面罩裂了，拿胶带纸糊上；栖息舱炸了，也拿胶带纸来补；后来用帆布罩着敞篷的返回舱升空，也是胶带纸思维的运用。且不谈硬核的技术细节，《火星救援》给我们的启发是：关键时刻，随手能用的东西，比虽然很厉害但不顺手的东西好100倍。

所以，胶带纸思维的原理之一，是以快制胜。

据说张小龙是半夜给马化腾发了条消息，提及想打造一款为智能手机准备的社交软件。马化腾迅速做出决策，张小龙组建了一个10人的团队，在两个月内开发出了微信。最早版本的微信虽然很简单、很粗糙，然而，不争最快就没有活路。

胶带纸思维的原理之二，是从目标倒推路径，找到关键节点。

2013年，今日头条正在找出路，决定尝试一下个性化推荐信息流广告，但是当时他们什么都没有。创始人说，推荐引擎我们不会，但可以学，问题是连广告客户也没有。接下来，就是胶带纸思维大展身手的时候。首先，今日头条想以商家店铺为中心，面向周边特定距离内的用户进行精准广告推送。那么，一开始没有商家客户，就先找到一家店来进行。之后是验证广告效果，开始设定推荐半径为3千米，结果没人去，怎么办？把半径扩大到10千米，有十几个用户，然后再扩大……

胶带纸思维告诉我们：遇到关键问题，立即解决；如果不会，马上去学；根据目标倒推，要么绕过去，要么攻进去；如果条件不成熟，就有什么用什么。

你看，是不是很笨、很低效、很临时？但是有了目标，知道"要做什么"比知道"如何做"更重要。

从目标倒推路径，并非要一步步把什么都规划好，而是指要对行业有深刻的洞见。如果这个时候，

怪人托尔金

□ 李孟苏

《指环王》作者托尔金生前在牛津大学任古英语学教授,有评论家称他长了颗20世纪的脑袋,却装满中世纪的思维。我可不这么认为,老夫子自带古典的浪漫精神。他16岁认识后来的妻子伊迪丝,一见钟情。抚养托尔金的法兰西斯神父认为他们年纪尚幼,不该被情爱的波涛淹没,禁止他在21岁前与伊迪丝见面,连写信也不行。托尔金不折不扣地照办,到21岁才与心爱的姑娘恢复联系。

他在《魔戒》第一部《魔戒再现》中写到一个情节:四个霍比特人带着魔戒离开夏尔,闯入老林子,在柳条河遇到了山林之王汤姆。汤姆留着棕色大胡子,蓝眼珠炯炯有神,红光满面,手里捧着托盘大的树叶,上面是一簇雪白的睡莲。他正是在河边采集睡莲时,遇到了河神的女儿金莓仙女。金莓把汤姆拖进水里,汤姆逃了出来,又返回来抓住仙女,娶她为妻。

托尔金对金莓仙女不吝赞美之词:金色鬈发披肩,穿着绿色长袍,青翠如初生的芦苇,镶满碎银,好似晶莹剔透的露珠;腰间扎一条金色的带子,形如点缀着浅蓝色勿忘我花的花环。她待人友善,如拂面的春风,慷慨地摆出丰盛的食物招待霍比特人。

这样浪漫的情节,托尔金写的是他自己的爱情吧?金莓仙女一定是他的爱人伊迪丝。他自21岁与伊迪丝重逢后,再也没有与她分开,直到1971年伊迪丝去世。

托尔金的很多举动当时被视为怪异,如今看来却很酷。他曾在签署一张报税的支票时,在背面写上:不许花一分钱在协和飞机上。当时,英法两国正联合研制开发超音速飞机,托尔金坚决反对。因为这种飞机起飞、降落时,会造成巨大的噪声污染,严重影响机场周边的居民生活和生态环境。

在和好莱坞的谈判中,他同样固执,坚决不出售《魔戒》的电影改编权。但他最终还是没能打败商业力量,抵抗15年后,终于和洛杉矶一家电影公司签署了作品改编权,交易额仅为104602英镑。好莱坞算是捡了个大便宜。

发现非做的节点"可能性"不完备,该怎么办?拿出胶带纸,先粘上再说,回头再看是否需要重复化。

从科幻小说到现实,我们可以从中学到的胶带纸思维是,不要因为一个无解的问题而耽搁另外一个有解的问题;先做能做的,别为缺失的板块烦恼。

别被看起来很严重的东西吓倒,随时操起你手上有的家伙。

胶带纸思维对中国孩子而言,尤其重要。

在教育的范畴里,胶带纸思维的反义词是100分思维。胶带纸思维鼓励孩子大胆犯错,不要惧怕混乱。因为现实世界并没有标准答案,也没有明确的ABCD选项。

我女儿喜欢做糕点,经常把厨房弄得一塌糊涂,而且特别浪费原材料,家人看着很烦。我却积极鼓励。

要做糕点,就要上网研究配方,要去超市采购各种原料,要做各种尝试,要经受失败,这是多么好的体验啊。看起来浪费了不少材料,可是比起各种昂贵的培训班,便宜多了。而且,只有在这种亲自动手的混乱局面下,孩子才能真正学到胶带纸思维。

不怕弄脏双手,不必在乎脸面,在混乱中解决问题,快速进步,这就是胶带纸思维的真谛。

青年励志馆 | 披荆斩棘，方能所向披靡

再大的空间也会被塞满

□ 孙道荣

手机显示，内存已满。

当初买这部手机时，就考虑到内存一定要大，所以买了128G的。以为足够用了，没想到，才两年，它竟然满了。

赶紧清理一下吧！各种平台的聊天记录、浏览痕迹，先清理一遍。这很容易，但腾出的空间并不大，占用空间最大的，是手机相册。打开相册，我惊呆了，两年来，竟然拍了上万张照片。难怪内存空间占满了。为了能让手机继续工作，删吧！

删照片，真是一项烦琐而痛苦的工作。有的照片，比如一些截屏，没有保留价值，直接就删除了。难的是，同一个景点，同一个场景，你要打开——细看，才能确定删掉哪张。而这样的照片，太多太多。

比如有一组拍落日的，前后拍了上百张，取景、角度、效果，其实都差不多，留下一两张就可以了，别的都可以删除。当初拍照时，为了留下落日最美好的瞬间，"咔嚓咔嚓"，拍了一张又一张，反正不像以前拍照那样耗胶卷，不心疼。再比如一次旅游，给妻子拍照，仅在一个景点前，就拍了几十张，为什么要拍这么多？原因很简单，希望能拍出妻子最美的状态，而自己的拍摄水平又有限，那就多拍几张，总有一张是令她满意的。

就这样，一日日下来，手机里积攒了无数的照片。而其中大多数照片，都是重复的，类似的，大同小异的。以为手机空间足够大，全都保留下来了，现在再删的时候，又遭选择之苦，难以取舍。

删了一下午，耐心全无，后来索性见到重复的，直接删除大部分，只随意保留两三张。

我发现身边很多人跟我一样，自从用手机拍照后，都变得大方多了，豪爽多了，任性多了。有人能对着一片叶子，拍下几十张甚至上百张照片。当存储空间足够大，又不必耗费什么成本的时候，人就会变得恣意。用手机拍照片是这样，别的方面也是。

当我们的口袋渐渐饱满的时候，我们会挥霍、攀比、放纵，以为它永远取之不尽，用之不竭；当我们身体还健朗的时候，我们会熬夜、吸烟、酗酒、肆意糟蹋自己，以为我们的肌体会永远像现在这样充满活力，不知疲倦，不会垮掉；当我们还年轻的时候，我们以为自己有大把的时间，很多人就会毫无节制地将日子耗费在一些无趣无谓的事情上，日复一日，如同一日。

我们以为，我们的路还很长，我们有足够的时间，我们有足够的资本，我们有无尽的未来，却忽视了一点：即使再大的空间，也会有被塞满的时候；即使再漫长的岁月，也会有走到尽头的那天。

而最不堪的是，当我们有限的生命，塞满重复的、雷同的、毫无新意的日子的时候，那些真正鲜亮的、有意义的时刻，可能反而像手机里存储的那些照片一样，被彻底淹没了，无法焕发它应有的光彩。

"懒马效应"的不同版本

口 木 木

两马各拉一车货。一马情绪高涨、走得快，一马暮气沉沉、走得慢。因为深谙效率决定于短板的原理，于是主人把懒马拉的货全搬到快马拉的车上去。豁然轻松的懒马不禁心中窃喜——越努力越受罪、越偷懒越舒坦！拉完这趟货，主人就琢磨，既然一匹马就够用了，干吗养两匹？于是没过多久就把懒马宰掉吃了肉。

故事讲完了，所有讲故事的往往还会"太史公曰"一下：公司员工都要学快马，不能做懒马，否则迟早被淘汰。

故事，一般都是讲给别人听的，往往带了各种各样的目的。"懒马效应"的故事，想要传达的意思，当然也格外清楚，鉴于"懒马"被宰吃肉的下场，听者往往难免害怕焉、惕惕焉，讲故事的目的就达到了。不过，类似的故事，由于专攻一点、不及其余，许多时候难免有逻辑漏洞，禁不住推敲。"懒马效应"当然也有这个问题。

这个故事可推敲之处颇多。比如，这匹"懒马"为什么懒？可能是身体恰好不舒服，可能是主人总不喂饱，身体实在没力气；也可能是昨天夜里被快马踹了一脚，伤了腿；还可能人家原本就是"千里马"或者专门表演"盛装舞步"的"艺术家"，根本就不是为拉车而生的。

再比如，快马虽然表现出色，但一次拉两车货，实在勉为其难，加之随后的任务量倍增，饲料没翻倍，很快就累出了内伤，"懒马"被宰之后不久，快马也被累死了。或者，快马看到"懒马"被宰吃肉的下场，受惊吓不小，强烈要求主人给自己再"加码"，一次拉三车、四车的货量，终于累吐了血，死在了半路上。再或者，"懒马"被宰之后，快马得到主人"专宠"，没了"竞争"，慢慢恃宠而骄，拉的货越来越少，吃的料却越来越多，时不时地还撂挑子，主人终于气不过，把它也宰了。

你看，同一个故事，根据视角的不同，其实是可以讲出许多版本的；不过，别管是哪个版本，唯一被"固化"的角色，就是那个马主了，无论从哪个角度看，此人都有点儿不聪明——虽能获短利一时，但长期损失很大。

其实，他的选择有很多，比如，找个兽医或者伯乐来，看看"懒马"到底是怎么回事，再做决定不迟；或者，舍不得额外花一笔"咨询费"，自己偷偷观察一下也可以，找到原因，对症下药，最终得到的结果，肯定要比简单粗暴地宰马强得多。

从这个角度看，一个原本"批判""懒马"的小故事，听故事的人只要稍加琢磨，合理推演一下，就不难得出"马主实在蠢"的结论。于是，讲故事者原本想达到的宣讲效果，瞬时就走到反面去，另外，自己的认知能力也马上露了馅儿，和马主绑定到一个水平上。就此而言，小故事不能随便讲，尤其在促成一个复杂问题解决的过程中，想单纯地依靠"小故事"、依靠灵光乍现式的"绝招"，就立时取得终极胜利，不但很不现实，往往还会把事情搞复杂，甚至走到愿景的反面去。

碰到有人讲类似的故事，听者最好多琢磨一下，看看故事还有没有其他版本，能不能得出其他结论。故事有风险，听者要谨慎。

不靠谱的"裙摆指数"

□ 岑嵘

1954年9月15日的纽约地铁站入口，虽然已是凌晨1点，但仍然挤满了人。玛丽莲·梦露身穿一条特拉维拉设计的白色低开领系带连衣裙，嬉笑着按住被风扬起的裙子，举止性感妖娆。据导演比利·怀尔德说，当时剧组为了谁去掀开那个出风口大打出手。

在围观的人群中，有狂热兴奋的梦露的铁杆粉丝，有脸色铁青的梦露的第二任丈夫乔·迪马吉奥（导演比利的原话是："乔的脸色像是死人一样难看。"），还有无处不在的经济学家。他们从梦露手掩短裙的妩媚中看到了股市的繁荣。

"裙摆指数（The Hemline Index）"恐怕是最广为人知的大众经济学指数。该指数是由美国的乔治·泰勒提出的，它是指裙摆离地的尺码与股市盛衰成正比，即裙脚越高经济越景气、股市越热，裙脚着地则预示股市大熊市即将到来，而裙长的变化会比股市大势提前6个月左右。

长久以来，很多大众和学者对此深信不疑，并不断添加内涵。专家们解释道：经济不景气的时候，女性就失去了装扮自己取悦他人的心情，往往选择用长裙把自己包裹起来；相反，在经济繁荣的时候，男人们的注意力就更多地集中到了"审美"上，这时女人就用性感短裙换下"经济冬天"的长裙。纽约大都会博物馆服装馆馆长哈罗德·柯达认为："当人们的心理遇到困境、悲观情绪滋长时，衣服就会朝着保守低调的方向发展，如长袖、高领、长裙。"

这听起来颇有道理，事实果真

如此吗？鹿特丹伊拉斯谟大学经济学院的教授菲利普·汉斯一针见血地指出这种说法相当荒谬。他研究了权威的法国时尚杂志《时装》，统计出从1921年到2009年裙子长短的流行趋势和经济之间的关系，发现两者的相关性很差，这表明经济衰退和较长的裙子之间根本没有必然关联。

时装行业的业内人士也对"裙摆指数"不屑一顾。他们认为，服装设计者根本不会去"设置"裙摆的长度，在同一个季节，不同的设计师会展示不同的想法，而普通女性，不过是在家里等着"时尚"告诉她们今年将流行什么。

"裙摆指数"理论的另一个致命弱点在于：裙子的流行趋势并没有统一标准。在20世纪90年代以前，女性的时装大体以巴黎为中心，而今天的情况是，巴黎、纽约、伦敦、米兰及东京各领风骚，该以哪个"中心"的女裙为准，莫衷一是。同是美国，东、西海岸城市流行的裙摆长度可能截然不同。

乔治·泰勒是在1926年提出"裙摆指数"的，当时的泰勒不过是个25岁的小伙子，正在一家乡间小书院教授工商管理学，"裙摆指数"并没有经过精确全面的统计学分析，很可能是泰勒的即兴之作，只是为了吸引大众对他的注意。

泰勒提出该指数的另一个重要理由是，"当经济增长时，女人会穿短裙，因为她们要炫耀里面的长丝袜；当经济不景气时，女人买不起丝袜，只好把裙边放长，来掩饰没有穿长丝袜的窘迫"。当时丝袜既贵还容易破，是大多数女性买不起的奢侈品。到了今天，丝袜早成为普通商品。

"裙摆指数"之所以会如此流行，恐怕是因为和其他冷冰冰的经济指标相比，这个指数太活色生香。不断会有人告诉你，1947年克里斯汀·迪奥的亮丽裙子，反映了经济的乐观；20世纪50年代玛丽莲·梦露所处的时代，裙边慢慢开始上升，反映股价稳步上升；80

明代陶宗仪的《南村辍耕录》卷二十二中有一则《虎祸》。老虎的祸害，证明了一个亘古的定律：害人必害己。

大德年间，荆州南部。

一行九人，穿行在山中。不知道是在赶路，还是到山中采药什么的，总之，这九人目的性不是很强。

走着，走着，天下大雨。他们赶紧跑，恰好路边有一个小土山洞，九人一个接一个挤进洞中避雨。

这雨下得真大啊！好长时间也不停，天渐渐暗下来了。

突然，山洞外，悄悄蹲着一只大老虎。这只老虎，也许肚子饿了，对着里面的猎物，咆哮，怒吼，眼睛紧紧盯着洞口。

九人都吓坏了。

九人当中，有一个天生愚笨，我们暂且称他为阿愚吧。于是，另八个人就一起商量：这可是大老虎，它如果吃不到人，怎么会离开呢？我们不如骗阿愚，哄他先跑出去，我们八个人在后面，一起奋力把老虎捉牢。

八个人就对阿愚说：阿愚啊，外面这老虎讨厌得很，我们大家一起把它赶走！这样吧，你先出去，我们在后面一起冲出来，大家一起

虎的祸患

□陆春祥

喊，老虎肯定会跑掉，好不好啊？

阿愚也有点怕老虎。这老虎是不是比狗凶狠呢？我也有点怕哎！让我想一想再说！

看来，阿愚不是太笨，他也知道有危险。

吼，吼，吼！外面的老虎继续紧逼。

八个人在紧急之中又想出了一个办法：每人脱下一件衣服，将衣服绑成人的样子，用力丢出去。

这老虎智力绝对正常，它见洞里飞出个布人，根本没当回事：小样，就这还想骗我呢！老子不发威，你们当我是病猫啊！

大虎更加愤怒！

突然，八个人联手将阿愚推到洞口，再用力推出。

自然，阿愚被守在洞口的大虎一口咬住。

大虎一口咬着阿愚，仍然蹲守在洞口，很愤怒地盯着洞里面。

雨越下越大。突然，山洞塌方，八个人都被压死。

老虎也被这突如其来的事故吓呆了，随即放了阿愚。

土山洞，基本是一个隐喻，这个隐喻就是：如果有坏心，有坏的行为，大自然或上苍一定会惩罚！

因此，陶宗仪的《虎祸》，其实讲的就是人祸。

年代中期，辛迪·克劳馥的裙子比任何时候都短，股价达到新的高度……世上还有哪一个经济指数比它更香艳？

在大众经济学指数中，我们还看到了"口红指数""鞋跟指数""长发指数"，这些指数的共同特征就是都和女性有关（口红销路越好、女性头发越短、鞋跟越高，预示着经济越不景气），并都伴有一个有趣的故事。

既然读者喜欢这样的故事，经济学教授和编辑们便不断重复和完善这些故事。至于这些指数到底是否靠谱，我们已无须太在意。当你从大厦的橱窗里看到眼下正流行"拖地长裙配军靴"时，难道你会傻到立马把股票全部抛出？

名字里长出故事

□GULU

如果用一个词来写《诗经·国风》的读后感，我会用"原来"：原来，谷口治郎画集的名字《悠悠哉哉》，是"悠哉悠哉"走出《关雎》，散步到樱花树下的；原来，"洵美且都"和"佩玉锵锵"早在《有女同车》里便眉目传情，难怪那位民国才子爱上表姐"佩玉"后，要将名字从邵云龙改成"邵洵美"。

梁思成、林徽因、黄裳、屠呦呦、琼瑶、萧淑慎、仇琼英、卫燕婉、张志前……原来，这些古风古韵的名字都出自《诗经》，原来我国第一部诗歌总集也是一部"取名书"，真想给乔治·马丁寄去一部。

这位《冰与火之歌》系列小说的作者，一直在搜集与给孩子取名相关的书籍，各个国家的都有，尽管一辈子无儿无女，他却起了好多优美的具有中世纪英格兰风情的名字。他认为，为人物起名字的终极目标，是听起来合适，"在我为人物想到合适的名字之前，我甚至都不知道这个人物是谁，无法继续写下去"。

如何找到"听起来合适的名字"？作家们各有各的方法：乔治·西默农会去电话黄页里挑名字；让·科克托会用偶尔停靠过的电梯站为诗中的天使取名，也曾根据药店里那些大玻璃罐子上的标签来给人物命名；漫画家鸟山明去自家厨房转一转，角色的名字便有了——皮拉夫是炒饭，修和舞的名字合起来是烧卖，基纽是牛奶，巴特是奶油，古鲁多是酸奶……将《龙珠》的人物表从头至尾念一遍，就是在报菜名吧？

为笔下的人物起名时，用上真实的名字，会赋予角色真实的性格色彩：博尔赫斯会采用先人的名字，他觉得这样可以给先祖们一种"名垂后世的不朽感"；E.M.福斯特会用上家庭女教师的名字，南派三叔用高中同学的姓和宿舍床铺号，为"张起灵"起名；阿乙出外就餐时，会将餐馆服务评比栏中工作人员的名字记在心里。

爱丽丝·门罗的做法最特别：为了给家乡的剧院筹款，她拍卖了小说人物的命名权，一位女士买下这个权利，于是门罗小说《我年轻时的朋友》中的一位护士，用上了这位女士的名字。

"给我一个名字，然后名字里长出了故事。"英国作家托尔金在《魔戒》三部曲中虚构出的角色"咕噜"，却给了我一个合适的名字"GULU"，好像肚子在叫，我相信，如饥地读，如渴地写，总有一天会从这个名字里长出合适的故事来。

植物猎人

□ 莫小米

一株雅美万代兰，长在高高的悬崖上，峭壁与地面形成90度夹角。那粒种子，应该是飞鸟衔上去的。

雅美万代兰濒临灭绝，全世界仅剩二三十棵。相比之下，这一棵，是最容易采的。但即便是可以像猴子一样在树上攀缘的他，也觉得相当为难，上去花了一小时，小心翼翼地将她捧在手心，站在最高处抽了五六根香烟，才鼓足勇气带她下来。

他是植物猎人，叫洪信介。

阿介，台湾南投县人，那里山高谷幽，是著名的兰花之乡。他是家中最小的孩子，从小就上蹿下跳，不爱读书，只爱玩。

十七岁时，阿介遇到一位兰花商人，卖出了几株比较少见的兰花，赚来的钱在当时能买一辆新的摩托车。

尝到甜头后，家境并不富裕的阿介，就成了以挖野生兰花为生的"采花大盗"。

山林容易迷路，一次，阿介在山上迷路十几天，住山洞，吃鹿和山羊的腐肉，甚至烤蛴螬吃。

这样出生入死采来的花，渐渐地，他舍不得卖了，他还买来很多植物图鉴，床头和洗手间都放满了，能整本整本背下来。

阿介在小兰屿岛找到了一种稀有的兰花，叫桃红蝴蝶兰，是被认为已经绝迹的物种。有商人出高价求购，阿介就是不放手。他租下一个9000平方米的园子养植物，最多时有3000多种。阿介因此变得很穷，只能到处打零工，赚的钱拿来养植物，有时自己都没钱吃饭。

直到44岁，他才有了第一份稳定的工作，成为辜严倬云热带植物保种中心的植物猎人。

阿介进保种中心并非一帆风顺，因为只有初中学历，被国际合作基金会拒绝了两次。团队的其他人员都是植物学博士、硕士，书本知识丰富却缺少实践经验，采集植物的数量实在无法令人满意，而阿介加入的第一年，就采集到1500种濒危植物，超过其他工作人员采集量的总和。

"植物猎人"这个词，最早出现在17世纪的欧洲。当时的植物猎人将珍稀植物从遥远的美洲带回英伦，但那个时代的植物猎人，更多来自利益的驱使。

阿介年过不惑没有成家，他说："结婚是要负责的，我太爱采集植物了，有一天我绝对是死在山里的那个人。"

他说："在社会中，我是很穷困潦倒的，森林里面最适合我，让我有一种梦幻又富有的感觉。"

阿介哪是植物猎人？分明是植物爱人啊！

骆驼策略和兔子策略

□ 罗振宇

最近，特斯拉电动车的老板埃隆·马斯克，又在搞事情。他说，他已经获得美国政府的口头批准，要在纽约和华盛顿之间挖一条隧道，建造一条超级高速铁路。全长220英里（约354公里），将来只需要29分钟，就能从纽约到华盛顿。

这个新闻，乍一听，透着一股不靠谱的劲儿。

首先，这口头批准，也没说是哪一级政府，是谁口头批准的，反正我看当天美国官员纷纷表示"不知道"。

再有，220英里的隧道，这个难度有多大？举个例子你就知道了：纽约有一条长度不足2英里的隧道，耗资45亿美元。就算马斯克可以大规模降低成本，没有上千亿美元的投入，也是绝不可能办到的。但是钱从哪儿来呢？埃隆·马斯克没有说。

为了这件事，埃隆·马斯克做了多少准备呢？从公开的报道上看，他就干了一件事，就是2017年5月，他用一台钻机挖了一小段隧道，而且这台钻机是二手货。

你看啥都没有，没计划、没资金、没准备，八字没一撇的事，就这么喊出去了，这是不是不靠谱？用传统的思维模式，确实理解不了埃隆·马斯克的行为逻辑。

我们常说，"凡事预则立，不预则废"，还有《孙子兵法》里讲的"多算胜，少算不胜，况无算乎"，都是在教导我们，在做事之前要做好准备，否则就不要做。这和过去几十年西方管理学强调的"计划"，是一脉相通的思想。

这种思维习惯，是根植在我们血液中的。像我们这代人，人生遇到的第一个属于自己的难关，就是考试，从小就考，一直到高考。这让我们根深蒂固地形成了一种思维，做成一件事的必要条件，就是像应对一场考试那样，做万全的准备。

在这个思想传统下，像埃隆·马斯克的所作所为，当然就是不靠谱。

那做准备的实质是什么？我们来看一个例子。

话说春秋时期，吴国和楚国打仗。两军相距三十里，雨已经下了十天十夜，晚上都看不见星星，漆黑一片。当时楚军中有一个人，叫倚相，就对将军说："这么恶劣的天气，吴军肯定认为我们没有防备，一定来偷袭，不如备之。"于是，楚军列好阵势，在大雨中等着吴军。

吴军果然来了，一看楚军严阵以待，占不到便宜，转头便撤。楚军也没追击，因为知道他们有所防备。等吴军走远了，倚相又说："他们往返六十里，回到营中，又累又饿，大将要休息，士兵要吃饭，肯定防备松懈。咱们急行军三十里摸上去，定可一鼓破之。"楚军依计而行，果然大破吴军。

这是中国古代军事史上，一个著名的做准备的故事。

可是你想过没有，大雨可是下

了十天啊。倚相又不是神仙，他怎么知道吴军不是第五天，也不是第八天，偏偏当晚上就来呢？楚军在大雨中整夜列阵等着，吴军不来怎么办，那不白准备了吗？倚相还不被全军上下骂死啊？

但是，这个观念就是兵法要反对的。《兵法百言》说："宁使我有虚防，无使彼得实尝。"宁可我白准备，也不能让他万一来了，趁机得手。

说到这儿，我们就看出来，做准备这件事有两个要点：

第一，做准备，是为了防范那些我们承担不了的风险。比如战争胜负、高考成败、人身安全等。

第二，做准备，其中绝大多数动作，都是没有用的。既然本质上是以防万一，那也就是说，绝大部分准备是冗余的。

有一个概念，叫"风险社会"。是社会学家贝克提出来的，核心是说：人类社会积累的总风险正在越来越大，而且风险的类型越来越闻所未闻。但是，这是指人类社会的宏观风险。从微观上说，正好相反，我们实际上生活在一个"低风险社会"中。

比如说，二十年前，考不考得上大学，人生境遇一个天上一个地下。但是现在呢，不上大学，出路越来越宽。

再比如说，过去从单位离开，基本就是灭顶之灾。但是现在，只要你有本事，天地广阔得很。

带着这个背景，我们再来看凡事都要做万全准备这件事，就要发生变化了。

除了生命安全之外，我们完全不能承受风险的领域越来越少。所以，很多创新就盯住了原来那些过度的、冗余的准备工作。只要把这些准备工作省下来，我们做事的效率就会大大提高，成本会大大节省。

再回到埃隆·马斯克的"超级高铁"。如果等到技术全部成熟，全部蓝图设计清楚，全部资金落实到位再开干，那要等到猴年马月，而且没有必要。像马斯克一样，想清楚目标，就说了，就开始干。沿途汇集资金和资源，一边上马，一边研发技术，所谓"草鞋没样，边打边像"，反而是这个时代最有效的行动策略。

你只要替马斯克算算账就知道了，不做好准备就上路，他的风险是什么呢？如果风险很小，他为什么不这么干呢？

我多年前听到一个比方。做事情的策略有两种，一种是"骆驼策略"，就是知道自己要穿越沙漠，所以要长很多肉，用驼峰储存很多脂肪，做好准备再上路。还有一种是"兔子策略"，一次只能吃一点草，那就沿途边吃边走，边找目标。

在高风险时代，骆驼策略是必要的；而在我们这个低风险时代，兔子策略没准也是明智的。

羽毛留下的思念

□ ［俄］维克托·阿斯塔菲耶夫

雪，融化了，湿漉漉的。

玻璃窗上残留着一片羽毛。鸟羽揉皱了。没有光泽，而且看上去无精打采，令人痛心。可能是一只小鸟儿夜里用喙啄我的窗户，哀求我给它些温暖，而我这人听力不济，没有听见，所以没有把它放进屋来，于是这片洁白的羽毛就贴在了玻璃上，像是在责备我。

后来阳光晒干了玻璃，小鸟的羽毛不知飘落到何处去了，却给我留下了痛苦的思念。也许这只雏儿没有找到栖身之处过冬，没有活到春暖花开的季节。

我心中有一种莫名的郁闷和忧伤。无疑是这片小小的羽毛飞入了我的心扉，粘贴到了我心上。

聪明的选择

□ 晏建怀

"封侯拜相"是古代大多数读书人的最高理想,但你听说过有拒绝当宰相的读书人吗?

有,北宋窦仪,他就曾经拒绝了宋太祖的此等"美意"。

宋人江少虞的《事实类苑》载:"窦仪开宝间为翰林学士,时赵普专政,帝患之,欲闻其过。"

开宝是宋太祖的最后一个年号,其时,他在位已经十年有余,黄袍已披,兵权已释,便开始"患"起一起打下天下的赵普来。为什么呢?因为陈桥兵变、黄袍加身夺权的过程中,赵普参与的事情太多,掌握的机密太多,加上赵普当上宰相后,自恃有功,颇为骄纵,太祖觉得这个人久在身边,迟早是个祸害,因此"欲闻其过",想找个人来揭发一下赵普,借人之手拔眼中之钉,顺势将赵普贬谪到偏远之地,这样既不要担"鸟尽弓藏"之责,又能够耳根清净,心无隐忧,好一个令人窃喜的"妙招"。

窦仪时任翰林学士,经常在宋太祖身边,或侍从,或顾问。一天,太祖召窦仪近前,先是批评赵普"不法",接着大赞窦仪"早负才望"。这一抑一扬,意思很明了:只要你上章揭发一下赵普,那么宰相之位不日就是你窦仪的了。

皇帝"抛砖引玉",皇帝伸出"橄榄枝",皇帝就连弹劾的理由都悉数暗示了。窦仪是聪明人,皇帝的"意思"他明白,只要把皇帝的意思变成自己的意思,变成文字,变成奏章,自己再意思意思,转换成朝堂上心照不宣的"程序",他就能乘势而为,顺势而上,旬日即可实现人生最高理想。

然而,窦仪没这么做。窦仪不但没有乘机抓住这难得的机会,踩着别人的肩膀往上爬,言语间反而盛赞赵普是开国功臣,为人公忠亮直,做事竭诚勤勉,是难得的忠臣。他并未违心,都是实情,都是实话实说,并未夸张。结果惹得宋太祖一脸不快。

窦仪一身汗涔涔地回府后,赶紧召集弟弟们前来。窦仪是历史上著名的"五子登科"典故中的老大,他下面四个弟弟窦俨、窦侃、窦偁、窦僖都像他一样,进士及第,品学兼优,在朝中位居要津。窦仪因为拂了皇帝的意,马上召开了家庭会议,他把皇帝如何讨厌赵普,如何暗示自己揭发说了一遍。然后,他语气凝重地对弟弟们说:"我没有按照皇上的意思弹劾赵普,今后自然也当不成宰相了。但正因为这样,我不必担心将来会有贬逐朱崖的遭际,我们窦家也不必担心将来罹祸家门。"

窦仪拒不合作,并没有打消宋太祖贬逐赵普的决心,随后他叫来另一位翰林学士卢多逊。卢多逊对宰相高位早已垂涎三尺,有皇帝的恣惠,有宰相高位的诱惑,睁眼说个瞎话算什么?这种鸡犬飞升的机会别人求还求不到呢。所以,卢多逊连连上章弹劾赵普,全力攻击,很快,赵普被放逐河阳。

赵普一离京,卢多逊即授副相,不久升宰相,一切如卢多逊所料。

但让卢多逊没料到的是，宋太宗继位后，想要消除弟弟赵廷美对皇位的潜在威胁，因为深知赵普在谋划大事方面的"特殊才能"，便很快将赵普调回京城，复其相位，倚为股肱。

这下，赵普又一手遮天了。

赵普回来后，一边帮着宋太宗打击对手，稳固皇位；一边将卢多逊的一些事情与赵廷美的势力作了"巧妙的嫁接"，几个回合下来，卢多逊获罪，革职罢官，三代削爵，全家流配崖州，不久抑郁而终。

可以说，卢多逊是被赵普一手给整死的。但反过来一想，卢多逊难道不是搬起石头砸自己的脚？

窦仪呢？因为对形势的正确估计和把握，虽然没顺太祖之意而失去拜相的好机遇，但他无论在太祖时代还是太宗时代，都平平安安，稳稳当当，翰林学士之后，又历职工部尚书、礼部尚书，逝后还获赠右仆射，堪称高位善终。

话说回来，当初太祖示意时，窦仪心里是雪亮的，谁不想"拜相封侯"？但他知道，有些底线是不能触碰的，比如颠倒是非，比如卖友求荣。被人当枪使，踩着同僚的肩膀向上爬，这样得来的官职，再荣耀也不光彩，再风光也不踏实。何况，你做初一，人做十五，风水轮流转，指不定人之今日便是你之明日。所以，他当时对弟弟们十分肯定地说："我必不能作宰相，然亦不诣朱崖。"

这才是最聪明的选择，既不违君子之道，又能保一世平安。

苟变食卵

□蒋光宇

司马光在《资治通鉴》中写了个苟变食卵的故事，即"苟变白吃人两个鸡蛋"的故事。

战国时期，子思是孔丘的孙子。他在卫国发现一名难得的将才——苟变。

有一天，子思向卫侯举荐说："苟变可以担任统率五百乘战车的将领，不知主公是否了解他？"

古代四匹马拉的兵车，一辆为一乘。一乘兵车，配备披甲的士兵三人，徒步作战的士兵七十二人，五百乘兵车总共要配备三万七千五百名士兵。

卫侯说："我知道苟变可以担任将军，但他过去在做小官收税的时候，白吃过老百姓的两个鸡蛋，所以没有任用他。"

子思听后不以为然，意味深长地对卫侯说："用人，能重视人的品格德行，固然是件好事，但英明的君王在用人时，就像匠人选用木料，要善于取其所长，弃其所短。这就好比杞树、梓树长成了参天巨木，几人连抱都抱不住，即使有几尺的朽烂，优秀的工匠也绝不会舍弃不用。现在，我们处在战事连绵不绝的时代，急需选用能征善战的将领，怎么可以因苟变曾经白吃过别人两个鸡蛋而舍弃这个可以攻城略地的将才？这实在是有失公允，且不可宣扬，免得邻国知道后耻笑啊！"

卫侯听后一再拜谢说："我诚恳地接受你的教诲。"随后，卫侯任命苟变为将军。

《苟变食卵》的故事一直在告诫每个掌权者，用人既要善于坚持德才兼备的原则，又要善于扬长避短，人尽其才，因为金无足赤，人无完人，即使圣贤之士，名家要人，缺点错误也在所难免；同时一直在告诫每个普通人，务必坚持德才兼备的发展方向，因为正如司马光所说："才者，德之资也；德者，才之帅也。"

藏在血管里的爱情密码

□庄郁峰

作为一名血管外科医生，我想告诉您，爱情的密码就藏在这里。

血管系统只有动脉和静脉，它们相伴而行，但不管离得有多远，走得有多近，始终保持独立而行。爱情也一样，无论两个人走得有多近，也要保持独立，不论是经济上的，还是精神上的。

当动脉和静脉之间形成直接通路，那就是医学上说的动静脉瘘，这种动静脉瘘时间久了就会产生一系列问题，比如静脉压增高，心脏的回流血量增加，引起心脏扩大，心脏进行性扩大可导致心力衰竭，等等。心脏被打击了，就像爱情的基础被慢慢侵蚀，爱情终将名存实亡。

区别于呼吸系统和消化系统等开放的系统，血管系统是一个相对封闭的系统，不允许出现漏血现象，如果有漏血出血现象，血液不断减少，自然会引发机体衰亡。爱情也一样，一旦被第三者盗取，二人的关系将很难维系。

有意思的是，血管系统虽然看似封闭，但它通过末端的毛细血管在不断地与外界进行营养交换，说明爱情再封闭，也要与外界始终保持沟通，吸收外界的营养，来丰富彼此的爱情。

虽然从皮肤表面我们也隐约能看到或摸到血管，但我们并不能看得清楚。爱情也是这样令人雾里看花，水中望月，似有似无，似幻似真。

据说，如果把全身的血管都抽出来，可以达到十万公里，环绕地球赤道两圈半。爱情也是如此，一旦开始，若想磨合到像血管系统这么精密、稳固，注定是一次长跑。

前面说了这么多，大家对于将动脉和静脉形容为男生和女生已经比较熟悉了。动脉主要为人体输送富氧的动脉血，为营养各个器官起到了关键的作用，韧性好，动力足；静脉主要回收乏氧静脉血，韧性差，较舒缓。说明在谈恋爱的过程中，男生需要更加热情，更加主动。

人体一旦出现高血压，首先表现在动脉中，动脉自然就会承受更大的压力，高血压还会带来众多次生灾害，比如主动脉夹层，即血流把血管内膜撕破，在血管壁中间形成大血包，面临破裂猝死；动脉瘤，即动脉壁像起包的自行车胎慢慢隆起，同样面临破裂猝死等动脉疾病。这些都说明在爱情的长跑中，男生必然承担更多的责任和压力。

但是，请记住，动脉一旦得病最终将殃及静脉，所以提醒恋爱中的女生，切莫把一切责任都压给男生，一旦不堪重负，双方均会受伤害。

血管系统在人体内盘根错节，但通过医学解剖观察很容易发现，无论血管怎么错综复杂，走向都只有一个，并始终保持血液有序循环，核心是，起于心脏，终于心脏。这告诉我们一个事实：只要我们用"心"，爱情就在我们的掌控之中。

血液发于心而止于心，人永远忘不了带来特殊心跳的那个时刻和那个地方。很多影视作品中，不管男女主角是成了还是分了，都会选择回到爱情起步的地方，选择再开始，或结束。情感的浓淡无论怎么演变，随着时间的沉淀，人们最难忘的还是最初的那种心动。沧海桑田，人类最初启动爱情的基因没有改变，爱情是人类永恒的话题，也始终如初。